# 调味品加工

崔东波　郝生宏　主编

U0235444

化学工业出版社

·北京·

# 内 容 简 介

本书介绍了酱油、食醋、酱类、腐乳的分类，以及调味品原辅料的种类及处理、生产工艺、技术参数、注意事项等相关知识，对具有代表性的产品的生产做了详细描述。书中还介绍了月桂叶、花椒、八角茴香、辣椒、姜等天然香辛料的特点及在食品调味中的应用。因为复合调味料的发展前景越来越好，书中对炸鸡粉复合调味料、膨化粉、五香粉、汤料、烧烤汁等复合调味料也有详细介绍，包括很多复合调味料的配方、工艺流程和操作要点。

本书可作为从事调味品加工的技术管理人员的案头资料，也可供餐饮业从业人员、广大家庭烹饪爱好者参考。

**图书在版编目（CIP）数据**

调味品加工/崔东波，郝生宏主编. —北京：化学工业出版社，2021.9
ISBN 978-7-122-39444-6

Ⅰ.①调…　Ⅱ.①崔…②郝…　Ⅲ.①调味品-生产工艺　Ⅳ.①TS264

中国版本图书馆 CIP 数据核字（2021）第 130752 号

责任编辑：彭爱铭　　　　　　　　　装帧设计：关　飞
责任校对：宋　玮

出版发行：化学工业出版社（北京市东城区青年湖南街 13 号　邮政编码 100011）
印　　装：三河市延风印装有限公司
710mm×1000mm　1/16　印张 16¼　字数 323 千字　2021 年 10 月北京第 1 版第 1 次印刷

购书咨询：010-64518888　　　　　　售后服务：010-64518899
网　　址：http://www.cip.com.cn
凡购买本书，如有缺损质量问题，本社销售中心负责调换。

定　　价：88.00 元　　　　　　　　　　　　　　版权所有　违者必究

# 前　言

随着生活水平的不断提高，国际交流的日益频繁，人们对食物的选择呈现出多元化的发展趋势，市场上食物的口味和品种也越来越多。食品之所以能呈现出风格各异、口味独特的口感，与调味品的使用有很大关系。本书立足于国内调味品的基本种类，全面介绍了目前市场上使用较为广泛的酱油、醋、腐乳、酱类、香辛料、复合调味料等品种，从调味料的功能、应用、配方、工艺流程及操作要点等几个方面进行了系统介绍。该书内容丰富，文字浅显易懂，可操作性强，易于掌握，是一本实用性很强的技术操作工具书。可供从事调味品加工的技术管理人员参考使用，也可供餐饮业从业人员，以及广大家庭烹饪爱好者参考。

本书由崔东波和郝生宏担任主编，两位主编全面负责了本书大纲起草、体例设计、人员组织及组稿、审稿工作。具体编写分工如下：第一章、第二章由崔东波、苑广志负责编写，第三章由刘嘉琳、郝生宏负责编写，第四章由苑广志、崔东波负责编写，第五章、第七章由王心哲、郝生宏负责编写，第六章由高鲲、崔东波负责编写。

本书在编写过程中参考了近年相关文献，限于篇幅，不能一一列出，在此向原作者表示诚挚谢意。

鉴于作者水平有限，书中难免有疏漏和不足之处，敬请广大读者批评指正。

编者

2021 年 4 月

# 目 录

## 第一章 酱 油 / 1

# 第二章 食 醋 / 54

# 第三章 酱 类 / 102

# 第四章　腐　乳　/ 172

# 第五章　天然香辛料 / 200

# 第六章 固态复合调味料 / 210

# 第七章　液态复合调味料的生产　/ 233

# 参考文献　/ 249

# 第一章

# 酱 油

## 第一节 概 述

酱油是中国传统的调味品，又称"清酱"或"酱汁"，是以富含蛋白质的豆类和富含淀粉的谷类及其副产品为主要原料，在微生物酶的催化作用下，发酵分解生成多种氨基酸及各种糖类，并以这些物质为基础，再经过复杂的生物化学变化，形成具有特殊色泽、香气、滋味和体态的调味液。

我国是酱油及酱类酿造的故乡，酿造历史悠久。据史料记载，我国早在周朝时就有了酱制品，而最早使用"酱油"名称是在宋朝。公元 755 年后著名的鉴真和尚将其传入日本，后逐渐扩大到东南亚和世界各地。经过几千年的实践，我国劳动人民积累了丰富的制曲和发酵经验。随着科学技术的发展，现代酱油生产在继承传统工艺优点的基础上，在原料、工艺、设备、菌种等方面进行了很多改进，酱油的生产能力和品质有了很大的提高和改善。同时，机械化程度进一步提升，蒸料普遍采用了旋转式蒸料罐，制曲采用了厚层通风制曲，并大量采用翻曲机、抓酱机、拌曲机、扬散机等先进的机械设备。工艺上低盐固态发酵法已经被普遍采用，稀发酵法和固稀发酵法也有了长足的进步。设备的机械化、自动化，加上工艺的进步和生产管理的加强，使原料中蛋白质的利用率有了较大提高，一般为 70％～75％，较好的企业可高达 80％以上。2020 年我国酱油总产量已突破 600 万吨，酱油的品种和质量基本满足了广大消费者的需求。

### 一、酱油的分类

根据 GB 18186—2000 酿造酱油标准及 SB 10336—2012 配制酱油标准的规定，我国酱油产品，按生产工艺的不同，分为酿造酱油及配制酱油两大类。

### 1. 按生产方法分类

**（1）酿造酱油**  酿造酱油是以大豆和（或）脱脂大豆、小麦和（或）麸皮为原料，经微生物发酵制成的具有特殊色、香、味的液体调味品。酿造酱油按发酵工艺分为两类：高盐稀态发酵酱油和低盐固态发酵酱油。

① 高盐稀态发酵酱油  以大豆和（或）脱脂大豆、小麦和（或）小麦粉为原料，经蒸煮、曲霉菌制曲后与盐水混合成稀醪，再经发酵制成的酱油。固稀发酵酱油也属于高盐固态发酵酱油。

固稀发酵酱油是以大豆和（或）脱脂大豆，小麦和（或）小麦粉为原料，经蒸煮、曲霉菌制曲后，在发酵阶段先以高盐度、小水量、固态制醪，然后在适当条件下再稀释成醪，再经发酵制成的酱油。

② 低盐固态发酵酱油  以脱脂大豆及麦麸为原料，经蒸煮、曲霉菌制曲后盐水混合成固态酱醪，再经发酵制成的酱油。

**（2）配制酱油**  以酿造酱油为主体，与酸水解植物蛋白调味液、食品添加剂等配制而成的液体调味品，其中酿造酱油的含量（以全氮计）不得少于50%。

**（3）再制酱油**  再制酱油是酱油经过浓缩、喷雾等工艺制成的其他形式的酱油，如酱油粉、酱油膏等。这是为了满足酱油的储存、运输，以及适于边疆、山区和勘探、部队等野外生活的需要。

### 2. 按酱油滋味和色泽分类

**（1）生抽酱油**  生抽酱油也称本色酱油，是以大豆、面粉为主要原料，人工接入种曲，经天然露晒，发酵而成。其产品色泽红润，滋味鲜美谐调，豉味浓郁，体态清澈透明，风味独特。生抽主要于调味，因颜色淡，一般多用于炒菜或者凉菜。

**（2）老抽酱油**  老抽酱油也称为浓色酱油，是在生抽酱油的基础上，把榨制的酱油再晒制2~3个月，经沉淀过滤而得。老抽酱油加入了焦糖色，颜色很深，呈有光泽的棕褐色，味道鲜美、微甜。一般用来给食品着色，特别适合肉类增色。

**（3）花色酱油**  花色酱油是添加了各种风味调料的酿造酱油或配制酱油。如海带酱油、海鲜酱油、香菇酱油、草菇酱油、草菇老抽、鲜虾生抽、佐餐鲜酱油等，品种很多，适用于烹调及佐餐。

## 二、酱油中风味物质的来源

酱油中的风味物质十分复杂，其来源主要由原料中的蛋白质、淀粉等大分子物质经微生物酶水解后生成的各种次级产物和小分子最终产物，微生物在发酵过程中产生的代谢产物，以及这些物质之间所产生的十分复杂的生物化学、化学反应的产物。

### 1. 蛋白质的水解

原料中的蛋白质经米曲霉等微生物分泌的蛋白酶和肽酶的作用而分解成蛋白胨、多肽、二肽等中间产物，最终生成各种氨基酸。其中有些氨基酸如谷氨酸、天门冬氨酸等有鲜味，是酱油鲜味的重要成分，而酪氨酸、色氨酸和苯丙氨酸氧化后可生成黑色素，是酱油色素的来源之一。

### 2. 淀粉的分解

原料中的淀粉经米曲霉等微生物产生的液化型淀粉酶和糖化型淀粉酶作用后，生成糊精、麦芽糖，最终生成葡萄糖。葡萄糖经酵母菌、乳酸菌等微生物发酵，又可产生多种低分子物质，如乙醇、乙醛、乙酸、乳酸等。这些物质既是酱油中的成分，又可与其他物质作用生成色素、酯类等香气成分。

### 3. 脂肪的分解

原料中少量的脂肪可经微生物产生的脂肪酶水解成甘油和脂肪酸。脂肪酸又通过各种氧化作用生成各种短链脂肪酸。这些短链脂肪酸是构成酱油中酯类的原料来源之一。

### 4. 纤维素的分解

有些微生物可产生纤维素酶，纤维素酶可将原料中的纤维素水解为可溶性的纤维二糖和 $\beta$-葡萄糖，并进一步生成其他低分子物质或高分子物质，如与氨基酸作用生成色素等。

## 三、酱油中色、香、味物质的形成机理

### 1. 基础物质的形成

酱油发酵过程中所产生的一系列极其复杂的化学变化，与微生物学和生物化学有着密切的关系。原料中的蛋白质在蛋白质水解酶的作用下，水解生成胨、胨、肽及氨基酸。

蛋白质原料中游离出的谷氨酰胺被曲霉分泌的谷氨酰胺酶水解，产生谷氨酸。

原料中的淀粉在淀粉酶的作用下水解成小分子糊精、麦芽糖、葡萄糖等糖类物质。

在乳酸菌的作用下，利用葡萄糖进行乳酸发酵。

### 2. 酱油色素产生的机理

酱油色素形成途径有两个，一是非酶褐变反应，二是酶褐变反应。

**（1）非酶褐变反应**  酱油色素形成的主要途径是美拉德反应，是一种非酶褐变反应。美拉德反应过程大体可分为初期、中期和后期三个反应阶段。初期，葡萄糖和氨基酸反应生成 N-葡萄糖基胺，在酸的催化作用下，再经过酮糖化，生成果糖基胺；中期，再进一步分解及脱水等反应，生成羟甲基糠醛、3-脱氧葡萄糖醛酮及3,4-二脱氧葡萄糖醛酮；后期，这些物质与氨基化合物（以氨基酸为主）作用，并经过聚合酶反应，最终生成类黑素。类黑素是组成酱油色泽的重要色素。

**（2）酶褐变反应**  一般是由大豆蛋白质中的酪氨酸在酚酶的作用下生成的。酶褐变反应需要有酪氨酸、酚酶和氧的同时存在下才能正常进行，缺一则不能产生此反应。在酱油生成过程中，酶褐变反应主要在发酵后期进行。如果在此期间缺乏氧气，pH 值低及发酵时间又短，就会阻碍酪氨酸氧化聚合成黑色素。因此，酶褐变反应生成色素的能力比美拉德反应弱。

### 3. 酱油香气的产生

酱油香气主要是通过后期发酵形成的，它们在酱油的组成中，虽然含量极微，但对酱油的风味却影响很大。酱油中香气的主要成分是酱油中的挥发性组分，其成分十分复杂，它是由数百种化学物质组成的。按其化合物的结构分醇、酯、醛、酚、有机酸、缩醛和呋喃酮等；按其香型可分焦糖香、水果香、花香、醇香等。

**（1）醇类物质**  与酱油香气组成关系密切的是醇类中的乙醇，它是由酵母菌发酵己糖生成的，具有醇和的酒香气。有机酸与醇类物质经米曲霉和酵母酯化酶的酯化作用，可生成各种酯。酱油中有机酸和醇类物质还可通过非酶化学反应途径的酯化反应生成酯。酯类物质是构成酱油香气成分的主体，具有特殊的芳香气味。

**（2）酚类物质**  组成酱油香气的另一类主要物质为酚类化合物，其中 4-乙基愈创木酚和 4-乙基苯酚是酱油香气的代表性物质。它们主要经曲霉及球拟酵母的作用，将小麦在加热处理后制曲过程中产生的酚类物质（香草酸、阿魏酸等）转化而得的。因此，在原料配比中应适当增加小麦用量，可增加酚类物质含量。

**（3）其他来源**  采用多菌种制曲也是提高酱油风味的措施之一。发酵过程中适当降低发酵温度，延长发酵周期，添加有益微生物（如耐盐乳酸菌、鲁氏酵母等）也可提高酱油的香气。酱油的加热过程，由于复杂的化学和生物化学变化也增加了芳香气味，称为"火香"。

### 4. 酱油呈味物质的产生

酱油的味觉是咸而鲜，稍带甜味，且有醇和的酸味。作为调味料，以鲜味为最主要。

**（1）鲜味**  酱油鲜味来源是米曲霉分泌的蛋白酶、肽酶及谷氨酰胺酶的作用后水解生成的氨基酸，其中以谷氨酸含量最多，鲜味浓厚，赋予酱油特殊的调味作用。某些氨基酸和低级肽，如天冬氨酸、二肽也具有鲜味。如果在酱油中添加鸟苷酸、肌苷酸等核苷酸与谷氨酸钠盐起协调作用，也可提高酱油的鲜味。

**（2）甜味** 酱油的甜味主要来源于淀粉水解的糖，包括葡萄糖、麦芽糖、半乳糖，以及部分呈甜味的氨基酸，如甘氨酸、丙氨酸、苏氨酸、丝氨酸、脯氨酸等。此外，米曲霉分泌的脂肪酶能将油脂水解成甘油和脂肪酸，甘油也有甜味。

**（3）酸味** 主要来源于有机酸，如乳酸、琥珀酸、醋酸等。酱油的酸味是否柔和决定于酱油的有机酸与其他固形物之间的比例是否合理。例如，当酱油的总酸为 1.40g/100mL，其中乳酸为 1076.4mg/100mL，琥珀酸为 48.6mg/100mL，醋酸为 173.6mg/100mL，柠檬酸为 12.9mg/100mL，pH 值为 4.6～4.8，呈微酸性，其酸度为最适量，它增加了酱油的风味，产生爽口的感觉。当总酸超过 2.0g/100mL，如果其他无盐固形物不相应提高，则酱油酸味突出，影响酱油质量。

**（4）苦味** 酱油不应有明显的苦味，但微量的苦味物质能给酱油以醇厚感。酱油中呈苦味的物质主要有亮氨酸、酪氨酸、蛋氨酸、精氨酸等氨基酸类。某些短肽类及食盐中的氯化钙与硫酸镁过多时也会带有苦味。

**（5）咸味** 酱油咸味的唯一来源是食盐的成分氯化钠。酱油的咸味比较柔和，这是由于酱油中含有大量的有机酸、氨基酸、糖等呈味物质。酱油中氯化钠含量一般为 18g/100mL 左右，如果含量过高，则有咸苦感，从而影响产品质量。在发酵过程中及成品中食盐尚有防腐的作用。

## 四、酱油酿造过程中的主要微生物

酱油具有独特的风味，其风味的来源是在酿造过程中，由微生物引起的一系列生化变化而形成的。酱油酿造中，对原料发酵成熟的快慢、成品颜色的浓淡以及味道的鲜美有直接关系的微生物是米曲霉和酱油曲霉；对酱油风味有直接关系的微生物是酵母菌和乳酸菌，又称为生香微生物。

### 1. 曲霉菌

酱油酿造中应用的曲霉菌有米曲霉和酱油曲霉。

**（1）米曲霉** 菌丛一般为黄绿色，成熟后变为黄褐色，分生孢子头呈放射形、顶囊球形或瓶形，小梗一般为单层。分生孢子呈球形，平滑，少数有刺。最适培养温度为30℃左右，最适 pH 值为 6.0 左右。米曲霉含有多种酶类，兼有蛋白质分解能力和糖化能力。我国很早就已经利用自然界中存在的米曲霉来酿造酱类和酱油。应用于酱油生产的米曲霉菌株应具备的基本条件是：不产黄曲霉毒素；蛋白酶和淀粉酶的活力高，有谷氨酰胺酶活力；生长繁殖快，培养条件粗放，抗杂菌能力强；不产生异味，酿制的酱油风味好。我国酱油厂制曲大都是使用米曲霉，目前，国内常用的菌株有中科 As3.951（即沪酿 3.042）、As3.863、UE3.28、UE336、渝3.811 等。

**（2）酱油曲霉** 酱油曲霉是 20 世纪 30 年代日本学者坂口从酱曲中分离而得，其分生孢子表面有小凸起。孢子柄表面光滑，培养老熟的菌落（34℃培养 7 天）呈茶色、茶褐色或茶绿色，通常反面有褶，着色。与米曲霉相比，酱油曲霉有如下特征：成曲中的碱性蛋白酶活力较强，α-淀粉酶、酸性蛋白酶、酸性羧基肽酶活性较米曲霉低；成曲 pH 值高于米曲霉成曲，通常为 7 以上，柠檬酸等有机酸含量少；制曲过程中碳水化合物的消耗量少；酱醪黏度低；生酱油中残留的各种酶系酶量少，加热后沉降物少；生酱油中，还原糖、乙醇、氨的含量高，pH 值低；氧化褐变性强。

### 2. 酵母菌

酵母菌在酱油酿造中，与酒精发酵作用、酸类发酵作用及酯化作用等有直接或间接的关系，对酱油的香气影响最大。从酱醪中分离出的酵母有 7 个属 23 个种，为耐盐性酵母。

**（1）鲁氏酵母** 鲁氏酵母是酵母属中的一个种，与酱油质量关系最密切，占酵母总数的 45％，是最常见的嗜高渗透压酵母，能在含 18％食盐的基质中繁殖。它出现在主发酵期，是发酵型酵母。它们主要的作用是发酵葡萄糖生成乙醇、甘油等。乙醇是酯类的前驱物质，是构成酱油香气的重要组分。

**（2）球拟酵母** 球拟酵母也是耐高浓度食盐的酵母菌，也是在酱油和酱的发酵中产生香气的重要菌种。随着发酵温度的增高，发酵型酵母自溶，而促进了易变球拟酵母、埃契球拟酵母的生长。这些酵母是酯香型酵母，出现在后发酵期，主要作用是参与酱醪的成熟，生成烷基苯酚类的香味物质，如 4-乙基愈创木酚、4-乙基苯酚等。为了提高酱油的风味，有些工厂人工添加鲁氏酵母和球拟酵母，收到良好的效果。

### 3. 乳酸菌

酱油乳酸菌是指在高盐稀态发酵的酱醪中生长并参与酱醪发酵的耐盐性乳酸菌。从酱醪中分离出的细菌有 6 个属 18 个种，有的对酱油酿造是有益的，有的则是有害的。

**（1）主要菌种** 和酱油发酵关系最密切的乳酸菌是酱油四联球菌和嗜盐球菌，是形成酱油良好风味的因素。它们的形态多为球形，微好氧到厌氧，在 pH 值 5.5 的条件下生长良好。在酱醪发酵过程中，前期球菌多，后期酱油四联球菌多些。如发酵 1 个月的酱醪，乳酸的最大含量约为 $10^8$ 个/g，其中 90％是酱油球菌，10％为酱油四联球菌。它们能耐 18％～20％的食盐，嗜盐球菌能耐 24％～26％的食盐。

**（2）作用** 乳酸菌的作用是利用糖产生乳酸，乳酸和乙醇生成的乳酸乙酯，香气很浓。当发酵酱醪 pH 值降至 5 左右时，促进鲁氏酵母的繁殖，和酵母菌联合作用，赋予酱油特殊香味。

**(3) 对品质影响** 根据经验，酱油中乳酸含量为 1.5mg/mL，则酱油质量较好；乳酸含量在 0.5mg/mL 时，则酱油质量较差。但乳酸菌若在酱醪发酵的早期大量繁殖、产酸，则对发酵过程有不利影响，因为 pH 值过早降低，破坏了蛋白酶的活性，影响蛋白质的利用率。

# 第二节 原辅料及处理

原料是酱油生产中的物质基础，合理选择原料是降低成本、提高经济效益的重要措施。酱油原料一般分为蛋白质原料和淀粉原料，选择蛋白质原料和淀粉原料应具有：蛋白质含量较高，碳水化合物适量，利于制曲和发酵，无霉变，无异味，资源丰富，价格低廉等特点。目前多以大豆或大豆脱脂后的豆饼、豆粕作为主要的蛋白质原料，以小麦面粉、麸皮中的一种或者两种为淀粉原料，再加食盐和水。此外还需要辅助原料，如增色剂、助鲜剂、防腐剂等。

## 一、原料

### 1. 蛋白质原料

酱油酿造过程中，利用微生物产生的蛋白酶的作用，将原料中蛋白质水解成多肽、氨基酸，成为酱油的营养成分以及鲜味来源。另外，部分氨基酸的进一步反应与酱油的香气的形成、色素的生成有直接的关系，因此，蛋白质原料对酱油色、香、味、体的形成至关重要，是酱油生产的主要原料。

**(1) 大豆** 大豆在我国各地均有种植，尤以东北大豆产量最多、质量最优。在大豆氮素成分中，有 95% 是蛋白质氮，其中有 90% 为水溶性蛋白质，易为人体吸收和易被微生物酶分解。组成大豆蛋白质的氨基酸种类也比较全面，其中谷氨酸含量高，给酱油以浓厚的鲜味。酿造酱油对大豆原料的选用，一般以颗粒饱满、干燥、杂质少、皮薄、新鲜、蛋白质含量高者为好。酱油的蛋白质原料长期以来以大豆为主，随着科学技术的发展，认为大豆中的脂肪对酿造酱油作用不大，一部分残留在酱渣中被浪费，另一部分被脂肪酶分解为脂肪酸、甘油等成分。目前大豆逐渐被豆粕、豆饼所代替，既节约了粮食和油脂，又降低了成本。

**(2) 豆粕** 豆粕是将大豆先经过适当的热处理，再经轧坯机压扁，加入有机溶剂浸提出脂肪后的产物，一般呈颗粒、片状或小块状。豆粕中含脂肪、水分很少，蛋白质含量很高，约为大豆全氮量的 1.2 倍。豆粕价格便宜，容易破碎，是制酱油的理想原料。但豆粕内往往残存着微量的有机溶剂，使用豆粕时，最好存放几天，使有机溶剂挥发从而去掉不良的气味。

**（3）豆饼** 豆饼是大豆经压榨法提取油脂后的产物。因压榨前处理方法不同又分为冷榨豆饼和热榨豆饼两大类。将大豆软化压扁后直接榨油而制得的豆饼称为冷榨豆饼。将大豆预先轧成片和加热蒸炒，再用压榨机榨油后制出的豆饼称热榨豆饼。冷榨豆饼未经高温处理，出油率低，蛋白质基本未变性，可用作酱油生产原料；热榨豆饼的大豆蛋白质会部分发生热变性，水分含量比冷榨豆饼低，蛋白质含量相对较高，质地疏松，易于破碎，更适于酿造酱油。

酱油生产中使用豆粕或豆饼与使用大豆为原料酿制成的酱油成品质量基本相同。使用豆粕或豆饼还可以提高全氮利用率，缩短酿造周期，提高大豆的综合利用。

**（4）其他蛋白质原料** 蛋白质含量高、脂肪含量低、没有特殊臭味、不含有毒物质的物质均可以选为酿造酱油的代用原料。经常使用的代用原料有蚕豆、豌豆、绿豆、花生饼、葵花籽饼、菜籽饼、棉籽饼、芝麻饼、椰子饼等。

## 2. 淀粉质原料

淀粉是酱油中碳水化合物的主要成分，是构成酱油香气、色素、体态的主要原料。常用的淀粉质原料有小麦、麸皮、米糠、玉米、甘薯、碎米、小米等。

**（1）小麦** 小麦是世界上分布最广、种植面积最大的主要粮食之一，因品种、产地等不同而外形及成分各有差异，通常选用红皮软质小麦为原料酿造酱油最为优良。小麦中含有70%以上的淀粉，还含有2%～3%的糊精和2%～4%的蔗糖、葡萄糖和果糖，它是生成酱油色、香、味的重要成分。小麦中含有的木质素，可以生成4-乙基愈创木酚，该物质是形成酱香的重要成分。小麦中还含有10%～13%的蛋白质，蛋白质组成中以麦胶蛋白和麦角蛋白为主，它们分解所产生的谷氨酸是酱油鲜味的重要成分。

**（2）麸皮** 麸皮又称麦皮，是小麦制面粉时的副产品，也是目前酱油生产的主要淀粉原料。麸皮的成分因小麦品种、产地及加工时出粉率的不同而异。利用麸皮做原料有以下优点。

① 资源丰富，价格低廉，使用方便，节约粮食。

② 麸皮质地疏松，体轻，面积大，还含有维生素及钙、铁等元素，因此采用麸皮为原料可促进米曲霉的生长繁殖和产酶，有利于制曲，又利于淋油，提高酱油原料利用率和出品率。

③ 麸皮粗淀粉中多缩戊糖含量高达20%～24%，它与蛋白质的水解产物氨基酸结合，产生酱油色素；另外麸皮本身还含有$\alpha$-淀粉酶和$\beta$-淀粉酶。

然而麸皮含淀粉量少，必然使糊精和糖分减少，戊糖又不能被酵母菌利用进行酒精发酵，因此，单纯用麸皮作为淀粉原料生产酱油常感香味不足，口味淡薄。最好添加一些含淀粉高的物质，如在制曲时添加一些小麦粉，或在制酱醅时添加一些糖浆。

**（3）其他淀粉原料**　凡含有淀粉较高的物质，都可以作为酿制酱油的原料。选择时还要注意蛋白质含量适当，而且无毒、无异味、无霉变。

此外，用于酿造酱油的其他淀粉质原料如大麦、粟（小米）及高粱等，可因地制宜地加以采用。

### 3. 食盐

**（1）食盐的作用**　食盐也是酿制酱油的重要原料之一，它的作用有以下几个方面：赋予酱油适当的咸味；与氨基酸结合生成氨基酸钠盐，形成酱油的鲜味；在发酵过程及成品中有一定的防腐作用；大豆蛋白质在盐水中可增加溶解度，提高原料利用率。

**（2）食盐要求**　酿制酱油应选用含氯化钠高，水分和杂物少，颜色洁白、含卤汁低的食盐。含卤汁过多的食盐常使酱油产生苦味，使酱油品质下降。卤汁多的食盐要堆放在仓库里，任其自然吸潮，流失卤汁，以达到脱苦目的。

**（3）使用方法**　酱油中含食盐一般在18%。在制备盐水时应充分搅拌溶解。生产实践表明，每100kg水加1.5kg食盐可得约为1°Bé的盐水。食盐溶解度与温度关系不大，因此在溶解食盐时可以不加热，一般27°Bé的盐水即达到饱和状态。

### 4. 水

酱油生产中需要大量的水，对水的要求虽不及酿酒工业严格，但也必须符合食用标准。一般可因地制宜选用含铁少、硬度小的自来水、深井水及清洁河水、江水、湖水等。因为含铁过多会影响酱油的香气和风味，而硬度大的水不仅对酱油发酵不利，而且还会引起蛋白质沉淀。

## 二、辅料及其添加剂

### 1. 增色剂

**（1）红曲米**　红曲米是将红曲霉接种在大米上培养而成的。其色素特点是对pH值稳定，耐热，不受金属离子和氧化剂、还原剂的影响，无毒，无害。在酱油生产中如果添加红曲米与米曲霉混合发酵，其色泽可提高30%，氨基酸态氮提高8%，还原糖提高26%。

**（2）酱色**　酱色是用淀粉水解物用氨法或非氨法生产的色素。其中氨法酱色中含有一种致癌物质——4-甲基咪唑，已被禁用。而非氨法生产的酱色，没有毒性，可用于酱油产品增色。

**（3）红枣糖色**　红枣糖色是利用大枣所含糖分、酶和含氮物质，进行酶褐变和美拉德反应制得。红枣经过蒸煮、分离、浓缩、熬炒制成成品。红枣糖色香气正，无毒害，并含有还原糖、氨基酸、氮等营养成分，是一种安全的天然食用色素，可用于酱油增色。

**2. 助鲜剂**

**(1) 谷氨酸钠**　俗称味精，它是谷氨酸的钠盐，并含有一分子结晶水，是一种白色结晶粉末。在 pH 值为 6 左右时，其鲜味最强。谷氨酸钠是酱油中一种主要的鲜味成分，一般在发酵中自然产生。

**(2) 呈味核苷酸盐**　呈味核苷酸盐有肌苷酸盐、鸟苷酸盐等。肌苷酸钠呈无色结晶状，均能溶解于水，一般用量在 $0.01\%\sim0.03\%$ 时就有明显的增鲜效果。为了防止米曲霉分泌的磷酸单酯酶分解核苷酸，通常将酱油灭菌后加入。

**3. 防腐剂**

防腐剂是防止酱油在贮存、运输、销售和使用过程中腐败变质。通常在酱油中使用的防腐剂是苯甲酸、苯甲酸钠、山梨酸和山梨酸钾。苯甲酸一般使用前须加碱中和成苯甲酸钠液，再加入酱油中。中和方法是将碱按 $1:1.2$ 加水，加热至 $50\sim90℃$，然后再缓缓加入纯碱量 2.1 倍的苯甲酸，不断搅拌维持一段时间。苯甲酸在酱油中添加量不超过 $0.1\%$。

# 三、原料的处理

原料处理包括两个方面，一是通过机械作用将原料粉碎成为小颗粒或粉末状；二是经过充分润水和蒸煮，使蛋白质原料达到适度变性，结构松弛，并使淀粉充分糊化，以利于米曲霉的生长繁殖和酶类的分解作用。另外通过加热可以杀灭附在原料上的杂菌，以排除制曲过程中对米曲霉生长的干扰。

**1. 豆饼或豆粕及麸皮原料的处理**

**(1) 豆饼（豆粕）的粉碎**

① 粉碎的目的和要求　豆饼粉碎的目的是使其有适当的粒度，便于润水和蒸熟。豆饼颗粒大，颗粒内部不易吸足水分，因而蒸料不能熟透，同时影响制曲时菌丝的深入繁殖，减少了米曲霉繁殖的总面积，相应地减少了酶的分泌量。豆饼轧碎程度以细而均匀为宜，颗粒大小为 $2\sim3mm$，粉末量不超过 $20\%$。如果颗粒粗细相差悬殊，将造成吸水及蒸熟程度不一致，影响蛋白质的变性程度，从而导致原料利用率下降。豆粕颗粒已呈粒状，一般不需粉碎，若发现豆粕中有粗粒或小团块，必须筛除，并将粗粒及团块轧碎。

② 细碎度与制曲、发酵、原料利用率等的关系　原料细碎程度对制曲、发酵、原料利用率关系甚大，如颗粒太大，不仅不易吸水和蒸熟，而且减少曲霉菌生长繁殖的总面积，降低酶活力，同时也影响发酵时酶对原料的作用程度，使发酵不良，

影响酱油的产量和质量。

原料细，米曲霉的繁殖面积大，在发酵中分解效果好。但是，如果原料细碎成粉，麸皮比例又少，则润水时容易结成团块，蒸后难免产生夹心，制曲导致通风不畅，发酵必然使酱醅发黏，最后造成淋油困难，反而影响酱油质量和原料利用率。因此，原料细碎度必须适当，颗粒要求均匀，使吸水速度相同，变性程度一致。

**(2) 加水及润水**　豆粕或细碎豆饼与大豆不同，因其原形已被破坏，如用大量水加以浸泡，就会将其中的成分浸出而损失，因此必须有加水与润水两道连续的工序。加入所需要的水量，并设法使其被均匀而完全地吸收，一般称此为润水。润水还需要一定的时间。

① 加水及润水的目的　使原料中蛋白质含有一定的水分，以便在蒸料时迅速达到适当变性的目的；使原料中淀粉易于糊化，以便溶出米曲霉所需要的营养成分；供给米曲霉生长繁殖所必需的水分。

② 加水量的确定　加水量的确定要考虑各种条件，如原料含水量、性质、配比、季节与地区、蒸料方法、操作中水分散失情况、曲箱内装料数量以及曲室保温与通风情况等。现在大多数地区都采用厚层通风制曲，根据生产经验，原料加水量以接种前熟料水分为标准，一般冬季掌握在 47%～48%，春、秋季为 48%～49%，夏季 49%～51% 为宜，条件好也可使水分增加为 52%～54%。

加水量对制曲、原料利用率及氨基酸生成率关系很大。一般来说，加水量增加，成曲的蛋白酶活力增强，原料全氮利用率和氨基酸生成率随之提高。但是，随着加水量的增加，制曲时碳水化合物的消耗增大，淀粉利用率降低，制曲的温度较难控制，污染杂菌的概率增加，降低了成曲质量，游离氨生成量加大，最终降低酱油质量。加水量为豆饼的 80%～100% 较合适，在这种水分含量条件下，原料利用率和氨基酸生成率都可以得到提高。

③ 润水的方法　目前加水润水的方法有三种，即人工翻拌润水、螺旋输送机润水和旋转式加压蒸煮锅直接润水。人工翻拌润水是在蒸锅附近用水泥筑一平台，周围稍砌高畦，以防拌水时水分流失。加水时在平台上用铲翻拌，使水与原料接触均匀。加水后堆积一段时间，让水自然浸润，达到原料均匀而完全的吸收水分。螺旋输送机润水是将原料送入螺旋输送机内，一边加水，一边拌和，使原料与水充分拌匀，然后再堆积一段时间，让其自然润湿。旋转式加压蒸煮锅润水是将原料装入锅内，一边回转蒸锅，一边喷水入内，使水分尽可能分布均匀，渗入料粒内部。除此以外，还有一种方法是把螺旋输送机和旋转式加压蒸煮锅结合起来润水，即豆粕及麸皮在投料及吸料时尽可能混合均匀，再在螺旋输送机内，边输送边加水，使湿料在下锅时含水量已比较均匀，湿料进入旋转式加压蒸煮锅后，在蒸锅回转的条件下，再润水半小时，使水分尽可能分布均匀及渗入料粒内部。

原料可选用冷水、温水及热水进行润水。用冷水润水耗时长，容易污染大量杂菌；温水润水润湿花费的时间短一些，但是可溶性成分的浸出量较大，容易造成损失；近沸点的热水润水，不仅润湿的时间最短，同时还可以使蛋白质受热凝固而不发黏，减少可溶性成分的损失，所以目前常采用热水润水。

**（3）蒸料** 蒸料在原料处理中是个重要的工序，蒸料是否适度，对酱油质量和原料利用率影响极为明显。

① 蒸料的目的 使原料中的蛋白质完成适度的变性，成为酶易作用的状态；使原料中的淀粉吸水膨胀而糊化，并产生少量糖类，以利于糖化；能消灭附在原料上的微生物，减少制曲的污染。

② 蒸料的要求 达到一熟、二软、三疏松、四不粘手、五无夹心、六有熟料固有的色泽和香气。

蒸料要均匀并掌握蒸料的最适程度，达到原料蛋白质的完全适度变性。防止蒸料不透或不均匀而存在未变性蛋白质，或蒸煮过度而过度变性使蛋白质发生褐变现象。前者将造成成品酱油的混浊，后者将造成蛋白质不能被酶解，使原料利用率下降。

蒸料不够，蛋白质未达到适度变性，用这种原料制曲后酿造的酱油加水5～10倍时，再加热就会产生混浊和沉淀，一般称此现象为酱油的 N 性，这种沉淀物称为 N 性蛋白。尚未完成一次变性的蛋白质在发酵阶段难以被酶水解而进入酱油中，它能溶于高浓度盐水中，但不溶于10%以下浓度的盐水中。酱油的 N 性严重影响酱油质量。所以，要掌握好蒸料条件。影响蒸料效果的主要因素是：原料加水量、蒸料压力和蒸料时间。三项因素中有一项变动，另外两项就随之改变。如蒸料压力一定，加水量大的原料，蒸料时间长；蒸料时间一定，加水量大的原料，蒸料压力低；在原料加水量一定的条件下，蒸料压力高，时间要短，脱压降温也应迅速。一般根据制曲和发酵的条件，原料加水量基本固定，高温高压短时间的蒸料方法有利于蛋白质完成适度变性。

上海酿造五厂采用"长、高、短"的蒸料操作方法，就是根据这一原理发明的。此方法蒸料时蛋白质的利用率可达80%以上。"长"指豆粕润水时间长，加水量130%，润水时间60min；"高"指蒸料温度高，为120℃；"短"指蒸料时间短，保压4min，脱压时间也短，脱压时间为5min，真空冷却10min，可使熟料迅速冷却，防止蛋白质长时间处于高温下发生二次变性，熟料的色泽不会过深，并且减少冷却过程中杂菌污染的机会。这种蒸料法对提高蛋白质的消化率、降低能源消耗均有显著效果。

③ 蒸料设备 目前国内的蒸料设备有三种类型，即常压蒸煮锅、加压蒸锅和连续管道蒸煮设备。

常压蒸煮锅由木桶架于产汽蒸锅上构成，蒸料时间长达2h左右，能耗大，蒸料程度难达到一致，影响制曲质量和原料利用率，这种设备仅在条件差的小厂使用。

国内酱油厂大多使用旋转式加压蒸煮锅，它由锅身、支柱、旋转装置、水力喷射器等部分组成。它是一个耐压加热容器，又能减压冷却。锅体可以不断地做360°旋转，使蒸料均匀。蒸料完毕，水力喷射器可使锅内形成负压，水分在低压下迅速蒸发带走热量，使曲料快速冷却。旋转式蒸煮锅，容积大，蒸料多，润水、蒸料、冷却都可在锅内完成，卫生条件好；蒸料时间短，质量好，机械化程度高。

连续管道蒸料，设备由润水预热、输送进料、高压蒸煮、脱压冷却等装置串联而成，自动化程度高，适合现代化大规模生产，由于设备较复杂，投资大，采用这种设备的不多。

④ 蒸料方法　目前国内常用的蒸料方法有两种，即常压蒸料和加压蒸料。

常压蒸料为手工操作。先将豆粕润水，翻拌均匀，堆积 30min，使其充分吸水。将麸皮均匀地拌入润水的豆粕中，再堆积润胀 30min。把混合料倒入蒸锅内，装约 30cm 厚时，用长铲把料铲平、铲松；使均匀冒气，再投料约 30cm 厚，摊匀，待均匀冒气继续投料。投料时需注意，入锅均匀，冒气处均匀撒料，不冒气处用铲铲松，使其冒气，这样可达到蒸煮温度完全均匀。上料完毕，盖上锅盖，常压蒸1h，再闷锅 0.5h，曲料全部熟透，取出冷却。

加压蒸料最常用的是旋转式加压蒸煮锅和刮刀式蒸煮锅。

旋转式蒸煮锅蒸料方法：曲料润水完毕后，停止转锅旋转。开始蒸料时，先排除进汽管中的冷凝水，以免开始出汽时，发生局部原料水分过高现象，影响蒸料效果。开始时先在排气阀中排出空气，如空气未排尽，则空气本身被加热而产生压力，使锅内形成虚假气压，会降低蒸料温度及蒸料效果。待排气管连续喷出蒸汽时，关闭排气阀，使锅内压力升高，压力升到 0.03～0.05MPa 时，再打开排气阀，务必使冷空气排除干净。然后关闭排气阀，继续通入蒸汽，使压力快速上升。根据当地具体情况，达到所要求的压力后，立即关闭进汽阀。加压蒸煮的压力，一般在0.18～0.2MPa，维持 3～5min。在蒸料过程中，转锅不断旋转，蒸毕，开启排气阀，先将压力放掉，然后关闭排气阀，开动水泵，供给水力喷射器冷却水，进行减压冷却，使品温逐渐下降至需要的品温时，即可出料。

刮刀式蒸煮锅蒸料方法：曲料润水完毕，用机械设备（进料绞龙）装入蒸锅中，装锅时要缓慢而均匀，上料后 2～6min，先开动刮刀 0.5min，使原料平铺在锅底，然后开启蒸汽，由小到大，一面逐步连续进料，待原料装满锅，蒸汽开始从面层冒出时，加盖，加压至 0.12MPa 左右，保持 15min，关闭蒸汽，再闷锅15min，最后开启排气阀，放尽蒸汽，出锅即可。

## 2. 小麦等淀粉原料的处理

使用小麦、大麦、玉米、碎米、小米、高粱等作为制曲原料时，除粉碎后与蛋白质原料混合进行蒸煮这种处理方法外，另一种常用的方法是先经过焙炒，再粉碎后与蒸煮过的蛋白质原料混合成曲料。焙炒过程中原料颗粒中水分蒸发，植物组织膨胀，使淀粉变得易受淀粉酶作用，同时杀灭了附着在原料上的微生物，还增加了色泽和香气。焙炒后的小麦或大麦应呈金黄色，焦粒不超过 5%～20%，每汤匙熟麦投水下沉的生粒不超过 4～5 粒，大麦爆花率、小麦裂嘴率均为 90%以上。

# 第三节　制　曲

制曲是酱油酿造最关键的工序，成曲的好坏直接影响酱油的产量和质量。制曲是在熟料中加入种曲，在曲霉生长繁殖的适宜条件下，使之充分繁殖，同时产生酱油酿造所需的各种酶类（如蛋白酶、淀粉酶、氧化酶、脂肪酶、纤维素酶等）的过程。

## 一、种曲的制备

种曲就是种子。制种曲就是对曲菌进行纯培养，使之产生大量孢子，用以接种，来制成成曲。优良的种曲能使曲菌充分繁殖，因而种曲的质量，不仅直接影响酱油曲的质量，而且影响酱醅的成熟速度和成品的质量。制种曲的关键是要保证曲菌的纯正和具有良好的性能，所以对种曲制造的过程要求十分严格。

### 1. 菌种的选择

曲菌的生理与生化作用是决定酱油性质的重要因素，而且会影响酱油的色、香、味以及原料利用率等。目前酱油酿造中所用的曲菌是米曲霉，但是有很多变种。酿造酱油的曲霉菌种应符合下列条件：不产生黄曲霉毒素；蛋白酶及糖化酶活力强；生长繁殖快，对杂菌抵抗力强；发酵后具有酱油固有的香气而不产生异味。

目前我国酱油生产上以使用米曲霉为主，常用的酿造菌株有沪酿 3.042，即 As3.951。该菌种分泌的蛋白酶和淀粉酶活力很强，本身繁殖非常快，发酵时间仅为 24h；对杂菌有非常强的抵抗能力；用其制造的酱油质量十分优良；不会产生黄曲霉毒素；不易变异等。此外，一些性能优良的菌株，也逐渐地被采用，如沪酿 UE336、渝 3.811、江南大学的米曲霉 961 等。

### 2. 菌种的培养及保藏

**(1) 试管菌种培养**（以沪酿 3.042 米曲霉为例）　斜面培养基配方：豆汁 1000mL，硫酸镁 0.5g，可溶性淀粉 20g，磷酸二氢钾 1g，硫酸铵 0.5g，琼脂 20g。

① 豆汁制备　豆粕或豆饼加 5 倍水煮沸（用小火煮）小时，边煮边搅拌，然后过滤。每 100g 豆粕或豆饼可制成 5°Bé 豆汁（多则浓缩，少则补水）。

② 灭菌　采用 0.1MPa 加压灭菌 30min，灭菌完毕，缓慢降压，灭菌后趁热将试管摆成斜面，冷却检验无菌后备用。

**（2）试管菌种保藏**

① 保藏时每月接种一次，接种后置于 30℃ 恒温箱内 3 天，待菌株发育繁殖，长满孢子呈黄绿色后取出。

② 菌株可保藏在冰箱内，维持 4℃ 左右，接种时间就可延长至 3 个月移植一次。

### 3. 三角瓶扩大培养

**（1）原料配比**

① 麸皮 80g，面粉 20g，水 80mL。

② 麸皮 85g 豆饼 15g，水 90mL。

③ 麸皮 100g，水 95mL。

**（2）灭菌**　将此原料混合拌匀后分装于经干热灭菌的 250mL 三角瓶中，每瓶约装湿料 10g（使其厚度在 1cm 左右），采用 100kPa 加压灭菌 30min，冷却后备用。

**（3）接种及培养**　在无菌室内接入试管原菌。摇匀后置于 30℃ 恒温箱内，18h 左右，三角瓶内曲料已稍发白结饼，摇瓶 1 次，将结块摇碎。继续置于 30℃ 恒温箱内培养，再过 4h 左右，又发白结饼，再摇瓶 1 次。经过 2 天培养后，把三角瓶轻轻地倒置过来，继续培养 1 天，全部长满黄绿色孢子后即可使用。若需放置较长时间，则应置于阴凉处，或置于冰箱中备用。

### 4. 种曲制备

**（1）种曲的原料要求**　选择种曲的原料时应注意以下 3 点。

① 制种曲是为了培养优良的种子，原料必须适应曲霉菌旺盛繁殖的需求。曲霉菌繁殖时需要大量糖分作为热源，而豆粕含淀粉较少，因此原料配比上豆饼占少量，麸皮占多量，同时还要加入适当的饴糖，以满足曲霉菌的需要。

② 为了使曲霉菌繁殖旺盛，孢子大量着生，曲料必须保持松散，空气要流通。如果麸皮过细，影响通风。可以适当加入一些粗糠等疏松料，它对改变曲料物理性质起着很大的作用，也是制好种曲不可缺少的因素。

③ 另外在制种曲时，原料中加入适量（0.5%～1%）的经过消毒灭菌的草木灰效果较好。

检验制种曲所用原料时必须认真，发霉或气味不正的原料不能使用。发霉的原料含有杂菌，虽然在蒸料时能够把杂菌杀死，但是杂菌在原料中所生成的有害物质（如毒素）却无法去除，仍存在于原料之中，这些微量有害物质对纯菌种的繁殖有抑制作用。会导致其在制曲过程中不能正常繁殖。

**（2）种曲室及其主要设施**　种曲室是培养种曲的场所，要求密闭、保温、保湿性能好，使种曲有一个既卫生又符合生长繁殖所需要条件的环境。种曲室的容积以小型为宜，一般长 4m，宽 3.5m，高约 3m。四周为水泥墙以保持平整光滑，便于洗刷。房顶为圆弧形，以防冷凝水滴入种曲中，墙壁厚度因地区寒暖情况而定，应考虑不受外界气温的影响。种曲室必须安装有门、窗及天窗，并有调温、调湿装置和排水设施，能全部密封，便于灭菌。

**(3) 用具**　竹匾或曲盘：竹匾的直径一般为 90cm 左右。曲盘一般长 45cm，宽 45cm，高 5cm，底板刨光，背面横钉 1cm 厚的木条 3 根。纱布或稻草帘：用于调节湿度。拌和台：木制台或水泥池。筛子：8 目/2.54cm。竹箩、木铲。

**(4) 灭菌准备**　要保住种曲的质量，达到米曲霉分生孢子多，纯度高，除在原料处理、操作方面要注意外，制种曲前要对种曲室和用具严格消毒，工作人员也应加强无菌操作，以避免种曲被杂菌污染。

① 曲室及竹匾或曲盘灭菌　种曲室每次使用前要彻底洗净。竹匾或曲盘每次用后需用水彻底洗净晒干，放入种曲室内，同时将其他应灭菌的物品也全部移入种曲室内准备灭菌。灭菌前须密封门窗、缝隙和洞孔。灭菌药剂用甲醛或硫黄。甲醛对细菌及酵母的灭菌力较强，但霉菌对甲醛的抵抗力很强，要达到彻底灭菌是比较困难的。利用硫黄灭菌较为普遍。如果甲醛及硫黄两种混合使用，则效果更好。灭菌的方法采用熏蒸法，即将药剂放在小铁锅内，置于火炉上，使其缓缓燃烧或蒸发，弥漫于曲室内，密闭 20h 以上，达到灭菌的目的。单独使用甲醛熏蒸时，也可不用火炉，而将工业用高锰酸钾直接加入甲醛中，使甲醛气体挥发出来，但必须防止溅泼。高锰酸钾的加入量约为甲醛的一半。药剂用量为每立方米用硫黄 25g 或甲醛 10mL。使用炉火应加防护装置，以保证安全。

② 纱布或草帘灭菌　纱布或草帘用水浸泡后，采用蒸汽灭菌（100℃，保持 1h），然后沥干。移入种曲室时要用灭菌后的盛器盛装，面层用灭过菌的布覆盖，迅速移入种曲室。

③ 操作人员手的灭菌　拌纯种、装匾或装盘及翻曲等，凡用手直接接触种曲生产工具或曲料时，必须用肥皂在种曲室外将手洗刷干净，再用 75% 的酒精擦手。操作时，若手接触过皮肤、衣服或不洁处，应再擦酒精灭菌。

**(5) 种曲制作方法**

① 工艺流程

原菌种→试管斜面菌种→三角瓶扩大培养菌种

↓

麸皮、面粉和水→混合→蒸料→过筛→摊冷→接种→装匾（或装盘）→第一次翻曲及加水→第二次翻曲→揭去纱布（或草帘）→种曲

② 原料及配比　制作种曲的原料和配比，各地不一。目前普遍采用的两种配比为：麸皮 80kg，面粉 20kg，水 70kg 或麸皮 100kg，水 95kg。配方中的加水量视原料性质而定，一般凭经验用手轻捏成团，再用手指弹之即散为宜。

③ 原料处理　先用拌和机将麸皮与面粉拌匀，再加水充分拌和，即可移入锅

中，常压蒸煮 1h，闷 30min，出锅过筛，移入拌和台上摊开，适当翻拌，使之快速冷却。

④ 接种 接种温度，夏天为 38℃，冬天为 42℃；接种量为 0.1％～0.5％。接种时先将三角瓶外壁用 75％酒精擦拭，拔去棉塞后，用灭菌的竹筷（或竹片）将纯种去除，置于少量冷却的曲料上，拌匀（分三次撒布于全部曲料上）。如用回转式加压锅蒸料，可用真空直接冷却到接种温度，并在锅内接种及回转拌匀，以减少与空气中杂菌的接触。

⑤ 培养 堆积培养：将曲料摊平于盘中央，每盘装料（干料计）0.5kg，然后将曲盘竖直堆叠，放于木架上，每堆高度为 8 个盘，最上层应倒盖空盘一个，以保温保湿。装盘后品温应为 30～31℃，保持室温 29～31℃（冬季室温 32～34℃），干湿球温度计温差 1℃，经 6h 左右，上层品温达 35～36℃可倒盘一次，使上下品温均匀。这一阶段为孢子发芽期。

搓曲、盖湿草帘：继续保温培养 6h，上层品温达 36℃左右。这时曲料表面生长出微白色菌丝，并开始结块，这个阶段为菌丝生长期。此时即可搓曲，即用双手将曲料搓碎、摊平，使曲料松散，然后每盘上盖灭菌湿草帘一个，以利于保湿、降温，倒盘一次后将曲盘改为品字形堆放。

第二次翻曲：搓曲后继续保温培养 6～7h，品温又升至 36℃左右，曲料全部长满白色菌丝，结块良好，即可进行第二次翻曲。或根据情况进行划曲，即用竹筷将曲料划成 2cm 的碎块，使靠近盘底的曲料翻起，利于通风降温，使菌丝孢子生长均匀。翻曲或划曲后仍盖好湿草帘并倒盘，仍以品字形堆放。此时室温为 25～28℃，干湿球温度计温差为 0～1℃。这一阶段菌丝发育旺盛，大量生长蔓延，曲料结块，称为菌丝繁殖期。

洒水、保湿、保温：划曲后，地面应经常洒冷水降低室温，使品温保持在 34～36℃之间，干湿球温度计温差达到平衡，相对湿度为 100％，这期间每隔 6～7h 应倒盘一次。这个阶段已经长好的菌丝又长出孢子，称为孢子生长期。

去草帘：自盖草帘后 48h 左右将草帘去掉，这时品温趋于缓和，应停止向地面洒水，并开天窗排潮，保持室温 30℃±1℃，品温 35～36℃，中间倒盘一次，至种曲成熟为止。这一阶段孢子大量生长并老熟，称为孢子成熟期。自装盘入室至种曲成熟，整个培养时间共计 72h。在种曲制造过程中，应每 1～2h 记录一次品温、室温及操作情况。

**(6) 种曲制作过程中的注意事项**

① 种曲室要经常保持清洁卫生，必要时需彻底消毒灭菌。

② 设备及用具使用后要清洗干净，并妥善保管。

③ 严格按工艺操作要求生产，控制好温度、湿度。

④ 加强生产联系，保证使用新鲜种曲。

⑤ 加强对种曲质量的检查并做好记录。

**（7）种曲质量检验**

① 外观检验　孢子旺盛，呈新鲜的黄绿色，具有种曲特有的曲香，无根霉（灰黑绒毛），无青霉（蓝绿色斑点）及其他异色。手指捏碎种曲有孢子飞扬，无夹心。

② 孢子数　用血球计数板法测定米曲霉种曲，种曲中孢子数应在 $6 \times 10^9$ 个/g（以干基计）以上；米曲霉种曲中细菌数不超过 $10^7$ 个/g。

③ 孢子发芽率　由于测定种曲孢子数时把死孢子数也计算在内，因此当孢子测定结果符合质量标准，而在生产上却出现米曲霉生长缓慢的反常现象时，需用悬滴法测定发芽率。一般要求种曲孢子发芽率在 90％ 以上。检验时如果发现种曲不正常，孢子发芽率低或发芽缓慢，应立即停止使用。

④ 蛋白酶活力　新制曲在 5000U 以上，保存制曲在 4000U 以上。

⑤ 水分　新制曲水分为 35％～40％，保存制曲水分在 10％ 以下。

种曲质量关系到生产用曲的质量，因此必须严格控制。如果发现种曲色泽不符，或杂菌丛生，或孢子数少，或细菌数多，或孢子发芽率低，必须停止使用该批种曲，并彻底清洗一切工具与设施，进行消毒灭菌。与此同时，还应对菌种及三角瓶扩大曲进行认真检查，找出其中的原因。

## 二、成曲制备

制曲是我国酿造工业一项传统技术，是酱油酿造的关键之处。没有良好的曲子，就不能酿造出品质优良的酱油。它是酿造酱油的基础。制曲前，首先要选择原料，给予适当的配比，并经过合理的处理，然后在蒸熟原料中混合种曲，使米曲霉充分发育繁殖，同时分泌出多量的酶。制曲时，从米曲霉菌体中分泌出来的酶，不但使原料起了变化，而且也是以后发酵期间发生变化的根源。所以曲的好坏，直接影响酱油品质和原料利用率。因此，必须把好这一关。

### 1. 成曲类型

酱油生产中制曲多采用纯种制。根据制曲方式，有固体曲和液体曲之分。

**（1）液体曲**　液体曲是采用液体培养基接入米曲霉进行培养的一种方法，适合于管道化和自动化生产，但液体曲酿制的成品风味欠佳、色泽浅，所以目前还不能取代固体曲。可以考虑用多菌种制液体曲的方法来丰富酶的种类，提高酱油风味。

**（2）固体曲**　固体曲使用广泛，制曲方法有厚层通风制曲、曲盘制曲、圆盘式机械制曲等。

### 2. 制曲方式及设备

**（1）厚层通风制曲**

① 特点　是大多数厂家采用的方法，厚层通风制曲就是将曲料置于曲池（也

称曲箱）内，其厚度增至 30cm 左右，利用通风机供给空气及调节温度，促使米曲霉迅速生长繁殖。它具有曲层厚，设备利用率高，节约人力，操作适合于机械化，成曲酶活力高等优点，再加上菌种的选育，使制曲时间由原来的 2～3 天，缩短为24～28h。

②  制曲设备

A. 曲室  曲室的种类很多，依其位置，有地上曲室及楼上曲室两种。地上曲室是应用较广的一种，但楼上曲室比较适用。因楼下是发酵的场所，制成的曲由楼上直接送至楼下，非常便利。

设计曲室时，应根据下列条件选择适当的位置：即地形干燥，易于保持清洁，并接近原料处理场所与发酵室，然后再考虑曲室大小、形状及结构等。

a. 曲室的大小  以 8m 宽，10～12m 长，约 3m 高为宜。如果过大，则保温及保湿都有困难；过小，则在操作时有困难。

b. 曲室的结构  曲室的结构，有砖木结构、砖结构和钢筋水泥结构三种。墙壁厚度应以地区寒暖情况及曲室的具体情况而加以调整，墙层厚不可少于 25cm。需要有弧形平顶，以防滴水，平顶上铺隔热材料，内壁全部涂水泥，地面两边有排水沟。

c. 曲室的门窗  门窗设计根据地区气候条件的不同而各异，不但要考虑冬季的保暖，同时还须考虑夏季的降温。门宜厚，做成夹层，中间衬垫隔热材料。严寒地区应有两道门，里面的门可用推拉式的木板门，上开一个小玻璃窗。天窗是换气或调节温湿度的重要设置，一般设于曲室的中央线上，天窗大小以 1～1.5m$^2$ 为宜。由于天窗对冬天保暖有影响，目前工厂已逐渐采用机械排气。

B. 保暖、降温及保湿设施

a. 保温  一般曲室内沿墙脚安装 1 根直径为 40～50mm 的蒸汽管或蒸汽散热片。

b. 降温  利用门窗进行自然通风及使用排风扇降温。

c. 保湿  采用空调箱，既能保温、降温，又能保湿。

C. 矩形通风曲池（曲箱）  此种曲池（曲箱）最普通，应用很广泛，建造简易，可用木材、钢板、水泥板、钢筋混凝土或砖石等材料制成。曲池（曲箱）可砌半地下式或地面式，一般长度为 8～10m，宽度为 1.5～2.5m，高为 0.5m 左右。曲池（曲箱）底部的风道，有些斜坡，以便下水。通风道的两旁有 10cm 左右的边，以便安装用竹帘或有孔塑料板、不锈钢板等制作的假底，假底上堆放曲料。如图 1-1 所示。

③  制曲辅助设备

A. 通风机  风机的配备按曲池（曲箱）的大小和装曲料的多少来决定。通风机一般分为低压、中压及高压三种。总压头 $H < 1kPa$ 为低压，$H = 1～3kPa$ 为中压，$H > 3～10kPa$ 为高压。厚层通风制曲适用的风机是中压，一般要求总压头在

1kPa 以上就可以。风量（m³/h）以曲池（曲箱）内盛总原料量（kg）的 4～5 倍计算。例如，曲池（曲箱）内盛入的总原料为 1500kg，则需要风量为 6000～7500m³/h。可选用电流为 6A 的通风机，配置的电动机功率为 4kW，曲池（曲箱）面积为 14m² 左右。

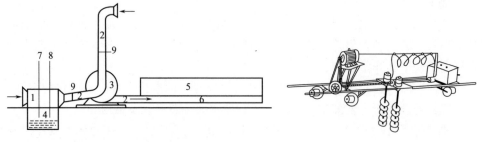

图 1-1  矩形曲池（曲箱）通风制曲示意图          图 1-2  翻曲机
1—温湿调节箱；2—通风管道；3—通风机；
4—贮水池；5—曲池（曲箱）；6—通风假底；
7—水管；8—蒸汽管；9—闸门

B. 翻曲机  图 1-2 是装置 2 只电钻的翻曲机，2 只电钻并列固定装置在螺杆上，两边用铁管相托，与螺杆成水平线，一端装有 0.5kW 电动机，可使电钻机来回移动，在电钻头上装置螺旋式叶片，另一端装有倒顺开关。按动电钮，电钻上的螺旋式叶片不断转动，使曲料搅碎翻动，同时电钻机沿着螺杆来回运行。翻曲机的 4 根柱子上装有小滚轮，也可以在曲池的两边移动，所以翻曲时可以前进、后退、左右移动，既能将曲池（曲箱）内的曲料翻匀，又大大减轻劳动强度。结合各厂的具体情况，目前翻曲机已有多种式样。

**（2）曲盘制曲**  以曲盘作制曲容器，采用自然风和倒盘来供氧和控制温度，原料料层薄，设备利用率低，劳动强度大。

**（3）圆盘式机械制曲**

① 特点  圆盘制曲机是酿造行业近来开发的先进设备。它是根据微生物的培养规律，为米曲霉的发芽、发育、成长、壮大、成熟提供一切必要条件，针对平床曲室曲料输送难度大，设备操作繁琐，生产环境差，工人劳动强度大，人和物料无法分离等不足，借鉴了国外先进技术，开发的全自动曲菌培养装置。日本已普遍使用，我国也有很多厂家试用，效果较佳，自动翻曲、自动调节温度和湿度，机械化程度高是其特点。最大的为直径 16m，盛料 24t。

② 设备构成（图 1-3）  主要分为以下两大部分。

A. 空气调节装置  采用回风道对吸入的空气（曲室空气和新鲜空气）进行温度、湿度、空气品质（含尘、菌丝、$CO_2$ 等）的调节，使其符合米曲霉培养要求。它由曲室回风管道、新鲜空气进口、排风口、调风量闸门、风过滤器、喷水喷雾段、蒸汽加温和冷冻降温装置、无级变速通风机、通风管道等组成。

B. 圆盘制曲机组　主要由上部曲室、曲床部分、翻曲机、出入曲螺旋推进器和下面通风箱池五部分组成。

③ 圆盘制曲机的操作程序

A. 入料　开动曲床圆盘，进行低速旋转，调节出入曲螺旋推进器，使其底面与曲床假底上平面为一定距离（事先量的曲层高度），开始旋转螺旋（其推料方向为向心）。曲料从曲室壁外进入后，经溜斗顺入曲床围栏内的假底上，待曲料堆积一定高度、接触到螺旋多余的料即被螺旋叶片推向中心，直至入料布满曲床假底。

B. 通风制曲　入料完毕，圆盘停止转动，入料螺旋升至最高位置，开始静止培养。待米曲霉发芽、繁殖开始产热即开动空调进行通风培养，利用空调机供给曲菌生长所需的空气（温度、湿度可自动控制）。

C. 翻曲　当米曲霉繁殖旺盛、大量产热、曲料板结影响降温时，应进行翻曲（正常情况全制曲过程翻2次）操作：空调机停止供风，转动圆盘，同时使翻曲耙齿在圆盘转动中慢慢降下，待降至最低点为止（耙齿下后与假底距离为5mm）。圆

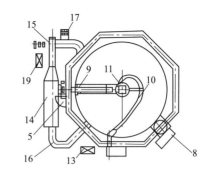

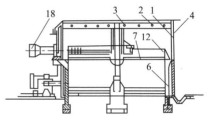

图1-3　圆盘式自动制曲设备
（单层曲室式）

1—保温内壁；2—加热管；3—保温外壁；
4—钢架；5—门；6—培养床的混凝土基础；
7—回转圆盘培养床；8—培养床驱动装置；
9—翻曲机；10—入曲及出曲装置；11—中心圆筒；
12—培养床侧壁；13—操作台；14—空气调节机；
15—送风机；16—通风管道；17—调节板；
18—散热片式加热器；19—控制台（控制盘）

盘转动360°，翻曲结束，调节耙齿上升离开曲面，翻曲耙停止旋转，圆盘停止转动，开动空调，继续通风制曲。

**(4) 多菌种制曲**　此方法是新发展起来的一种制曲方法，为了提高原料的利用率和成品风味，在制曲时除加入米曲霉以外还加入一些其他菌种，如木霉、黑曲霉、耐盐乳酸菌、耐盐酵母等，取得了一定的效果。

**(5) 天然曲**　利用自然界野生微生物采用传统方法生产的酱油曲称为大曲或天然曲。大曲的制作受温度等条件限制，一般在春末夏初制作较好，不能常年生产。大曲酶活力低，原料利用率低，但曲中微生物种类多，由于各种微生物在发酵中的作用，使成品风味佳。现在酱油生产很少使用大曲，只在某些传统产品生产和纯种制曲有困难的小厂使用。

### 3. 制曲原料的选择

制曲的目的在于通过米曲霉在原料上的生长繁殖，以取得酱油酿造上需要的各

种酶，其中特别是蛋白酶和淀粉酶更为重要。制曲时虽然要十分注意温湿度的控制，但合适的培养基的使用及处理，仍为制曲的先决条件。所以选用原料时，必须充分考虑到原料对制曲的影响。也就是说，制曲原料的选用，既要以米曲霉能正常生长繁殖为前提，又一定要考虑到酱油本身质量的需要。因此，理想的制曲原料应具备制曲容易、曲酶活性强、价格低廉、来源广及不影响酱油质量等条件。根据地区供应条件能够节约代用，或综合利用则更佳。

由于酱油的鲜味主要来源于原料中蛋白质分解成氨基酸，所用原料必须有相当高的蛋白质含量。酱油的特殊香气的形成也与原料种类有密切关系。不同的原料，不但会带来不同的制曲结果，而且产品质量也有所不同。因此，选用原料不能单凭其化学成分，还必须注意发酵后酱油的质量。豆粕蛋白质含量非常丰富，宜于作为主料；麸皮既适合于米曲霉的生长繁殖，又较其他原料适合于米曲霉分泌酶类，可以作为辅料。两者搭配使用是较理想的制曲原料。

制曲原料的配比，一般为豆饼与麸皮之比 8∶2 或 7∶3 或 6∶4，按此比例都能获得高产优质的效果。

### 4. 制曲操作与管理

**(1) 制曲工艺流程**

**(2) 操作步骤**

① 冷却、接种　经过蒸煮的熟料必须迅速冷却，并把结块的部分打碎。使用带有减压冷却设备的旋转式蒸煮锅，可在锅内直接冷却。出锅后迅速接种拌匀，立即用气力输送、绞龙或输送带送入曲池内培养。

没有冷却设备的蒸锅在出料以后可用绞龙或其他吹风设备冷却至 40℃ 左右接种，接种量为 0.3%～0.5%。种曲要先用少量麸皮拌匀后再掺入熟料中以增加其均匀性。

操作完毕应及时清洗各种设备，并搞好环境卫生，以免存积的物料受微生物污染而影响下次制曲的质量。

② 培养　曲料装池的厚度一般为 30cm 左右。为了保持均匀而良好的通风条件，必须做到堆积疏松及平整。如果接种后料层温度较高，或者上下品温不一致，应及时开启通风机调节温度至 32℃ 左右。在曲料上、中、下及面层各插温度计 1 支。静置培养 6h 左右，此时料层开始升温，到 37℃ 左右时即应开机通风，以后用间断通风的方法维持曲料品温 35℃ 左右。温度的调节还可以采取循环通风或以换气的方式控制，使上层与下层的温差尽量减少。接种 12～14h 以后，品温上升迅

速，米曲霉菌丝生长使曲料结块，通风阻力增大。虽连续通风数小时，品温仍有超过35℃的趋势，此时应进行第一次翻曲，使曲料疏松，减少通风阻力，并保持温度34～35℃，继续培养4～6h后，根据品温上升情况进行第二次翻曲。翻曲后则继续连续通风培养，品温以维持30～32℃为宜。如果曲料出现裂纹收缩，则可用压曲或铲曲的方法将裂缝消除。培养20h左右米曲霉开始着生孢子，蛋白酶活力大幅度上升，培养至30h左右即可出曲。有时也可以在出曲前停风堆积约0.5h，使曲温上升到40℃左右以利于拌曲后控制酱醅温度。但必须注意，勿使温度升高过多（应低于45℃），以防酶活损失。

翻曲时间及次数是通风制曲的主要环节之一，必须认真掌握。要根据原料配比的松实度、通风机的风压和风量以及操作方法等因素来统一考虑。如果用机械翻曲，则翻曲机的转速不宜过快（一般以200～250r/min为宜），池底曲料要全部翻动，以免影响米曲霉的生长。

**(3) 制曲时曲料的各种变化**

① 霉菌在曲料上生长的变化

A. 孢子发芽期　曲料接种进入曲箱后，米曲霉得到适当的温度及水分，开始发芽生长。一般地说，温度低于25℃以下，霉菌发芽缓慢；温度高于38℃以上，不适合霉菌发芽条件，此条件适合细菌的发育繁殖，容易污染杂菌，影响制曲。曲霉的最适发芽温度为30～32℃。在最初的4～5h是米曲霉的孢子发芽阶段，所以称为孢子发芽期。

B. 菌丝生长期　孢子发芽后，接着生长菌丝。当静置培养8h左右时，品温已逐渐上升至36℃，需要进行间歇或连续通风。一方面调节品温，另一方面调换新鲜空气，以利于米曲霉生长。继续维持品温在35℃左右，培养12h左右，当肉眼稍见曲料发白时进行第一次翻曲，这一阶段是菌丝生长期。

C. 菌丝繁殖期　第一次翻曲后，菌丝发育更为旺盛，品温上升也极为迅速，需要加强管理，继续连续通风，严格控制品温为35℃左右。约隔5h，曲料面层产生裂缝，品温相应上升，进行第二次翻曲。此阶段米曲霉菌丝充分繁殖，肉眼可见曲料全部发白，称为菌丝繁殖期。

D. 孢子着生期　第二次翻曲完成后，品温逐渐下降，但仍宜连续通风维持品温30～34℃。一般情况下，曲料接种培养18h后，曲霉逐渐大量繁殖菌丝，并开始着生孢子。培养24h左右，孢子逐渐成熟，使曲料呈现淡黄色直至嫩黄绿色。在孢子着生期，米曲霉分泌的蛋白酶最为旺盛。

此外，由于制曲所用的种曲是在空气自由流通的条件下制成的，而且酱油曲的制造又是在更大型的空气自由流通的曲室内进行的，制曲用具也不可能每次灭菌，所以，当米曲霉在按照上述的各个阶段生长繁殖时，空气中的各种杂菌（例如细菌、酵母、根霉、毛霉、青霉等）也在不同程度地繁殖。在温湿度控制适当时，米曲霉占绝对优势，可以抑制杂菌的生长，空气中杂菌只能少量繁殖，对成曲的质量无多大影响；当温湿度控制不当时，即制曲条件不适合米曲霉的繁殖，则其他杂菌乘机获得较好的繁殖条件，结果会抑制米曲霉的繁殖使成曲质量低劣，酶的活力受到影响，最终影响酱油质量和出品率。

② 制曲过程中的化学变化　制曲过程中的主要化学变化是米曲霉分泌的淀粉酶分解部分淀粉为糖分，以及蛋白酶分解部分蛋白质为氨基酸。由于米曲霉在生长繁殖时需要耗用部分糖和氨基酸作为养料，并通过呼吸作用将糖分分解成二氧化碳及水分，同时产生大量的热，这就是制曲过程中产生热量的主要原因。一般地说，在制曲过程中碳水化合物的损耗量较大，而蛋白质的损耗量较小。

在实际生产上，米曲霉的生长繁殖需要能量而消耗淀粉，也需要大量空气，同时产生大量的热能。因此必须加强管理，认真掌握在制曲过程中通风换气及降温等条件。由于制曲时粗淀粉的损耗，成曲中的蛋白质相对地比原来有所增加。

③ 制曲过程中的物理变化　在制曲过程中的物理变化主要是由于米曲霉的生理活动产生的呼吸热和分解热。在通风的条件下，曲料中的水分大量蒸发。一般通风培养曲料进入曲池时的水分为 48% 左右，培养 24h 后，出曲时成曲水分已下降至 30% 左右。

制曲时，淀粉部分水解生成的葡萄糖，虽然其中有一部分残留在曲中，但大部分被进一步分解成二氧化碳及水分而消耗，粗淀粉等物质的下降率均在 10% 以上。粗淀粉的减少，水分的蒸发，以及菌丝的大量繁殖，使曲料紧实，料层收缩，以至发生裂缝，从而引起料温不均匀，如不及时处理就影响了通风，制曲质量差。所以，在制曲过程中进行翻曲或者铲曲，可使曲料疏松，以利于米曲霉的正常生长繁殖。

**(4) 制曲时间的确定**　厚层通风制曲时间以多少小时为最适宜，主要以蛋白酶活力达到其最高点为依据。

制曲时间过短，蛋白酶活力不足，影响对蛋白质的分解；制曲时间超过一定限度，蛋白酶活力反而逐渐下降，也要影响对蛋白质的分解。同时通风制曲时间增长后，不但微生物的生长繁殖需要多消耗淀粉，无形中浪费粮食，而且影响通风制曲设备的周转，增加通风机电力的消耗。

制曲时间的长短，因菌种、品温高低、制曲设备条件及发酵工艺的不同而有很大差异。日本用厚层机械通风制曲时间大多为 42～45h，而我国用厚层机械通风制曲时间一般为 28～36h。据近几年研究，制曲时间延长至 30h 以上才产生谷氨酰胺酶，但因我国目前采用的多为低盐固态发酵和无盐固态发酵工艺，发酵温度甚高，易使谷氨酰胺酶迅速失活而发挥不出作用，结果可能得不偿失。因此，制曲时间以多少小时为宜，需要全面考虑各种条件后再作决定。

**(5) 通风制曲操作要点**　通风制曲的操作方法，各厂根据实际情况都有所不同，但总的说来是大同小异。为了便于牢记，将通风制曲操作要点归纳为"一熟、二大、三低、四均匀"。

① 一熟 要求原料蒸得熟，不夹生，使蛋白质达到适度变性及淀粉质全部糊化的程度，可被米曲霉吸收，生长繁殖，适宜于酶类分解。

② 二大 即大水、大风。

A. 大水 曲料水分大，在制取好曲的前提下，成曲酶活力高。熟料水分要求在45%～51%之间。但若制曲初期水分过大，不适宜米曲霉的繁殖，而细菌则显著地繁殖。

B. 大风 通风制曲料层厚达30cm左右，米曲霉生长时，需要足够的空气，繁殖旺盛期间又产生很多的热量，因此必须要通入大量的风和一定的风压，才能够透过料层维持到适宜于米曲霉繁殖的最适温度范围。通风小了，就会促使链球菌的繁殖，甚至在通风不良的角落处，会造成厌气性梭菌的繁殖。但若温度低于25℃，在通风量大的情况下，小球菌就会大量地繁殖。通风是制好曲的关键之一，须特别注意。

③ 三低 即入池品温低，制曲品温低，进风温度低。

A. 入池品温低 熟料入池后，通入冷风或热风将料温调整至32℃左右，此温度是米曲霉孢子最适宜的发芽温度，能更迅速发芽生长，从而抑制其他杂菌的繁殖。

B. 制曲品温低 低温制曲能增强酶的活力，同时能抑制杂菌繁殖，因此，制曲品温要求控制在30～35℃之间。最适品温为33℃。

C. 进风温度低 为了保证在较低的温度下制曲，通入的风温度要低些。进入的风温度一般在30℃左右。风温、风湿可以通过空调箱进行调节。

④ 四均匀 即原料混合及润水均匀，接种均匀，装池疏松均匀，料层厚薄均匀。

A. 原料混合及润水均匀 原料混合均匀才能使营养成分基本一致。在加水量多的情况下，更要求曲料内水分均匀，否则由于润水不匀，必然使部分曲料含水量高，易导致杂菌繁殖，而部分曲料含水分较低，使制曲后酶活力低。

B. 接种均匀 接种均匀对制曲来讲是一个关键性问题。如果接种不匀，接种多的曲料上，米曲霉很快发芽生长，并产生热量，迅速繁殖。接种少的曲料上，米曲霉生长缓慢。没有接到种的曲料上，杂菌繁殖，品温也不一致，不易管理，对制曲带来极为不利的影响。为此一定要做到接种均匀。

C. 装池疏松均匀 装池疏松与否，对制曲时的空气、温度及湿度有极为重要的影响。如果装料有松有紧，会影响品温不一致，易烧曲。因此，装池时原料要通过筛子，以减少团块，并达到料层疏松。

D. 料层厚薄均匀 因为通风制曲料层较厚，可根据曲池前后通风量的大小，对料层厚薄做适当的调整。如果通风量是均匀的，则要求料层也要均匀，否则会产生温差，影响管理。

### 5. 成曲质量与要求

成曲的质量一般通过感官鉴定和理化指标来确定。

**(1) 感官鉴定**

① 手感　曲料疏松柔软，具有弹性，不粗糙。

② 外观　菌丝丰满粗壮，浓密着生嫩黄绿色的孢子，无杂色，无夹心。

③ 气味　具有曲子特有香气，无霉臭及其他异味。

**(2) 理化指标**

① 水分　一、四季度含水量为28％～32％；二、三季度含水量为26％～30％。

② 蛋白酶活力　福林法测定中性蛋白酶在1000U/g（干基）以上。

③ 成曲细菌总数　$5 \times 10^9$ 个/g以下。

### 6. 制曲过程中常见的杂菌污染及其危害

**(1) 常见的杂菌污染及其危害**　目前酱油生产中的制曲，是在曲料上添加沪酿3.042米曲霉后使之生长繁殖。但由于是在敞口的条件下培养，全过程接触带菌的空气，酵母菌和细菌等微生物也混入生长，所以需要创造条件使米曲霉的生长占绝对的优势。

如果温湿度管理不善及通风掌握得不适当，往往使曲霉菌的生长受到削弱，而杂菌却会大量繁殖起来，使成曲质量下降。尤其是非耐盐性的微球菌在制曲时过度增殖后，因其产酸性强，导致酱醅发酵初期的pH值骤然下降而影响酶系的分解作用。

这些小于 $1\mu m$ 的微球菌的死亡细胞，又会与蛋白质及其他有机物的粒子相互吸附形成细菌性混浊，使酱油难以澄清。

细菌中的枯草芽孢杆菌增殖过多之后，会使成曲具有豆豉臭。马铃薯杆菌在酱醅中产生的酶会使谷氨酸焦化，减少酱油鲜味。这些杆菌还会产生不愉快的异丁酸、异戊酸和氨的臭味，既是曲子产生臭味和杂味的原因，发酵后又会影响酱油的风味，使成品质量明显下降。

**(2) 制曲中常见的杂菌**　制曲时常会遇到杂菌的干扰，是生产上最感棘手之事。如想使成曲中杂菌控制在最低限度，就需要了解和掌握杂菌的情况，才可能用科学的方法来加以防治制曲过程中常见的杂菌。一般正常生产的酱油曲每克含细菌几亿至几十亿个，而污染严重的可高达几百亿个。中国科学院微生物研究所曾报道，酱油酿造的制曲过程中，除米曲霉外，分离出杂菌如下。

① 霉菌

A. 毛霉　菌丝无色，如毛发状，繁殖后，除妨碍米曲霉繁殖外，还会降低酱油的风味。

B. 根霉　菌丝无色，如蜘蛛网状，繁殖后，所造成的危害没有毛霉那样大。

C. 青霉 在较低温度下容易繁殖，菌丝呈灰绿色，繁殖后会影响米曲霉生长，并产生霉臭气味，影响酱油的风味。

② 酵母菌

成曲中的酵母菌有 5 个属，它们对酱油酿造有的有益，有的有害。

A. 有益的酵母菌

a. 鲁氏酵母 能在 18％ 食盐中繁殖；有酒精发酵力；能由醇生成酯；能生成琥珀酸，增加酱油的风味；能生成酱油香味成分之的糠醇。

b. 球拟酵母 其中易变球拟酵母、埃契球拟酵母、蒙奇球拟酵母能使酱油产生特殊风味。

B. 有害的酵母菌：

a. 毕赤酵母 不能生成酒精，能产生醭，消耗酱油中的糖分。

b. 醭酵母 能在酱油液面形成醭，分解酱油中的成分，降低风味，是酱油中较普遍存在的有害菌。

c. 圆酵母 能生成丁酸及其他有机酸，使酱油变质，一般不如醭酵母普遍。据测定，在制曲过程中污染酵母的数目，每克成曲内有 $10^5 \sim 10^6$ 个。

③ 细菌

A. 微球菌 是制曲污染的主要细菌。它好气，在制曲的初期繁殖。如果繁殖得恰当，则产生少量的酸，使曲料的 pH 值稍有下降，会起到抑制枯草芽孢杆菌的作用，在这一点上它是有益的。如果它繁殖过多，则会妨碍米曲霉的生长，而且它不耐食盐。当成曲拌和盐水后，会很快死亡，残留的菌体会造成酱油的混浊，这一点又是有害的。

B. 粪链球菌 嫌气，生酸力比微球菌强，在制曲前期繁殖旺盛，产生适量的酸，会抑制枯草芽孢杆菌的繁殖。但是当它产酸过多时，又会影响米曲霉的生长。

C. 枯草芽孢杆菌 是制曲中污染的有害菌的代表。它具有芽孢，由于它的繁殖，消耗了原料中的蛋白质和淀粉，并生成氨，多了会造成曲子发黏，有异臭，影响米曲霉繁殖及酶的形成，致使制曲失败。枯草芽孢杆菌对氨基酸的消耗量远比米曲霉、酵母和乳酸菌多，因而会导致全氮的利用率下降。

此外，还有与酱油风味有密切关系的耐盐性乳酸菌，是细菌中的有益菌。具有代表性的如嗜盐片球菌、酱油四联球菌及植物乳杆菌。

据测定，在制曲过程中污染细菌的数目，每克成曲内，好气性细菌如小球菌与枯草芽孢杆菌，有 $10^5 \sim 10^7$ 个；兼性厌气性细菌如链球菌，有 $10^6 \sim 10^8$ 个。

**(3) 杂菌的来源** 制曲中的杂菌，是指除了有目的培养的米曲霉外，在曲料上生长繁殖的其他微生物，不论对酱油酿造是有益的，还是有害的，统称为杂菌。杂菌的来源有以下三个方面。

① 从种曲及麸皮中引入 这是最主要的一个方面。由于种曲是在敞口条件下培养的，所以难免不带杂菌。杂菌较多的种曲，本身孢子发芽力弱，发芽率又低，

成曲质量要受到严重影响。因此不合格的种曲，是制曲易受杂菌污染的最主要的传染源。此外，接种时拌和种曲所用的生麸皮，本身就带有很多杂菌。

② 从设备和工具的积料中来　直接接触曲料的设备和工具使用后，要洗刷清洁，并保持干燥，否则积料中会自然培养出微生物。它与次日下一批曲料相接触就接种入内，迅速地生长繁殖起来，尤其是平时不易受人注意的管道内，积料更为严重。

③ 从空气中带入　如果制曲室附近环境不清洁，则成为杂菌丛生的场所。如酱渣堆放在尘埃飞扬的场所，空气中杂菌密度高，通风制曲时空气中的杂菌连续接种于曲料上的机会就会增加。

**(4) 制曲中杂菌的防治方法**

① 工艺上可以采取的措施

A. 使用质量合格的种曲（二级种子），即要求孢子浓密而多，发芽率高，繁殖力强，杂菌含量少的种曲。由于优良的种曲在制曲开始时孢子发芽快，并迅速生长菌丝，布满曲料颗粒的表面，故能以生长优势来抑制杂菌的繁殖。对于投料量少的厂，可以直接使用玻璃瓶菌种。

B. 蒸料要求达到料熟、疏松、灭菌彻底。采用旋转式加压蒸煮锅蒸煮的熟料，由于在锅内快速冷却，所以杂菌污染的机会少。而常压蒸煮后摊冷时间长，就要十分注意尽可能减少杂菌的侵入。

C. 接种时种曲使用量不宜过少。拌种曲用的麸皮最好先经干蒸灭菌，还要掌握好接种温度，一般不超过 40℃。米曲霉的孢子不耐热，它与细菌孢子不同，接种温度越高，孢子发芽越受影响。接种后孢子与曲拌和得越均匀越好。如果种曲未拌匀，则孢子多的曲料上菌丝生长旺盛后，会骤然使热度上升；相反，孢子少的曲料上，杂菌就趁机大量繁殖。

D. 加强制曲过程的管理工作，保持曲料适当的水分，掌握好温度、湿度、通风条件，创造曲霉菌生长的最适宜环境，抑制杂菌的污染。比如曲料含水分过多，制曲前期细菌就会大量繁殖。

② 保持曲室、设备及工具等的清洁卫生

A. 曲室、曲池、设备及工具每次使用完毕，要较彻底地清除散落的曲料及积垢。可以冲洗的场所和工具还要尽量清洗干净，使杂菌缺乏寄生繁殖的条件。

B. 制曲污染严重时，原料处理设备、曲池及其假底可用 0.1% 新洁尔灭液或用 0.2% 漂白精液喷洒灭菌。

C. 熟料风管可用甲醛灭菌。方法是熟料风送完后，在回转阀出口处内放一只小盒，一般长 30m 左右的风管内盛甲醛 100mL，再缓慢地加入高锰酸钾 50g，立即把风管出口处包扎好，让其自然挥发。使用前去掉扎口，开动风机，排除残余气体即可。

③ 添加冰醋酸或醋酸钠可抑制杂菌的生长　在制曲原料中，添加冰醋酸 0.3%

或醋酸钠 0.5％～1.0％（在原料加水时先与水混合），可有效地抑制细菌的生长，使成曲中细菌数大幅度减少，而酶活力则有所提高，制醅发酵成熟后，淋油畅爽，生产的酱油细菌数少，澄清度高。但使用这个办法仍必须以做好以上各项工艺及卫生措施等为先决条件，否则效果不明显。

# 第四节　发　酵

　　发酵是先将成曲拌入多量的盐水，使其呈浓稠的半流动状态的混合物，称为酱醪；或将成曲拌入少量的盐水，使其呈不流动状态的混合物，称为酱醅；然后再装入缸、桶或池内，保温或不保温，利用微生物所分泌的酶，将酱醅（醪）中的物料分解成所需要的新物质的过程。发酵过程实际上是由于微生物生理作用所引起的一系列复杂的生物化学变化的过程。

　　发酵是酿造酱油中极其重要的一个关键过程。发酵方法及操作的好坏，均将直接影响酱油的质量与原料利用率。发酵方法很多，但基本上可分为低盐固态发酵及高盐稀醪发酵两类，许多发酵方法实际上都是这两种方法的衍生方法。

## 一、低盐固态发酵法

　　低盐固态发酵法是在无盐固态发酵法的基础上，根据日本于 1955 年前后介绍的酱油固体发酵堆积速酿法，结合当时我国酱油生产的实际情况而予以改进的方法。低盐固态发酵法也可以说是总结了几种发酵方法的经验，比如前期以分解为主的阶段采用天然发酵的固态酱醅；后期发酵阶段，则仿照稀醪发酵。此外，还采用了无盐固态发酵中浸出淋油的好经验。它发酵周期短仅需 2～3 周，酱油口味及香气虽不及高盐稀态发酵，但是优于无盐固态发酵。占我国目前酱油总产量的 60％左右。

　　低盐固态发酵法与其他发酵方法比较，它的优点如下。

　　① 酱油色泽深，滋味鲜美，后味浓厚，香气比固态无盐发酵显著提高。

　　② 蛋白质利用率高，出品率稳定，成本降低。

　　③ 操作简便，技术简单，管理也方便。

　　④ 生产不需要特殊的设备。

　　⑤ 发酵周期为 15 天左右，比固态无盐发酵长，但比其他发酵方法均大大缩短。

　　自 20 世纪 60 年代中期国内逐步推广低盐固态发酵工艺以来，因地区、设备、原料等条件的不同，现在已有三种不同的类型：一是低盐固态移池发酵法；二是低盐固态发酵原池浸出法；三是低盐固态淋浇发酵浸出法。前两者因受工艺及设备限制，没有进行酒精发酵和成酯生香的条件，只做到"前期水解阶段"。后者由于采用淋浇措施，可调节后期酱醅温度及盐度进行酒精发酵，为生产酱香浓郁的酱油创造了条件。淋浇的方法是定时放出假底下面的酱汁，并均匀地淋浇于酱醅面层，还可借此将人工培养的酵母和乳酸菌接种于酱醅内。

### 1. 工艺流程

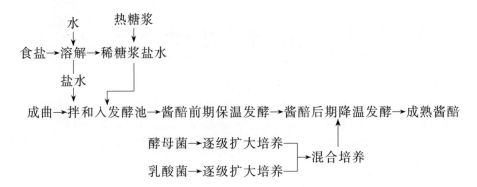

### 2. 发酵设备

**（1）发酵室**　发酵室是容纳发酵容器的场所，酱醅在此进行分解、发酵和成熟。它的位置和结构以及其他条件等都对酱油酿造有较大的影响。为此，在建造发酵室时，应首先考虑位置的选定及发酵室应具备的条件。

① 地势高。发酵室应选择地势高处。若地势较低，土地阴湿，易于杂菌繁殖，必须填高后才适用。

② 地质坚硬。发酵室内负荷量甚大，因此，地质必须坚硬，否则必然使负荷大的池、桶发生倾斜或渗漏现象。

③ 距离曲室要近，使各工序能紧密地联系起来。一般地说，以楼上制曲，楼下发酵较为适宜。

④ 须有良好的保温及排水设备。

⑤ 具有必要的通风条件，以保持室内干燥。

⑥ 便于操作。

发酵室一般是因地制宜地利用原有房屋改建而成的。新建的发酵室，大都用钢筋结构，天花板及墙壁最好用保温材料，以免冬季热量散失和室内屋顶、墙壁上凝结大量水滴，使发酵室卫生条件恶化。室内墙面一般涂水泥，并在墙底设置流水沟，以便冲洗时作排水之用。

**（2）发酵容器**　发酵容器有缸、桶及发酵池三种。

① 缸　缸是自古以来所常用的发酵容器，但只适用于小型工厂。缸底靠边处安装出油短管一根，管口装上阀门。缸内设一假底，上铺一层篾席，作为滤油之用。缸外侧需有保温措施。

根据发酵室大小以及生产规模的不同，可以在室内以几只发酵缸为组，建造长方形单排或双排的保温槽。保温槽一般用砖砌成，墙厚 25cm，内外均涂以水泥。若改用钢筋水泥建筑，则更经久耐用。槽底的一边装一个出水管，发酵缸置于槽中，槽面缸与缸之间镶木板，只露缸口在外，避免保温时热气散发。缸底的下部安装多孔蒸汽管一排，以便蒸汽通入。保温的方式有两种：一种为通入直接蒸汽保温；另一种为水浴保温，即先在槽内盛水，再从蒸汽管通入蒸汽，保持需要的温度。一般以采用直接蒸汽保温较为简单；如果采用水浴保温，槽的一边上端需装一个溢水管，便于排出余水。缸用保温槽如图 1-4 所示。

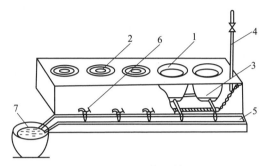

图 1-4　缸用保温槽

1—发酵缸；2—草盖；3—篾席假底；4—蒸汽管；5—流酱油槽；6—放油阀；7—盛酱油缸

有的地区发酵缸利用土灶烟道余热加温。南方一部分厂发酵槽建在室外，上加玻璃棚，底下装有蒸汽管，白天利用太阳热能保温，晚上和阴天采用蒸汽保温，效果良好。

② 木桶或钢板发酵罐　木桶壁厚，传热缓慢，酱醪温度不易受外界影响，但需要木材数量大，操作又不方便，因而使用者很少，故可采用钢板或不锈钢板制成的发酵罐。桶底靠边处需安装出油短管一根，管口装上阀门。桶内设一假底，上铺一层篾席，作为滤油之用。

保温方法：一般采取整个发酵室保温的办法，因而劳动条件极差。有的只在桶外用砻糠（稻壳）等绝热物质包裹，利用发酵期间微生物所产生的分解热，使其难于发散，达到保温的目的。开口发酵罐则可利用夹层进行水浴或直接蒸汽保温，如无夹层可用水浴或蒸汽浴保温。

③ 发酵池　发酵池结构大都是长方形的钢筋混凝土结构，也有砖砌的水泥发酵池。有半地下式及地上式两种。实践结果表明，地上式比较好。发酵池建造时要求十分严格，但须注意的是防止裂缝漏油。池内离底（约 20cm 处）设有假底，假底下面的一侧，安装稍倾斜的不锈钢管一根，能使酱油或水流尽，管口装上阀门，旁边另装有一个出口，以便使刷洗所用的水流入水沟内。假底一般使用木栅，上铺篾席或竹帘，也可用钢筋水泥板。板面有圆形或长方形孔洞，板面上同样铺设竹帘或篾席，四周加以固定。池内因盛装大量酱醪，所以散热慢。发酵池池面上配有木制盖板，易于保温。

水泥发酵池的优点是取材容易，造价低廉，洗刷方便，容易保持清洁。缺点是不能移动，长年使用后酱醪会慢慢腐蚀池面。近来由于合成树脂和塑料工业的发展，可以涂敷一层环氧树脂，以防止腐蚀现象。

保温装置有两种：一种是水浴隔层保温（发酵池外套水浴池）；另一种是直接蒸汽保温。后者很简单，在假底的下部安装一根多孔的蒸汽管，以便通入蒸汽；假底下应装温度计，以便控制温度；再在离盖板下面0.33m左右装一根蒸汽管，备面层及空间温度低时开汽保温之用，如图1-5所示。

④ 移动式发酵罐　移动式发酵罐可借轨道车作纵横向移动，减少了大量的淋油管道和输送曲料及出渣的设施，改善了发酵车间环境和酱醪保温条件，并进一步提高了劳动生产率。发酵罐本身既是发酵及浸出设备，又是酱醪及酱渣的输送设备，使用方便且易于满足工艺要求，是发酵设备的一项重要改进。

**(3) 制醪机**　制醪机俗称下池机，是将成曲破碎，拌和盐水及糖浆液成醪后进入发酵容器内的一种机器。其由机械破碎、斗式提升及绞龙拌和兼输送（螺旋拌和器）三个部分联合组成。此机器大小根据各厂所采用的发酵设备来决定，其形状如图1-6所示。绞龙的底部外壳，须特制成一边可脱卸的，便于操作完毕后冲洗干净，以免杂菌污染。

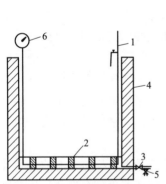

图 1-5　发酵池保温装置

1—蒸汽管；2—假底；3—放油阀；

4—发酵池；5—排水阀；

6—压力式温度计

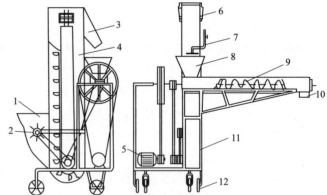

图 1-6　制醪机示意图

1—成曲入口；2—碎曲齿；3—升高机出口；4—升高机；

5—电动机；6—升高机调节器；7—盐水管及糖浆液管；

8—入料斗；9—螺旋拌和器（绞龙）；10—出料口；

11—铁架；12—轮子

**(4) 溶盐设备**　最简单的溶盐设备是地下池上端置一竹筐，将盐放置在竹筐内，水通过盐层促使其溶化成盐水后，调节浓度，浮杂物则大部分剩留于竹筐内。

**3. 工艺操作要点**

**(1) 盐水调制**

① 盐水浓度　食盐加水或低级油溶解调制成需要的浓度，一般淀粉原料全部

制曲者，其盐水浓度要求为 11～13°Bé。盐水浓度过高，会抑制酶的作用，延长发酵时间；盐水浓度过低，杂菌易于大量繁殖，导致酱醅 pH 值迅速下降，从而抑制了中性、碱性蛋白酶的作用，同样影响发酵的正常进行。盐水质地一般要求为清澈无浊、不含杂物、无异味，pH 值在 7.0 左右。

波美度（°Bé）一般以 20℃为标准，但实际中并不都是 20℃，或高或低，所以需要修正，方法如下：

$t>20℃$，则 $\qquad B=A+0.05(t-20)$

$t<20℃$，则 $\qquad B=A-0.05(20-t)$

式中　$B$——修正值；

　　　$A$——实测值；

　　　$t$——实际盐水的温度，℃。

② 盐水温度　一般来说，夏季温度为 45～50℃，冬季为 50～55℃。入池后，酱醅品温应控制在 42～46℃内。盐水的温度如果过高，会使成曲酶活性钝化，以致失活。

**（2）拌曲盐水用量**

① 低盐固态发酵（原池工艺）　一般要求将拌盐水量控制在制曲原料总重量的 80%左右，连同成曲含水相当于原料重的 120%左右，此时酱醅水分为 57%～58%。

② 低盐固态发酵（移池工艺）　一般要求将拌盐水量控制在制曲原料总重量的 65%左右，连同成曲含水相当于原料重的 95%左右，此时酱醅水分为 50%～53%。

拌曲操作时首先将粉碎成 2mm 左右的颗粒成曲由绞龙输送，在输送过程中打开盐水阀门使成曲与盐水充分拌匀，直到每一个颗粒都能和盐水充分接触。开始时盐水略少些，使酱醅疏松。然后慢慢增加，最后将剩余的盐水撒入酱醅表面。

发酵过程中，在一定幅度内，酱醅含水量越大，越有利于蛋白酶的水解作用，从而提高全氮利用率。因此，在酱醅发酵过程中，合理地提高水的用量是可以的。但是对移池浸出法，水分过大，醅粒质软，会造成移池操作的困难。所以拌水量必须恰当掌握。

③ 制醅用盐水量的计算　盐水（或稀糖浆盐水）用量为制曲原料的 150%，酱醅含水分在 57%左右。一般的经验数据是每 100kg 水加盐 1.5kg 左右即为 1°Bé（由于盐的质量不同而略有差异）。

配制盐水的数量，亦可根据下式计算：

$$盐水量=\frac{曲重\times(酱醅要求水分质量分数-曲的水分质量分数)}{(1-氯化钠质量分数)-酱醅要求水分质量分数}$$

例如，某批成曲的质量为 1150kg，水分为 33%，下曲的盐水浓度为 13°Bé/20℃（查表 1-1，氯化钠质量分数为 13.50%），要求酱醅含水量 57%，计算盐水用量。

根据公式：

$$盐水量 = \frac{1150 \times (57\% - 33\%)}{(1 - 13.50\%) - 57\%} = \frac{276}{0.295} = 936(kg)$$

成曲的质量可按制曲投料量乘以从生产经验中测得的成曲率估计计算。

表 1-1　盐水氯化钠的质量分数、质量浓度与相对密度、波美度对照表

| 相对密度 20℃/20℃ | 波美度 /°Bé | NaCl 的质量分数/% | NaCl 的质量浓度/(g/100mL) | 相对密度 20℃/20℃ | 波美度 /°Bé | NaCl 的质量分数/% | NaCl 的质量浓度/(g/100mL) |
|---|---|---|---|---|---|---|---|
| 1.0078 | 1.12 | 1.0 | 1.01 | 1.1121 | 14.6 | 15.0 | 16.60 |
| 1.0163 | 2.27 | 2.0 | 2.03 | 1.1192 | 15.42 | 16.0 | 17.90 |
| 1.0228 | 3.24 | 3.0 | 3.06 | 1.1272 | 16.35 | 17.0 | 19.10 |
| 1.0299 | 4.22 | 4.0 | 4.10 | 1.1353 | 17.27 | 18.0 | 20.40 |
| 1.0369 | 5.16 | 5.0 | 5.17 | 1.1431 | 18.14 | 19.0 | 21.70 |
| 1.0439 | 6.10 | 6.0 | 6.25 | 1.1512 | 19.03 | 20.0 | 23.00 |
| 1.0519 | 7.16 | 7.0 | 7.34 | 1.1592 | 19.89 | 21.0 | 24.30 |
| 1.0589 | 8.07 | 8.0 | 8.45 | 1.1672 | 20.75 | 22.0 | 25.60 |
| 1.0661 | 8.98 | 9.0 | 9.56 | 1.1752 | 21.6 | 23.0 | 27.00 |
| 1.0744 | 10.00 | 10.0 | 10.71 | 1.1834 | 22.45 | 24.0 | 28.40 |
| 1.0811 | 10.88 | 11.0 | 11.80 | 1.1923 | 23.37 | 25.0 | 29.70 |
| 1.0892 | 11.87 | 12.0 | 13.00 | 1.2004 | 24.18 | 26.0 | 31.10 |
| 1.0960 | 12.69 | 13.0 | 14.20 | 1.2033 | 24.48 | 26.4 | 31.80 |
| 1.1042 | 13.66 | 14.0 | 15.40 | | | | |

**（3）稀糖浆盐水配制**　若制曲中将大部分淀粉原料制成糖浆直接参与发酵时，则需要配制稀糖浆盐水。稀糖浆中含有糖分及糖渣，不能从浓度折算盐度，需要通过化验才能确切了解糖浆中含盐量。本工艺要求食盐的质量浓度为 14～15g/100mL，用量与盐水相等。另举两实例以供参考：

① 以面粉为原料制糖浆，再加食盐配制成稀糖浆盐水。

每 100kg 面粉加水 160～170kg，经液化糖化后调整糖液到 250kg（糖分 8% 以上）。另将食盐 78kg 加水或三油溶成盐水 306kg。两者混合即得稀糖浆盐水 556kg，含盐量可达上述要求。

② 以碎米为原料制糖浆，再加食盐配制成稀糖浆盐水。

每 100kg 碎米，经液化糖化后制成 250kg 左右的糖浆。另将食盐 75kg 用三油或清水溶解，浓度为 20°Bé，质量为 283kg 左右。然后把糖液与盐水混合均匀，即成浓度约为 17°Bé 的稀糖浆盐水 533kg。

**（4）酵母菌和乳酸菌菌液的制备**　酵母菌和乳酸菌经选定后，必须分别逐级扩大培养，一般每次扩大 10 倍，使之得到大量繁殖而纯粹的菌体，再经混合培养，最后接种于酱醅中。

逐级培养的步骤是斜面试管原菌→100mL 三角瓶→1000mL 三角瓶→10L 卡氏罐→100L 种子罐→1000L 发酵罐。培养液用稀糖浆（或饴糖）、二油及水配制而成，调整每 100mL 含盐分 8～9g。按常规灭菌及接种。培养温度为 30℃ 左右，小三角瓶培养、大三角瓶培养及种子罐培养各所需时间为 2 天，主要要求繁殖大量菌

体。最后将酵母菌与乳酸菌在发酵罐内混合培养，也可采用专用发酵池进行混合培养。混合培养时间延长至 5 天左右，产生适量的酒精。

制备酵母菌和乳酸菌菌液以新鲜为宜，因而必须及时接入酱醅内，使酵母菌和乳酸菌迅速参与发酵作用。

**(5) 制醅** 先将准备好的盐水或稀糖浆盐水加热到 55℃ 左右（可根据入池后发酵品温的要求，适当掌握盐水或稀糖浆盐水的温度），再将成曲粗碎，在绞龙输送过程中拌入盐水或稀糖浆盐水。进入发酵池后，开始时，在距池底 20cm 左右的成曲拌盐水或稀糖浆盐水略少些，然后慢慢增加，最后把剩余盐水浇于酱醅面层，待其全部吸入醅料后盖上食品用聚乙烯薄膜，四周以食盐封边，发酵池上加盖木板。

**(6) 前期保温发酵** 成曲拌和盐水或稀糖浆盐水入池后，品温要求在 40～45℃ 之间。如果低于 40℃，即采取保温措施，务必使品温达到并保持此温度，使酱醅迅速水解。每天定时定点检测温度。入池后次日，需淋浇一次，在前期分解阶段一般可再淋浇 2～3 次。所谓淋浇就是将积累在发酵池假底下的酱汁，用水泵抽取回浇于制醅面层。加入的速度愈快愈好，使酱汁满布于酱醅上面，又均匀地分布于整个酱醅之中，以增加酶的接触面积，并使整个发酵池内酱醅的温度均匀。如果酱醅温度不足，可在放出的酱汁内通入蒸汽，使之升至适当的温度。前期保温发酵时间为 15 天。

**(7) 倒池**（限移池工艺） 倒池是指移池发酵工艺，在前期保温发酵结束后，用抓酱机将酱醅移入另外空置的发酵池中继续后期发酵。原池发酵工艺不需倒池。倒池具有三方面的作用：一是促进酱醅各部分的温度、盐分、水分以及酶的浓度趋向均匀；二是排除酱醅内部因生物化学反应而产生的有害挥发性物质；三是增加酱醅的含氧量，防止厌氧菌生长，以促进有益微生物繁殖和色素生成。

倒池的次数：发酵周期为 20 天左右的只需在第 9～10 天倒池 1 次；发酵周期为 25～30 天的可倒池 2 次。倒池的次数不宜过多，过多既增加工作量，又不利于保温，还造成淋油困难。

**(8) 后期降温发酵** 前期发酵完毕，水解已基本完成，此时利用淋浇方法将制备的酵母菌和乳酸菌液浇于酱醅面层，并补充食盐，使总的酱醅含盐在 15% 以上，使其均匀地淋在酱醅内。菌液加入后，酱醅呈半固体状态，品温要求降至 30～35℃，并保持此温度进行酒精发酵及后熟作用。第 2 天及第 3 天再分别淋浇一次，既使菌体分布均匀，又能供给空气及达到品温一致。后期发酵时间为 15 天，在此期间酱醅成熟作用得以逐渐进行。

如果采用本工艺但限于设备条件不再进行后期降温发酵，则可参照本工艺仅进行前期发酵。如无淋浇设备可不采取淋浇措施。发酵温度亦可略提高，即第 1 周 45℃ 左右，第 2 周逐步上升至 50℃ 左右。盐水浓度及用量亦可略为减少。在此情况下，由于缺乏后熟作用，风味较差。这个方法就是目前一般采用的低盐固态发酵原池浸出法。

### 4. 原池发酵与移池发酵特点比较

原池发酵法无须单独建造淋油池，而是在发酵池下面设有假底以利于淋油。发酵完毕，打入冲淋盐水浸泡后，打开阀门即可淋油。原池淋油与移池淋油操作基本相同，酱醅含水量可增大到 57% 左右。这样高的含水量有利于蛋白酶进行良好的水解作用，因此全氮利用率就相应得到提高。

移池发酵的主要特点是酱醅疏松，便于移池发酵及淋油，一般配料麸皮用量提高至豆饼用量的 60% 左右，盐水用量则降低至制曲原料的 60%～70%，酱醅含水量常在 50% 以下。由于醅质疏松，加上每 7～10 天一次移池的搬运，增加了与空气接触的机会，有利于氧化生色。发酵周期为 20～30 天，但也只完成低盐固态发酵的前期发酵阶段。这一工艺由于麸皮用量过多及酱醅水分过少，不利于设备利用率及全氮利用率的提高。

### 5. 低盐固态发酵生产注意事项

**(1) 入池前的准备工作**

① 成曲的粉碎要恰当，以保证盐水迅速进入曲料的内部，增加酶的溶出和原料的分解速度。

② 生产设施和工具应保持清洁卫生，隔一段时间要进行杀菌。方法为沸水洗净或蒸汽灭菌。

③ 盐水的浓度和温度一定要控制准确。

④ 出曲前快速测定曲子水分含量，以便计算总加水量。

**(2) 成曲拌和盐水操作** 拌和盐水时，拌和要均匀，动作要迅速，盐水用量要准确，要防止盐水流失。绞龙拌曲直接入池时，要严格控制好盐水流量，剩余的少量盐水可浇在上面，使其慢慢淋下去。

### 6. 低盐固态发酵工艺成熟酱醅的质量标准

**(1) 感官特性**

① 外观 赤褐色，有光泽，不发黑，颜色一致。

② 香气 有浓郁的酱香、酯香，无不良气味。

③ 滋味 酱醅内挤出的酱汁，口味鲜、微甜、味厚，不酸，不苦，不涩。

④ 手感 柔软，松散，不干，不黏，无硬心。

**(2) 理化标准**

① 水分 48%～52%。

② 食盐含量 6%～7%。

③ pH 值 4.8 以上。

④ 原料水解率　50％以上。

⑤ 可溶性无盐固形物含量　25～27g/100mL。

## 二、高盐稀态发酵法

高盐稀态发酵法是指曲料中加入较多的盐水，使酱醪呈流动状态进行发酵的方法。有常温发酵和保温发酵两种方法。稀态发酵又称稀醪发酵。

常温发酵的酱醪温度随气温高低自然升降，酱醪成熟缓慢，发酵时间较长。

保温发酵亦称温酿稀发酵，因采用的保温温度不同，又分为消化型、发酵型、一贯型和低温型四种。

**(1) 消化型**　酱醪发酵初期温度较高，一般达到 42～45℃，保持 15 天，发酵主要成分全氮及氨基酸生成速度基本达到高峰。然后逐步将发酵温度降低，促使耐盐酵母大量繁殖，进行旺盛的酒精发酵，同时进行酱醪成熟作用。发酵周期为 3 个月。产品口味浓厚，酱香气较浓，色泽较其他类型深。

**(2) 发酵型**　温度是先低后高。酱醪先经过较低温度缓慢进行酒精发酵作用，然后逐渐将发酵温度上升至 42～45℃，使蛋白质分解作用和淀粉糖化作用完全，同时促使酱醪成熟。发酵周期为 3 个月。

**(3) 一贯型**　酱醪发酵温度始终保持在 42℃左右。耐盐、耐高温的酵母菌也会缓慢地进行酒精发酵。发酵周期一般为 2 个月。

**(4) 低温型**　酱醪发酵温度在 15℃维持 30 天。这阶段维持低温的目的是抑制乳酸菌的生长繁殖，同时酱醪 pH 值保持在 7 左右，使碱性蛋白酶能充分发挥作用，有利于谷氨酸生成和提高蛋白质利用率。30 天后，发酵温度逐步升高，开始乳酸发酵。当 pH 值下降至 5.3～5.5，品温达到 22～25℃时，酵母菌开始酒精发酵，温度升到 30℃时是酒精发酵最旺盛时期。下池 2 个月后 pH 值降到 5 以下，酒精发酵基本结束，而酱醪温度保持在 28～30℃之间达 4 个月以上，酱醪达到成熟。

稀醪发酵法的优点是：酱油香气较好；酱醪较稀薄，便于保温、搅拌及输送，适于大规模的机械化生产。

稀醪发酵法的缺点是：酱油色泽较淡；发酵时间长，需要庞大的保温发酵设备；需要酱醪输送和空气搅拌设备；需要压榨设备，压榨手续繁复，劳动强度较高。

### 1. 工艺流程

菌种→种曲
↓
大豆→浸渍除杂→蒸煮→制曲→发酵→抽油→配兑→加热澄清→灭菌→成品
↑　　↑
面粉　食盐溶液

## 2. 工艺操作

高盐稀态发酵法适用于以大豆、面粉为主要原料，配比一般为 7∶3 或 6∶4，加入成曲 2～2.5 倍量的 18°Bé/20℃ 盐水，于常温下经 3～6 个月的发酵工艺。该法的特点是发酵周期长，发酵酱醪成稀醪态，酱油和香气质量好。

**(1) 种曲制造** 见前面种曲制备的相关内容。

**(2) 原料处理** 包括大豆的浸渍除杂和蒸煮。浸豆前浸豆池（罐）先注入 2/3 容量的清水，投豆后将浮于水面的杂物清除。投豆完毕，仍需从池（罐）的底部注水，使污物由上端开口随水溢出，直至水清。浸豆过程中应换水 1～2 次，以免大豆变质。浸豆务求充分吸水，出罐的大豆晾至无水滴出才投进蒸料罐蒸煮。

蒸豆可用常压也可加压。若用加压，应尽量快速升温，蒸煮压力可用 0.16MPa 蒸汽，保压 8～10min 后立即排气脱压，尽快冷却至 40℃ 左右。蒸豆应使豆组织变软，有熟豆香气。

**(3) 接种与制曲** 熟豆应与面粉及种曲混合均匀，种曲用量为原料的 0.1%～0.3%。

**(4) 发酵** 按成曲质量 2～2.5 倍量淋入 18°Bé 盐水于发酵罐中。加盐水时，应使全部成曲都被盐水湿透。制醪后的第 3 天起进行抽油淋浇，淋油量约为原料量的 10%。其后每隔 1 周淋油一次，淋油时由酱醪表面喷淋，注意不要破坏酱醪的多孔性状。

发酵 3～6 个月，此时醪液氨基酸态氮含量约为 1g/100mL，前后 1 周无大变化时，意味醪已成熟，可以放出酱油。抽油后，头渣用 18°Bé/20℃ 盐水浸泡，10天后抽二滤油。二滤渣用加盐后的四滤油及 18°Bé/20℃ 盐水浸泡，时间也为 10天。放出三滤油后，三滤渣改用 80℃ 热水浸泡一夜，即行放油。抽出的四滤油应立即加盐，使浓度达 18°Bé，供下批浸泡二滤渣使用。四滤渣含盐量应在 2g/100g 以下，氨基酸含量不应高于 0.05g/100g。

# 三、固稀发酵法

该法特点是前期保温固态发酵，后期常温稀醪发酵，发酵周期比一般的高盐稀态法短，而酱油质量比低盐固态法好。

## 1. 工艺流程

小麦→精选→炒麦→冷却→破碎 种曲
          ↓  ↓
脱脂大豆→破碎→拌水→蒸煮→冷却→混合→通风制曲→成曲→固态发酵→保温稀醪发酵→常温稀醪发酵→成熟酱醪→压滤取油→生酱油→配兑→加温→澄清→成品
             ↓
           酱渣

**2. 操作说明**

**(1) 通风制曲**  小麦精选去杂后，于170℃焙炒至淡茶色，破碎至粒度为1～3mm的颗粒，与蒸熟的大豆混合均匀（豆粕与小麦配比为7∶3或6∶4），接入种曲，进行通风制曲。

**(2) 发酵**  成曲按1∶1拌入12～14°Bé盐水，入池保温（40～42℃）发酵14天。然后补加2次盐水，盐水浓度为18°Bé，加入量为成曲质量的1.5倍。此时酱醪为稀醪态，用压缩空气搅拌，每天1次，每次3～4min。3～4天后改为2～3天1次，保温35～37℃，发酵15～20天。稀醪发酵结束后，用泵将酱醪输送至常温发酵罐，在28～30℃温度下发酵30～100天，期间每周用压缩空气搅拌一次。

**(3) 压滤取油**  由于此法的酱醪成糊状物，不能用淋油法抽油，故用压滤机压滤取油。压滤分出的生酱油进入沉淀灌沉淀7天后，取上清油按酱油质量标准配兑，然后用热交换器加热，控制出口温度为85℃，再自然澄清7天后，就可按成品包装。

# 第五节　酱油提取及调配

## 一、酱油的浸出

酱醪成熟后，利用浸出法将其中的可溶性物质浸出。浸出法提取酱油由浸泡和滤油两个工序组成。原来许多工厂都采用压榨法提取酱油，现在大多数酿造厂均改用浸出法，代替了手工或机械的压榨，节省了庞大的压设备，降低了工人的劳动强度，改善了劳动条件，提高了劳动生产率，同时还提高了原料利用率。

浸出法的优点：在发酵容器（或淋油池）底部设置假底及出油管，不需要特殊的设备；用原池浸出法提取酱油不需搬运酱醪，操作更为简便；降低了劳动强度，劳动条件大为改善；提高劳动生产率；节省庞大的压榨设备；节约基建投资；为增产创造了有利条件。

浸出法包括三个主要过程。

① 浸泡　将酱醪所含的可溶性成分浸出于液体中，使成为酱油的半成品。

② 洗涤　浸取残留在酱醪颗粒表面及颗粒之间所夹带的浸出液，以水洗涤加以回收。

③ 过滤　将浸出液、洗涤液与酱渣分离。

## 1. 工艺流程

## 2. 浸泡与滤油基本原理

**（1）浸泡原理** 酱醅成熟后，加入二油或清水浸泡，把酱醅中的可溶性物质扩散到液体中去，再通过滤油提取出酱油，达到固、液分离的目的。在浸泡过程中，相对分子质量很大的蛋白质、糊精、有机酸和色素等溶解较慢。因为大分子物质的溶出有一个吸水膨胀的过程，所以酱油的浸出必须要先经过一个浸泡的过程。

浸泡是一种扩散现象。在一定范围内，影响浸泡的重要因素如下。

① 浸泡温度高，则可溶性物质易于浸出。

② 浸泡时间长，可以增加浸出量，但过长会增加黏度，不利于淋油，所以浸泡时间要适宜。

③ 酱醅与溶剂中浸出物浓度差越大，越易浸出，即在酱醅浸泡中，二油水或盐水与酱醅浓度差越大，越易浸出。

④ 溶剂与溶剂接触面积越大，浸出物越多，所以酱醅要求疏松，防止结块。

⑤ 相对分子质量小的物质容易被浸出，如氨基酸、葡萄糖等。

⑥ 颗粒直径小的物料容易浸出，但颗粒太小会增加黏度，影响淋油，生产上采用的豆粕多呈小片状，以利于浸出。

**（2）滤油原理** 滤油液面（浸出液）通过滤渣的毛细管流出，达到液渣分离的目的。过滤速度与过滤面积、温度和压力成正比，而与黏度、滤油阻力成反比。影响滤油速度的主要因素如下。

① 过滤面积 过滤面积越大，滤油越快，所以酱醅料层疏松，形成毛细管多而通畅，则滤油就快。

② 过滤压力 过滤压力大，滤油快。在浸出法中，过滤的压力是由酱醅及浸出液的自重提供。

③ 滤液黏度 滤液黏度越大，滤油越慢。造成黏度大的原因有：原料分解不彻底；污染大量的杂菌；制醅水分不均匀，池底过湿而发生粘底；原料颗粒过细等。

④ 滤油阻力 滤油时阻力影响滤油速度。形成滤油阻力的因素有：物料颗粒过于细小；滤渣料层厚度过高；滤渣紧实；滤油过程中出现脱水，造成滤层龟裂，使毛细管收缩；其他阻力，如过滤介质、假底、管道、阀门等发生部分堵塞现象。

### 3. 浸泡

酱醅成熟后，即可加入二油。二油应先加热至 70～80℃之间，利用水泵直接加入。加入二油时，在酱醅的表面层须垫一块竹帘，以防酱层被冲散影响滤油。二油用量应根据生产酱油的品种、蛋白质总量及出品率等来决定。热二油加入完毕后，发酵容器仍须盖紧，并铺上塑料布或者麻袋布，以防止散热。经过 2h，酱醅慢慢地上浮，然后逐步散开，此属于正常现象。如果酱醅整块上浮后，一直不会散开，或者在滤油时，以竹竿或木棒向发酵容器底部插试有粘块者，表明发酵不良，滤油会受到一定的影响。浸泡时间一般在 20h 左右。浸泡期间，品温不宜低于 55℃，一般在 60℃以上。温度适当提高与浸泡时间的延长，对酱油色泽的加深，有着显著的作用。

### 4. 滤油

浸泡时间达到后，头油可由发酵容器的底部放出，流入酱油池中。池内预先置备盛食盐的箩筐，把每批所需要的食盐置于筐中，流出的头油通过盐层而逐渐将食盐溶解。待头油放完后（不宜放得太干），关闭阀门，再加入 70～80℃的三油，浸泡 8～12h，滤出二油（备下批浸泡用），再加入热水（为防止出渣时太热，也可加入自来水），浸泡 2h 左右，滤出三油，作为下批套二油之用。

在滤油过程中，简单地说，头油是产品，二油套头油，三油套二油，热水套三油，如此循环使用。若头油数量不足，则应在滤二油时补充。

以上是间歇滤油法。由于设备周转关系，有些酿造厂已采用连续滤油法，浸泡的方式是一样的。但当头油将要滤完，酱渣刚露出液面时，即加入 75℃左右的三油，浸泡 1h，滤出二油；待二油即将滤完，酱渣刚露出液面时，再加入常温自来水，放出三油。从头油到放完三油总共时间仅 8h 左右。

一般头油滤出速度最快，二油、三油逐步缓慢。特别是连续滤油法，如头油滤得过干，对二油、三油的过滤速度有较明显的影响。因为当头油滤干时，酱渣颗粒之间紧缩结实，又没有适当时间的浸泡，会给再次滤油造成困难。

### 5. 出渣

滤油结束后，发酵容器内剩余的酱渣，用人工或机械出渣，输送至酱渣场上储放，供作饲料。机械出渣一般用平胶带输送机，也有仿照挖泥机进行机械出渣的，但均适用于发酵容器较大的发酵池。出渣完毕，清洗发酵容器，检查假底上的竹帘或篾席有否损坏，四壁是否有漏缝，防止酱醅漏入发酵容器底部堵塞滤油管道而影响滤油。

### 6. 影响滤油速度的因素

**（1）酱醅发黏**　如果成曲质量差，或液化、糖化不完全，或发酵温度不适当等等，均使分解不彻底，而使酱醅黏滞，过滤时不但缓慢，而且严重到滤不出油来。

**(2) 料层厚度** 酱醅料层厚，滤油速度慢，但设备利用率高；酱醅层薄，相对的滤油速度快，但设备利用率低。

**(3) 拌曲盐水的用量** 拌曲盐水的多少，对滤油速度也有一定的影响。有时酱醅料层虽厚，由于适当掌握料曲用水量后，仍可以达到滤油畅快的目的。

**(4) 浸泡油的温度** 温度高对滤油速度、质量及溶出均有帮助，温度低则相反。尤其是浸泡油中若盐分不足，不能起到防腐的作用，要依靠调整温度来抑制杂菌的侵入，特别是液面，散发热量快，杂菌最容易繁殖。若浸泡的温度低，则浸泡油易变质，甚至于发黏，这必然影响滤油的速度。

### 7. 浸泡油的盐水浓度

食盐浓度的高低对滤油的速度也有关系：浓度高，滤油慢，成分不易浸出（主要是物质的溶解度低）；浓度低，滤油快，成分易于浸出。

## 二、酱油的加热及配制

### 1. 加热及配制工艺流程

助鲜剂、甜味料、防腐剂
↓
生酱油→加热→配制→澄清→质量鉴定→各级成品

### 2. 加热

将滤出的头油补加食盐至规定的氯化钠含量后，直接使用水泵输送至加热装置，进行加热。

**(1) 加热目的** 加热可杀灭酱油中的多种微生物，防止生霉发白，并对酱油生香、增色、澄清均有重要作用。

① 灭菌 酱油含盐量在16％以上，对绝大多数微生物的繁殖有一定的抑制作用。病原菌与腐败菌虽不能生存，但酱油本身带有曲霉、酵母及其他菌类，生产过程中又与食盐、空气、管道、设备等接触过，极易污染，尤其是耐盐的产膜性酵母，常在酱油表面生白花，引起酸败变质，降低产品质量。因此经过加热灭菌，一方面杀灭大量存在的微生物，可延长酱油贮藏期；另一方面破坏它们所产生的酶，特别是脱羧酶与磷酸单酯酶，以免分解氨基酸而降低酱油的质量。

② 调和香气及风味 生酱油经过加热后，其成分有所变化，能使香气醇和圆熟，并可改善风味。加热可显著增加酱油中的香气成分，如醛类、酚类等。但由于加热，也会使一部分挥发性香气成分受到损失。

③ 增加色泽 生酱油的色泽较淡，经过加热后，部分水分蒸发，部分糖分转

化成色素，增加了酱油的色泽。

④ 除去悬浮物　酱油中的微细悬浮物或杂质，经加热后同少量高分子蛋白质凝结成酱泥沉淀下来，从而使产品澄清透明。

**（2）加热设备**　生酱油加热法有直接火法加热及蒸汽法加热两种。蒸汽法根据所用的设备不同又分为三种形式。

① 夹层锅　由外层通入蒸汽加热。

② 盘管　生酱油装入大木桶或者缸内，安装紫铜或不锈钢盘管，在管内通入蒸汽，进行加热。

③ 热交换器　热交换器是现在使用的一种连续加热装置，如图1-7所示。其形状是卧式蝶形圆柱体，用钢板制成，里面由许多并列的不锈钢管（或者紫铜管）组成。在蝶形部位的各管，一根与另一根相互连接。每根管长一般为150cm，直径为2.5cm。酱油从生酱油进口管2进口至热酱油出口管3出口。排列管的外部，是密闭受压的。蒸汽从蒸汽管5通入，下部应装有水汽分离器9，冷凝水渐渐排出。蒸汽进口处安装压力表7。酱油出口附近装有温度计4，以检查加热温度。这样的交换器效率特别高，在短时间内即可处理大量的生酱油。使用这种装置必须随时加以清洗，以除去因高温附着的凝固物，否则就会使热的传导降低，影响加热效果。

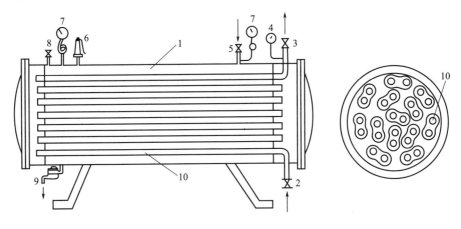

图1-7　酱油热交换器

1—加热器；2—生酱油进口管；3—热酱油出口管；4—指针温度计；5—蒸汽管；6—安全阀；
7—压力表；8—排气管；9—水汽分离器；10—酱油流通管

使用热交换器的优点：①劳动条件改善，劳动强度降低；②成品质量好；③生产效能高，每小时可以加热酱油5～7t；④清洁卫生；⑤节约用煤；⑥操作简便，管理方便。

**（3）加热温度**　酱油加热的温度，可根据酱油品种的不同，而采用不同的温度。高级酱油加热温度要低一些，因为成分好，浓度高，经较长时间发酵的酱油有着浓厚的风味。如果加热温度太高，有些良好的成分会挥发，而且会产生焦煳味，反而影响质量。次级酱油成分差，浓度低，加热温度可以提高些。一般酱油的加热温度为 65~70℃，维持 30min，或者采用 80℃在酱油连续式加热器中连续灭菌。在此温度下一般的产膜性酵母及大肠杆菌群等有害菌已死亡，对调和香气及风味等均有利。另外，夏季杂菌量大、种类多、易污染，加热温度应比冬季提高 5℃。加热后要及时冷却，防止加热后的酱油在 70~80℃放置时间较长，导致糖分、氨基酸含量及 pH 值等因色素的形成而下降，影响产品质量。

**3. 配制**

我国幅员广大，各地区消费者习惯相差悬殊，为了满足消费者的要求，各地区的酱油都有一定的品种和规格，并保持其特色。酱油经加热后，对某些品种，某些地区还添加助鲜剂、甜味料和香辛料。

**(1) 助鲜剂** 酱油中添加助鲜剂，可以改善品质，提高鲜味，一般在淡色酱油中更为适用。酱油中目前使用谷氨酸钠的添加量为 1%左右。随着科学技术的不断发展，用发酵法、酶解法制造肌苷酸及鸟苷酸已取得成功，为调味方面增添了核苷酸类的强烈助鲜剂，这种物质鲜味要比谷氨酸钠强几十倍之多。

**(2) 甜味料** 常用的甜味料有砂糖、饴糖及甘草。

① 砂糖 高级酱油需要甜味足，而原料配比中虽增加淀粉原料还不能达到要求时，则可在配制时再适当添加砂糖来提高甜味。

② 饴糖 饴糖是由米等制成，含有多量的麦芽糖及糊精，加入酱油中能增加酱油的甜味及黏稠性。但有人认为添加饴糖的酱油容易发霉变质，因而在使用时，一般于发酵时添加。

③ 甘草 甘草原是一种中药，由于它的甜味较强，又有对抗咸味之力，所以我国有些地区习惯上在酱油配料中，用它作甜味料。甘草使用时须熬制成甘草汁。方法是先将水放入锅中，再将甘草放入，然后用文火或蒸汽加热煮沸达 12h 以上后，滤出头汁；再加水煮沸 12h 以上，滤出二汁；最后将头汁与二汁混合后使用。残渣作为饲料。

**(3) 香辛料** 香辛料有花椒、丁香、豆蔻、桂皮、八角、小茴香等。

配制是一项十分细致的工作，配制得当，不仅可以保证质量，而且还可以起到降低成本、节约原材料、提高出品率的作用。

配制前必须了解各批酱油的数量、批号、生产日期以及质量情况，事先分析化验各项成分含量，以便计算各批配制用量。

酱油的理化指标有多项，一般均以氨基氮、全氮和氨基酸生成率来计算。例如，二级酱油标准为氨基氮 0.6g/100mL，全氮 1.20g/100mL，氨基酸生成率是50%。如果生产的酱油氨基酸生成率低于 50%时，可不计全氮而按氨基氮配制；如果氨基酸生成率高于 50%时，则可不计算氨基氮而以全氮含量计算配制。

# 第六节　各类酱油生产实例

## 一、广东生抽

广东人把淡色酱油称为"生抽"。

### 1. 生产工艺流程

豆饼→洗净→浸泡→沥水→蒸料→冷却→拌面粉→接种→通风制曲→成曲加盐水→制醅→发酵→淋浇→淋油→晒制增香→澄清→过滤→装瓶→灭菌→成品

### 2. 工艺要点

**(1) 原料配方**　豆饼 1050kg，麸皮 300kg，面粉 150kg，18～20°Bé 盐水、沪酿 3.042 种曲各适量。

**(2) 原料处理**

① 大豆浸泡　大豆洗净后浸泡至皮无皱纹，内无白心，用两指捏，可一分为二，重量增加 1～2 倍为适度。

② 蒸料、拌面粉　经浸泡后的大豆沥水后，在 0.15MPa 压力下蒸 15min。出锅后较熟烂、表面发黏。冷却后拌入大豆重量 43%～53% 的生面粉，要求豆粒表面均匀地附着面粉，以吸收豆粒多余的水分，使物料含水分 46%～50%，曲料疏松，利于米曲霉生长。

**(3) 通风制曲**

① 接种　将由沪酿 3.042 米曲霉培养的种曲与面粉拌匀后，接入上述冷至 40℃ 的曲料，送至曲箱进行厚层通风制曲，制曲时间为 2 天。应注意掌握好低温制曲的条件，以利于提高谷氨酰胺酶和肽酶的活力。

② 培养　曲箱中品温控制在 32～35℃，培养 14～16h 后翻曲 1 次。再经约 10h，进行第 2 次翻曲。整个制曲周期为 44h。成曲不必过老，即色泽不必太深，以呈淡黄色为佳，以免酶活力较低和带给成品以苦味。

**(4) 发酵**

① 设备　有的厂采用碳钢制的大罐为发酵容器，有的厂使用水泥池，但均设有假底，并装置玻璃棚盖，其容量为 15～30m³。

② 发酵工艺　采用稀醪浓盐晒露法。浓度为 18～20°Bé 的盐水，用量为曲料重的 2～2.5 倍，使醅盖表面尽可能少暴露于空气中，以减少因氧化褐变而产生的色素。在发酵过程中，将罐（池）底的液汁泵至顶部回淋于酱醅上，令其自然渗透

入酱醪，以供氧、排 $CO_2$ 并起搅拌作用，有利于酵母菌的繁殖、酒精发酵和需微量氧的乳酸菌的发酵。成曲下池第 2 天起每天复油 1 次，前期回淋次数较多，12 天后每 2 天复油 1 次，每次 0.5h。后期可减至每周一次，发酵时间为 3 个月左右。当酱汁氨基酸态氮达到 1% 左右时，则表示成熟，即可淋油。

因广东地区年平均气温较高，日照时间也较长，加之发酵容器容量亦较大，故品温易于保证，只需 3～4 个月酱醪即可成熟。

**（5）后处理**

① 淋油　先将生酱油由罐底或池底自然滤出，淋取头油原汁，再加入三油水（补盐至 17°Bé）或加入 18～20°Bé 盐水浸泡 7～10 天，淋出二油；再补 80～90℃ 热水浸泡 1 天，淋出三油。

② 成品处理　头油、二油及三油按酱油质量指标进行配兑（金标生抽王氨基酸态氮为 1%，银标生抽王为 0.8%；一级生抽王为 0.7%，二级生抽王为 0.4%）。将调配好的生酱油经 85～90℃ 热交换器灭菌后，再泵入锥形底罐澄清，沉淀除杂。沉淀可采用硅藻土过滤或用高速离心机离心，去除沉淀物。作为生抽酱油，最后进行灌装，在灌装前为确保瓶装成品不生霉花，再进行一次 60℃ 以上的巴氏杀菌，趁热灌入消毒过的瓶内。淡色酱油不宜高温长时间灭菌，要防止色泽太深，所以要求在制曲过程中控制杂菌的污染，搞好生产环境的卫生工作。酱油采用硅藻土过滤，去除沉淀，以提高酱油的澄清度。

③ 老抽制取　老抽是在生抽的基础上，再经阳光曝晒浓缩，酱油的氨基酸和糖分经美拉德反应，转变为红褐色的色素，并添加焦糖酱色等，使其体态浓稠，黏度增高，色泽红褐。虽鲜味不及生抽，但酱香浓郁而挂碗，酱油的无盐固形物由 13% 上升到 24% 左右。

# 二、福建琯头豉油

福建人称酱油为豉油。琯头豉油发源于福建省连江县琯头镇，至今已有 100 多年的历史。以其独特的生产工艺广泛地流传于连江、福州一带。

## 1. 工艺流程

大豆→浸洗→沥干→蒸豆→冷却→接种→制曲→成曲→洗豉→沥干→二次发霉→腌豉（加盐）→成熟酱醪→滤油→原油→逐级提炼→豉油膏→调配→豉油滤油剩下的头渣→浸泡（加四油或 18°Bé 热盐水）→滤油→二、三油→加热→普通豉油

## 2. 工艺要点

**（1）原料配方**　大豆 100kg，食盐 25kg，曲霉曲种适量。

**（2）原料选择**　精选本地产大豆或东北大豆，要求豆粒大，颗粒饱满，皮薄、肉多，蛋白质含量高。

（3）**浸洗** 将大豆倒入水池中，加水浸泡，以大豆重量增加50%，体积约增加1倍为宜。根据生产实践，一般认为春、秋3～4h，夏季2h，冬季5～6h即可达到上述要求。

（4）**蒸豆** 除去浮在水面上的悬浮物，将大豆捞起装入竹筐内，用自来水冲洗干净，沥干。然后倒入旋转蒸煮锅内，开蒸汽蒸，至压力达到196kPa后，关闭进气阀，保压20～25min。然后迅速排气，打开锅盖，出锅。要求熟料具有豆香味，呈黄褐色，用手指压捻豆粒，十有八九能捻成薄片，易于粉化。

（5）**制曲**（制豉） 将蒸熟的大豆摊冷至35～40℃（冬高夏低），倒入竹筐，每筐约装熟豆10kg，接入种曲0.5%，拌匀，摊平，要求中间稍薄（2cm），旁边稍厚（2.5cm），置于木架上，每层距离约18cm。此后维持品温在30℃左右，15h后，品温将上升至40℃，可打开窗户散热，降温。24h后，曲料结块，白色菌丝布满豆粒，品温在38℃左右，此时即可进行第一次翻曲，使豆粒松散。翻曲后品温降至33℃左右，约40h后，豆豉曲开始转黄，形成孢子，48h后，曲料复又结块，应进行第二次翻曲。此后维持品温26～28℃，老熟1～2天，即为豆豉曲，可出曲。整个制曲过程头尾需4～5天。

（6）**洗豉** 洗豉是珠头豉油的重要生产环节，也是珠头豉油生产的一大特点。大豆经过制豉成为豆豉曲后即可取出放入小木桶内洗去孢子。洗去孢子要认真操作，否则，若洗得不透，则易于生霉，使制出的原油有霉臭味；但若洗得过分，则必然要擦伤豆粒，使脱皮率增加，且损失也大。一般以洗去外表的霉花而不伤及豆皮为宜。洗涤后的豆豉应表面无菌丝，豆身油润，不脱皮。洗豉完毕后，捞起装入竹筐内，再用自来水冲淋一次，沥干。洗涤后的豆豉曲重应为洗涤前豆豉曲重的1.6倍左右。可由下述方法测定：将豆豉曲称取500g装入1个小布袋内，扎紧袋口，同样制备3个小布袋，一起放入准备洗涤的豆豉曲中浸洗。当浸渍一定时间后，认为差不多时，即提起布袋，沥干后称重。如未达到要求的重量，继续浸洗，隔一段时间后，再提起第二袋，沥干称重，一直达到要求为止。原料浸渍也可用此法。

（7）**二次发霉** 将沥干的豆豉曲在原竹筐中堆积，加盖塑料薄膜保温。以后随着堆积温度的上升，又逐渐长出菌丝，经6～7h，品温即可上升到55℃，此时即可加盐腌豉。经二次发霉的豆豉曲具有特殊的清香气味。

（8）**腌豉** 经二次发霉的豆豉曲温度较高，需及时拌入食盐。一般大豆每100kg加食盐25kg左右，要求食盐氯化钠含量高，颜色洁白，颗粒细小，水分及夹杂物少，无苦味，否则，制出的豉油具有苦涩味。将豆豉曲与食盐迅速地充分拌和均匀，倒入装有假底的大木桶内（一个木桶可装料$1×10^3$kg）。然后盖上塑料布，再加盖，腌渍3～4个月，酱醅即告成熟，即可滤油。

（9）**滤油** 将木桶底下的木塞拔去，豉油就逐渐流出，数量不多，称为"原油"。一般大豆每100kg可出原油30kg左右。原油呈红褐色、透明、清澈，酱香味浓郁，滋味鲜美，后味绵长。在滤出原油后的头渣中，再加入90℃以上的四油或18°Bé热盐水浸泡1天，次日滤出二油。同样再在二渣、三渣中加入18°Bé热盐水浸泡1天，滤出三油、四油。二油、三油可作为普通酱油出售，四油可用来回抽二油。

**（10）逐级提炼**　由于陈年老油膏中含有各种酵母，所以，为了又快又好地得到上等油膏，采用逐级提炼的方法晒炼。若直接用原油晒炼，则所需的时间又长，质量又差。逐级提炼的方法是：将原油输送至酱缸，或使之与最次等的油膏混合。经1～2个月的晒炼，抽出再掺入稍高一等的油膏中。又经1～2个月的晒炼，再抽出掺入再高一等的油膏中。这样由低到高逐级提炼，直至成为最上等豉油膏，需时一年以上。一般大豆每100kg可生产35°Bé最上等豉油膏18～20kg及普通酱油200kg。

**（11）调配**　经过逐级提炼的最上等豉油膏，色、香、味、体俱佳，风味尤其精良。久藏不坏，一般不作为商品油出售，而要根据市场的需要将不同等级的豉油膏按一定比例进行勾兑，逐级调配成不同等级的豉油出售。

## 三、湖南湘潭龙牌酱油

龙牌酱油是湖南湘潭特产。距今已有200多年历史，1915年荣获巴拿马国际博览会奖。

### 1. 工艺流程

黄豆→浸泡→沥干→蒸熟→冷却→拌面粉→装匾→入室→制曲→成曲→下缸→加盐水→晒露→发酵→翻醅→成熟→抽取母油→生酱油→晒露浓缩→灭菌→成品

### 2. 工艺要点

**（1）原料配方**　黄豆100kg，面粉75kg，盐水50kg。

**（2）原料处理**　黄豆洗净后，加水浸泡3～5h（视季节而定），以豆粒表皮无皱纹为度。沥水后置于蒸锅，常压蒸煮4～6h，或0.15～0.20MPa高压蒸汽蒸40min。以豆粒熟透而不烂，用手指一捏豆皮易脱落，豆瓣易分开为度。

**（3）制曲**　将熟豆摊到拌料台上晾至约80℃，加入黄豆重量50%的面粉拌匀、晾冷至40℃左右后，装入竹匾。每匾约装12.5kg，中间较薄，周围稍厚约3cm。再转至曲室架子上，利用天然微生物滋长制曲，不接入纯培养的种曲。室温保持25～28℃。约经24h，品温逐渐上升。若品温超过37～40℃，则应开门散热换气，并进行翻曲1次，以调整各部位曲料的温湿度及空气量，使霉菌繁殖均匀。如果品温过高，会招致豆豉菌（纳豆芽孢杆菌）生长，使曲料发黏变酸，产生难闻的臭气。老法制曲一般选择在早春季节，气温较低，以免曲温过高，利于低温制曲。整个制曲周期在温、热季节为3～4天；在冷天无保温设备的情况下，则需7天。成曲要求长满米曲霉的菌丝及呈黄绿色的孢子,但通常有毛霉和根霉共生。

**(4) 发酵翻醅**

① 入缸  每缸投入由 300kg 总原料制成的曲,压实后加入 18~20°Bé 盐水 400kg。

② 晒露发酵  投料后次日,将表层干曲压至下层。酱缸置于室外空旷处,任其日晒夜露进行自然发酵。若逢雨天,应加盖平板玻璃或篷盖。酱醅经一定日期的晒露,待表面呈红褐色时,可翻醅 1 次,即将表层酱醅掀开,翻入下层,露出新酱。经过约 3 个月三伏热天烈日的曝晒,全部酱醅可呈滋润悦目的黑褐色,并有清香怡人的酱香味,即为发酵成熟,可进行抽油,故有"三伏晒酱、伏酱秋油"之说。发酵时间一般要 6 个月以上,若经过夏天也要 3 个月。一般以经过夏天发酵的质量较好。若在秋季投料制酱醅,则须经第 2 年夏天才能成熟。

**(5) 后处理**

① 抽取母油(毛油)  在缸内成熟的酱醅中,加入适量盐水后,插入用竹丝编成的竹筒,利用液汁压力使母油渐渐渗入筒内。再用人工或泵抽取母油。每缸能抽取母油(也称毛油)150kg。抽去母油后的头渣,可加入一定量的盐水后,装袋压榨得汁,作为普通酱油市售。

② 母油再处理  母油再经较长时间的晒露后,去除沉淀,取上清液加入 10% 酱色,装入平布袋,置于箩筐内多次换袋过滤,直至滤液用离心机分离无沉淀为止。

③ 灭菌  滤出并经晒露的母油,经加热灭菌(80℃)后得到色泽浓厚的成品。

# 四、隆昌酱油

数百年前,隆昌的客家祖先经过艰辛的长途跋涉,将酱油的制作工艺也带入了隆昌。客家饮食讲究本汁本味,不使用过浓佐料,清淡可口。因此,客家人开办的酱油作坊生产的酱油不添加色素,自然天成,酱香浓郁、酯香突出,酱油色泽红褐色,是客家美食必备的调味品,在国内外有很高的知名度。

**1. 工艺流程**

试管菌种培养→锥形瓶种培养→种曲培养

原料清洗→浸泡→原料处理→接种→制曲→发酵→压榨→灭菌

**2. 工艺要点**

**(1) 试管菌种培养**  菌种采用中科 3.042 米曲霉。在无菌条件下移接斜面菌种,于 28~30℃条件下培养 72h,待菌株发育成熟才可采用。为使菌种保持良好特性,应定期做好分离纯化工作,宜半年进行 1 次,筛选生产性能好的菌株。

**(2) 锥形瓶种培养**  原料配比及培养管理锥形瓶种培养基采用麸皮 80%、豆饼粉 10%和面粉 10%。经混合后，拌入 1～1.1 倍清水充分拌匀，装入预先洗涤、干燥、配好棉塞及经 0.1MPa 压力灭菌 60min 的 500mL 锥形瓶中。装瓶量以料厚 1cm 为度，经 0.1MPa 压力灭菌 60min。灭菌后随即将曲料摇松。待凉后在无菌条件下接种。培养温度为 28～30℃。培养过程摇瓶 2 次，首次在曲料开始发白结块时进行；相隔 4～6h 当曲料再行结块时进行第 2 次摇瓶。瓶种培养 72h，米曲霉发育成熟即可使用，或斜放存冰箱待用。

瓶种的质量要求：培养成熟的瓶种，菌丝发育粗壮、整齐、稠密、顶囊肥大，孢子呈黄绿色，发芽率不低于 90%，孢子数达 $9×10^{10}$ 个/g 曲（干基）以上。

**(3) 种曲培养** 用具要求清洁，竹匾及曲室应以蒸汽熏蒸 24h 左右。蒸汽用量 10mL/m³。培养基采用麸皮 80%、豆饼粉 15%、面粉 5%。拌水量为原料的 100%～110%。常压蒸煮 60min。熟料经摊晾、搓散，降温至 30℃即可接入锥形瓶纯种，接种量为原料量的 0.1%～0.2%。曲料用竹匾培养，料厚为 1～1.2cm。曲室温度前期 28～30℃，中、后期 25～28℃。曲室干湿球温差，前期为 1℃，中期 0～1℃，后期 2℃。培养过程翻曲两次，当曲料品温达 35℃左右，稍呈白色并开始结块时进行首次翻曲，翻曲要将曲料搓散，当菌丝大量生长，品温再次回升时，要进行第 2 次翻曲。每次翻曲后要把曲料摊平，并将竹匾位置上下调换，以调节品温。当生长嫩黄色的孢子时，要求品温维持在 34～36℃，当品温降到与室温相同时才开天窗排除室内湿气。种曲培养 72h。成熟的种曲应置清洁、通风的环境中存放。

种曲的质量要求种曲的孢子数要求 $5×10^{10}$ 个/g 曲（干基）以上，孢子发芽率应不低于 90%。

**(4) 原料清洗** 选用饱满、光亮、无杂色的优质大豆。将大豆放入原料清洗池进行清洗，反复清洗 3 次。将清洗好的大豆放入浸泡池中，以豆水比 1:4 的水量进行浸泡。冬春季节浸泡时间为 8～12h，夏秋季节浸泡时间 4～6h，浸泡至水面起泡、豆瓣两瓣搓开后平整，无干心为宜，晾至无水滴出为止。小麦选用饱满、光亮、无虫蚀、无霉变的小麦。

**(5) 原料处理**

大豆采用常压蒸，上甑大火蒸 4h，焖约 10h。经蒸熟的大豆，组织变柔软，色泽淡褐，有熟豆香气，手感绵软，无硬心。将小麦放入旋转炒锅，炒至熟香，出锅冷却后，打碎至无完整麦粒即可。

**(6) 接种** 将蒸熟后的大豆放在干净的平地上摊晾至 37～40℃（冬春季节 39～40℃，夏秋季节 34～35℃），并在大豆中按 7:3 的比例拌入炒制好的小麦，水分控制在 55%～60%为宜。种曲用量为原料的 0.1%～0.3%。种曲应先与 5 倍量左右的麦粉混合搓碎，原料应与种曲及面粉充分混合，使种曲的孢子和面粉黏附豆粒表面，以利接种均匀。

**(7) 制曲** 制曲曲室及簸箕必须经清洁、灭菌。将接种好的曲料装入簸箕中，摊至厚度 3～5cm，放入曲室架上。曲室温度控制在 27～30℃，相对湿度控制在

85%左右。待菌丝长出曲料结块时进行第 1 次翻曲，曲料发白再次结块时进行第 2 次翻曲，制曲后期，菌丝已经着生孢子，此时要求室温保持 30～32℃，干湿球温差 2℃左右，以利孢子发育。

曲料质量要求水分 28%～32%，蛋白酶活力（福林法）1000U/g 曲（干基）以上。

**（8）发酵** 发酵容器的型式不限，所用的材质应能防止腐蚀。曲料用 18%（20℃）食盐溶液拌湿后才进发酵缸（或池）内。制醪时食盐溶液用量为原料量的 2～2.5 倍。置于晒坝，日晒夜露，刮风下雨时盖好缸（池）盖。制醪后的前期应每天搅拌酱醪使其均匀发酵，待豆粒溃烂，酱醪色泽已变暗褐，经检测醪液氨基酸态氮含量约为 1g/100mL，前后一周无大变动时，醪已成熟，发酵完成。

**（9）压榨** 头榨以一漂水调制酱醪装入滤袋，放入木制榨机，缓慢加压压榨，至压榨机不流出酱油后松榨。二榨将头榨后的酱渣用二漂水浸泡 12h，装入滤袋，放入木制榨机，缓慢加压压榨，至压榨机不流出酱油后松榨。压榨出的酱油作低级酱油或一漂水使用。三榨将头榨后的酱渣用水浸泡 12h，装入滤袋，放入木制榨机，缓慢加压压榨，至压榨机不流出漂水后松榨。压榨出的漂水加入 12% 的食盐保存，作二漂水使用。

**（10）灭菌** 将酱油加热至 90～95℃，放入天然香料吊篮浸泡，保温 30min，冷却后放入沉淀池中静置沉淀 3 天，抽取上部澄清酱油后，沉淀部分重新过滤后使用。

## 五、日式酱油

日式酱油一般以豆粕和炒麦为原料，通过低温盐水入醪及密闭发酵罐控温发酵，且需在发酵过程中添加酵母菌。通过该工艺所酿酱油风味优于传统广式酱油，醇香浓郁，后味突出，产品可定位于高端酱油市场。

国内的酱油发酵工艺主要包括广式高盐稀态工艺和低盐固态工艺，日本则以日式高盐稀态工艺为主。对比三种酱油酿造工艺，广式高盐稀态能耗低，风味较好，但风味在一定程度上受季节制约而波动；低盐固态发酵周期短，但风味差；日式高盐稀态风味好，但能耗高，所需投资也较高。日式工艺的工艺特点主要有：①以脱脂豆粕为蛋白质原料，以经过焙炒、破碎的小麦为淀粉原料；②所用食盐水为经过低温冷却的食盐水；③发酵过程为控温发酵；④所得酱油为压榨一次出油。

### 1. 日式酱油工艺流程

小麦→焙炒→破碎　种曲制备
　　　　　　↓　　　　↓
原料→润水→预蒸→蒸料→冷却→混合→接种→制曲→盐水制醪→发酵→压榨→粗滤→灭菌→调配→精滤→包装

## 2. 操作要点

**(1) 原料处理** 日式酱油主要以脱脂大豆为蛋白质原料,但也有少部分以全粒大豆为原料进行酿造。一般先对脱脂大豆进行润水,按原料体积比 1∶1 的比例加入 45℃左右的热水,使原料适度的吸收水分,然后进行加压蒸煮。蒸煮的目的除了杀菌以外,还要使原料软化,容易接受米曲霉的生长与繁殖。一般 0.10MPa,120℃,蒸煮 14min,在此条件下达到物料灭菌、糊化及蛋白质适度变性,从而满足制曲的需要。

**(2) 小麦的焙炒及破碎** 小麦焙炒的目的主要是使小麦的淀粉细胞糊化,破碎以后的炒麦还可对蒸煮大豆的表面水分进行调节,减少杂菌的污染。一般炒麦温度控制在 100℃以上,时间 5~10min,小麦破碎比为 2∶3(粉∶粒),炒麦设备一般采用砂浴式旋转圆筒炒麦机。

**(3) 种曲制备** 日式酱油对种曲质量要求高,除孢子数一般需达到 $10^9$ 个/g 外,对杂菌还有严格的要求,一般需控制在 $10^7$ 个/g 以下。种曲一般以脱脂大豆及小麦为原料,脱脂大豆与小麦配比为 2∶1,原料处理后温度为 30~42℃;孢子数发芽率控制为 90%以上,种曲接种量为 1/1000。

**(4) 制曲** 一般采用圆盘制曲机,也有部分企业仍采用厚层通风曲池进行制曲。日式大曲对水分有着严格的控制,制曲时如果水分偏低,米曲霉的生长不充分,制出的大曲酶活就会偏低;但如果水分过高,曲菌在繁殖过程中所消耗掉的糖分增加,从而使混入的细菌繁殖加速,使曲的品质变坏。通常入曲时水分控制为 40%~50%,出曲的水分控制为 30%~45%。

孢子发芽 6~12h,该段时间内控制品温 28~36℃。如果是冬季制曲,为促进孢子发芽,进料后需用暖空气加湿,保持曲室相对湿度 95%左右,同时还需要保证发酵房内充足的氧气,因此需要进行通风。孢子发芽 12~18h,菌丝充分生长,在该段时间内控制品温 32~38℃最为适宜。菌丝繁殖旺盛使曲料温度最高可达42℃以上,这时需改送冷风,同时进行第 1 次翻曲,一般在 8h 后可进行第 2 次翻曲,以后使温度稳定在 30℃以下,直至出曲。

**(5) 发酵** 最早开始以老式大桶为容器进行发酵,现在则一般采用夹层保温全封闭发酵罐。罐顶设有投料口,罐身上、中、下分别设有测品温点,罐底四周及中部均设有过滤压缩空气搅拌管道,罐底侧设有抽渣口和放油口。目前,也有部分企业为降低能耗开发应用了太阳能供热系统。

一般使用 20°Bé 的低温盐水,一般夏季需将温度冷却至足够低才可拌曲。入醪后盐分稳定在 16%左右,成曲与盐水比例一般为 1∶15 左右。投料后保证酱醪温度 10~20℃,保持 30~50 天定时以压缩空气搅拌;然后慢慢升温至 30℃以上,保持 4~5 个月;添加酵母后每天搅拌 1 次,保持至少 45℃;之后每隔 15 天搅拌 1 次。制醪后的品温控制在较低的水平,可使曲中非耐盐性微生物死亡,同时还可抑制制醪后污染的耐盐性杂菌。盐水彻底地渗透到大曲内部，非耐盐性微生物在未能进行有害发酵之前就基本死亡，乳酸菌发酵几乎限于停止状态，酱醪的 pH 值也不会下降过快；酱醪未达到酸性之前，大曲中的中性、碱性蛋白酶可充分发挥其活力，顺利地将原料中的可利用性氮源成分转化为水溶性成分，减小异常发酵的概率。

酱醪 pH 值降至 6.0 以下时，即可添加酵母，保证酱醪至少含酵母 $10^5$ 个/g，一般在制醪后 45 天左右，酵母的数量达到最多，主发酵基本结束时其数量减少。产香酵母的功能伴随着发酵的整个过程发生作用，特别是在发酵后期产生 1 个峰值，与酱醪香气的形成有密切的关系。所以在发酵过程中，一般在发酵初期添加产香酵母，使其贯穿发酵始终；而在发酵中后期添加产酒酵母，使其在高峰期进行乙醇发酵，产生更多乙醇。

**(6) 压榨**　发酵成熟一般需 6 个月左右，所得的酱醪是汁液和不溶解物的混合物，借助压榨法将其分离，得到日式生酱油。

# 第二章
# 食 醋

## 第一节 概 述

食醋是我国传统的酸性调味品。我国食醋的品种很多，生产工艺在世界上独树一帜，其名特优产品有山西老陈醋、镇江香醋、四川麸曲醋、福建红曲醋等。这些食醋风味各异，行销国内外，颇受消费者欢迎。

醋，古汉字为"酢"，又作"醯"。《周礼》有关于醯的记载。北魏时《齐民要术》记述了多种制醋方法。明代已有大曲、小曲和红曲之分。山西醋以红心大曲为优质醋用大曲，该曲集大曲、小曲、红曲等多种有益微生物种群于一体。

长期以来，我国酿醋技术一直沿用古老落后的固态发酵法，即利用自然界的野生菌进行发酵，产品风味独特，但生产和经营大多数是一家一户的小作坊，设备简陋，卫生条件差，发酵周期长，产量低，原料利用率低，劳动强度大。自20世纪50年代起，国内总结推广了济南酿造厂的新固态发酵法，即使用人工筛选的纯种曲种进行发酵，提高了原料利用率，降低了生产成本，缩短了发酵周期，且保留了老工艺的风味。在20世纪60年代，上海醋厂和科研单位协作，经反复试验，创造了酶法液化自然通风回流的固态发酵新工艺，大大提高了酿醋工业的机械化程度。进入20世纪70年代，石家庄、天津等地先后试验成功了液态深层发酵法新工艺和自吸式充气发酵罐应用于液醋生产，这是我国近代制醋工业上的一项重大技术革新，使我国食醋工业生产进入世界领先水平。随后的生料制醋法、固定化细胞连续发酵酿醋法等新工艺也成功应用于生产，促进了食醋工业的快速发展。目前，我国食醋产品趋于多样化、高档化、营养保健化，除传统醋品外，各种果醋、保健醋等产品也逐渐被人们接受，极大地满足和丰富了人们的生活需要。

# 一、食醋的种类

按 GB/T 20903—2007 的规定，食醋包括酿造食醋和配制食醋两大类。酿造食醋是单独或混合使用各种含有淀粉、糖类的物料或酒精，经微生物发酵酿制而成的液体调味品；配制食醋是以酿造食醋为主体（酿造食醋添加量不得低于 50％），与食用冰醋酸等混合配制的调味食醋。

食醋由于酿制原料和工艺条件不同，风味各异，没有统一的分类方法。以下是常用的几种分类方法。

## 1. 按所用原料分类

**（1）粮谷醋** 以各种粮谷物为主要原料制成的酿造食醋称为粮谷醋。米醋、麸醋属于粮谷醋。

**（2）薯干醋** 以薯类原料酿制的食醋称薯干醋。

**（3）糖醋** 以各种糖类如废糖蜜、糖渣、蔗糖等为主要原料酿制的酿造食醋称为糖醋。

**（4）果醋** 以各种水果为主要原料制成的酿造食醋称为果醋。

**（5）酒醋** 以各种酒类如白酒、酒精和酒糟等为主要原料制成的酿造食醋称为酒醋。

**（6）代用原料醋** 用野生植物及中药材等为主要原料酿制的醋叫代用原料醋。

## 2. 按原料处理方法分类

以粮食为原料制醋，因原料的处理方法不同可分为生料醋和熟料醋。

**（1）生料醋** 粮食原料粉碎后不经过蒸煮直接加入水、糖化曲、酒母进行发酵所得的食醋为生料醋。

**（2）熟料醋** 用经过蒸煮和糊化处理的原料酿制的食醋为熟料醋。

## 3. 按制醋用糖化曲分类

**（1）麸曲醋** 以麸皮和谷糠为原料，人工纯培养曲霉菌制成麸曲作糖化剂，以纯培养培养的酒精酵母作发酵剂酿制的食醋称为麸曲醋。用麸曲作糖化剂优点很多，如出醋率高，生产周期短，成本低，对原料适应性强等。但麸曲醋风味不及老法曲醋，且麸曲也不易长期贮存。

**（2）老法曲醋** 老法曲是以大麦、小麦、豌豆为原料，以野生菌自然培养获取菌种而成的糖化曲。由于曲子的酶系统较复杂，所以老法曲酿制的食醋风味优良，曲子也便于长期贮存。但老法曲醋耗用粮食多，生产周期长，出醋率低，生产成本高，故除了传统风味的名牌醋使用外，其他多不使用。

**4. 按醋酸发酵方式分类**

**(1) 固态发酵醋**　用固态发酵工艺酿制的食醋风味优良，是我国传统的酿醋方法。其缺点是生产周期长，劳动强度大，出醋率低。

**(2) 液态发酵醋**　用液态发酵工艺酿制的食醋，其中包括传统的老法液态醋、速酿塔醋及液态深层发酵醋等，其生产周期短，原料利用率高，便于连续作业和机械化操作，但其风味不及固态发酵醋好。

**5. 按颜色分类**

**(1) 浓色醋**　熏醋和老陈醋颜色呈黑褐色或棕褐色，称为浓色醋，一般需要经过熏醋处理或添加焦糖色素。

**(2) 淡色醋**　如果食醋没有添加焦糖色素或不经过熏醅处理，颜色为浅棕黄色，称淡色醋。

**(3) 白醋**　用酒精为原料生产的氧化醋或用冰醋酸兑制的醋，因呈无色透明状态，称为白醋。

此外，还有呈鲜艳的玫瑰色或棕红色的红醋等。

**6. 按风味分类**

随着人们对醋的认识，食醋已从单纯的调味品发展成为烹调型、佐餐型、保健型和饮料型等系列。

**(1) 烹调型**　这类醋酸度为 5% 左右（以乙酸计），味浓、醇香，具有解腥去膻助鲜的作用。对烹调鱼、肉类及海味等非常适合。若用酿造的白醋，还不会影响菜原有的色调。

**(2) 佐餐型**　这类醋酸度为 4% 左右（以乙酸计），味较甜，适合拌凉菜、蘸吃，如凉拌黄瓜、点心、油炸食品等，它都具有较强的助鲜作用。

**(3) 保健型**　这类醋酸度较低，一般为 3% 左右（以乙酸计），口味较好，可起到强身和防治疾病的作用。

**(4) 饮料型**　这类醋酸度只有 1% 左右（以乙酸计）。在发酵过程中加入蔗糖、水果等，形成新型的被称之为第四代饮料的醋酸饮料，具有防暑降温、生津止渴、增进食欲和消除疲劳的作用。

## 二、食醋酿造原理

食醋酿造是醋酸菌在含乙醇的培养基上生长繁殖，醋酸菌在代谢过程中产生以醋酸为主的各种有机酸的过程。若原料为淀粉原料，则需要经过淀粉糖化、酒精发酵、醋酸发酵以及后熟与陈酿等过程。

### 1. 淀粉糖化

用淀粉质原料酿造食醋，首先要将淀粉水解为糖，水解过程分两步进行。

第一步液化：原料经蒸煮变成淀粉糊后，在液化型淀粉酶的作用下，迅速降解成相对分子质量较小的能溶于水的糊精，黏度急速降低，流动性增大。

第二步糖化：糊精在糖化型淀粉酶作用下水解为可发酵性糖类以备酵母菌利用，从而发酵生成乙醇。在传统工艺中，多用大曲、麦曲、麸曲等作为糖化剂，使淀粉转化成可发酵性糖，而现代工艺中有使用淀粉酶制剂完成此项糖化过程的。

通常淀粉被糖化的程度直接影响着食醋出品率的高低。在生产中，有利用熟料糖化即原料经蒸煮后加入糖化剂完成糖化的，也有利用生料糖化即原料不经蒸煮加入糖化剂完成糖化的。后者较前者节约能源，但糖转化率较低。

糖化过程中生成的糖除大部分供给酵母进行酒精发酵外，还有一部分生成其他有机酸及醇类，一部分残留在醋醅内作为食醋色、香、味、体的物质基础。

### 2. 酒精发酵

酒精发酵就是在无氧的条件下，酵母菌所分泌的酒化酶系把糖发酵成酒精和其他副产物的过程。酒精作为醋酸发酵的基质，微量的副产物如甘油、乙醛、高级醇、琥珀酸等留在醋液中，生成的醇类物质与有机酸作用还能形成芳香性的酯，对增进醋的风味有积极作用。

### 3. 醋酸发酵

酒精在醋酸菌氧化酶的作用下被氧化成醋酸的过程。

### 4. 食醋的陈酿和后熟

酒精发酵和醋酸发酵形成了食醋基本的体态和风味，经过陈酿后熟过程中一系列物理和化学反应，弥补发酵过程中风味成分不能充分形成的缺陷。

**(1) 色泽的形成** 食醋的色泽主要来源于以下几个方面。

① 原料本身的色素带入醋中。如用红曲作糖化剂，红曲能赋予食醋红色。

② 原料处理时发生化学反应而产生的有色物质进入醋中。如食醋中的糖类与氨基酸经过美拉德反应生成黑色素，一般作用温度越高，形成黑色素的反应越强；水分越多，形成色素越慢，因此采用固态发酵法所制得的醋一般比液态发酵法所制得的醋颜色深。

③ 发酵过程中化学反应、酶反应而生成的色素。如酶褐变反应是单宁、酪氨酸等在酶的作用下进行氧化作用形成类黑素类的物质。充足的空气通常有利于色素的形成，如老法制醋中，翻缸工艺除供给醋酸菌发酵所需的空气外，还对形成色素有利。

④ 微生物有色代谢产物。熏醅时产生的色素以及进行人工配制时人工添加的色素，如在食醋中添加酱色或炒米色以增加色泽。

⑤ 陈酿过程中，陈酿时间长，再加之升温或结冰使水分蒸发，产品浓度增高，都会促进食醋色泽的加深。

**（2）香气的形成** 食醋的香气主要来源于以下几方面。

① 食醋酿制过程中各种有机酸与醇通过酯化反应形成的酯类，如甲酸乙酯、乙酸乙酯、乳酸乙酯等，以乙酸乙酯为主。由于酯化反应速度较为缓慢，要求的时间相应也长，因此一般的固态醋或老陈醋就比液态醋或速酿醋的酯类形成多，香味更浓厚。

② 食醋酿制过程中产生的醇类，如甲醇、乙醇、丙醇、异丙醇等，以乙醇为主。

③ 食醋酿制过程中产生的醛类和酚类，如乙醛、4-乙基愈创木酚等。

④ 人工添加香料，如芝麻、陈皮、茴香、桂皮等。

**（3）味的形成**

① 酸味　醋酸是食醋酸味的主体酸，占总酸的70%～80%。醋酸具有挥发性，酸味强，有刺激性气味。另外，有一些不挥发性有机酸，如琥珀酸、苹果酸、柠檬酸、葡萄糖酸等，是微生物的代谢产物，它们和醋酸及其他挥发酸共同形成食醋的酸味，也使醋酸的酸味变得比较柔和，不挥发酸含量越高，食醋的滋味越温和。

② 甜味　食醋的甜味是糖分形成的。食醋中糖分的来源是没有被酵母利用的残留糖，以葡萄糖、麦芽糖最多，还有蔗糖等；也有人工添加食糖的，如镇江香醋。适当的糖分可使食醋口味和谐醇厚。

③ 鲜味　食醋中的氨基酸赋予食醋一定鲜味。氨基酸中以谷氨酸、赖氨酸、丙氨酸、天冬氨酸和缬氨酸含量高。将食醋加热，由于酵母菌体的自溶，也增加了食醋的鲜味。

**（4）体的形成**　食醋的体态取决于其固形物含量。固形物主要包括有机酸、酯类、糖分、氨基酸、蛋白质、糊精、色素、盐类等，含量越高，则食醋浓度越大，体态越黏稠。

# 三、食醋酿造过程中的微生物

酿造食醋的有关微生物有曲霉、酵母菌和醋酸菌。曲霉能使淀粉水解成糖，使蛋白质水解成氨基酸。酵母菌能使糖转变成酒精。醋酸菌能使酒精氧化成醋酸。食醋发酵就是这些菌参与并协同作用的结果。

## 1. 曲霉菌

我国老法制醋所用的麦曲、药曲和酒曲中，存在着大量霉菌。其中有用的是根霉中的米根霉群和华根霉，毛霉中的鲁氏毛霉，曲霉中的黄曲霉群和黑曲霉群。主要是利用它们所分泌的酶具有淀粉水解作用及蛋白质水解作用等。现在大多数选用淀粉水解力强而适于酿醋的曲霉，其中主要是黑曲霉群中的甘薯曲霉及黄曲霉群中的米曲霉等。

**(1) 黑曲霉** 黑曲霉菌的分生孢子穗呈炭黑色或褐黑色或紫褐色，因而菌丛呈黑色，但也有无色的突变种。黑曲霉最适生长温度为37℃，除分泌糖化酶、液化酶、蛋白酶、单宁酶外，黑曲霉还有果胶酶、纤维素酶、脂肪酶、氧化酶、转化酶的活性。适用于酿造食醋的菌株，常用的有以下几种。

① 甘薯曲霉 As3.324 因适用于甘薯原料的糖化而得名。该菌生长适应性好，易培养，有强单宁酶活力，适合于甘薯及野生植物酿醋。

② 邬氏曲霉 As3.758 它是日本选育的菌种，糖化能力强，生酸能力强，耐酸性也强，能同化硝酸盐。该菌对制曲原料适应性强，且有较强的单宁酶活力。

③ 东酒一号 它是 As3.758 的变异株，培养时要求较高的湿度和较低的温度。制曲前期生长缓慢、产热少，但中后期生长较快。成曲较疏松，糖化力、液化力较强，上海地区应用此菌制酒、醋较多。

④ 黑曲霉 As3.4309（UV-11） 该菌糖化酶活力强，酶系纯。最适培养温度为32℃。菌丝纤细，分生孢子柄短。在制曲时，前期菌丝生长缓慢。当出现分生孢子时，菌丝迅速蔓延。

**(2) 黄曲霉** 黄曲霉群主要有黄曲霉和米曲霉。它们的主要区别：黄曲霉小梗多为双层，而米曲霉小梗多数是一层，很少有双层的。黄曲霉的分生孢子穗呈黄绿色，发育过程中菌丛先由白色转为黄色，最后变成黄绿色，衰老的菌落则呈黄褐色。最适生长温度为37℃。黄曲霉群的菌株除有丰富的蛋白酶、淀粉酶外，还有纤维素酶、转化酶、菊粉酶、脂肪酶、氧化酶等。黄曲霉中的某些菌株会产生对人体致癌的黄曲霉毒素，为安全起见，必须对菌株进行严格检测，确保无黄曲霉毒素产生者方能使用。米曲霉一般不产生黄曲霉毒素。米曲霉常用菌株有沪酿 3.040、沪酿 3.042（As3.951）、As3.863 等。黄曲霉菌株有 As3.800、As3.384 等。

### 2. 酵母菌

在食醋酿造过程中，淀粉原料经曲的糖化作用产生葡萄糖，酵母菌则通过其酒化酶系把葡萄糖转化为酒精和二氧化碳，完成酿醋过程中的酒精发酵阶段。除酒化酶系外，酵母菌还有麦芽糖酶、蔗糖酶、转化酶、乳糖分解酶及脂肪酶等。在酵母菌的酒精发酵中，除生成酒精外还有少量有机酸、杂醇油、酯类等物质生成，这些物质对形成醋的风味有一定作用。酵母菌培养和发酵的最适温度为 25～30℃，但因菌种不同稍有差异。

酿醋用的酵母菌与生产酒类使用的酵母相同。北方地区常用 1300 酵母，上海香醋酿制使用黄酒酵母工农 501。适合于高粱原料及速酿醋生产的菌种有南阳混合酵母（1308 酵母）；适用于高粱、大米、甘薯等多种原料酿制普通食醋的有 K 字酵母；适用于淀粉原料酿醋的有 As2.109、As2.399；适用于糖蜜原料的有 As2.1189、As2.1190。另外，为了增加食醋香气，有的厂还添加产酯能力强的产酯酵母进行混合发酵，使用的菌株有 As2.300、As2.338，以及中国食品发酵工业研究院的 1295 和 1312 等产酯酵母。

### 3. 醋酸菌

醋酸菌具有氧化酒精生成醋酸的能力。按照醋酸菌的生理生化特性，可分为醋酸杆菌属和葡萄糖氧化杆菌属两大类。醋酸杆菌属在 39℃温度下可以生长，增殖最适温度在 30℃以上，主要作用是将酒精氧化为醋酸，在缺少乙醇的醋醅中，会继续把醋酸氧化成二氧化碳和水，也能微弱氧化葡萄糖为葡萄糖酸；葡萄糖氧化杆菌属能在低温下生长，增殖最适温度在 30℃以下，主要作用是将葡萄糖氧化为葡萄糖酸，也能微弱氧化酒精成醋酸，但不能继续把醋酸氧化为二氧化碳和水。酿醋用醋酸菌菌株，大多属于醋酸杆菌属，仅在老法酿醋醋醅中发现葡萄糖氧化杆菌属的菌株。

醋酸菌有相当强的醇脱氢酶、醛脱氢酶等氧化酶系活力，因此除能氧化酒精生成醋酸外，还有氧化其他醇类和糖类的能力，生成相应的酸、酮等物质，例如丁酸、葡萄糖酸、葡萄糖酮酸、木糖酸、阿拉伯糖酸、丙酮酸、琥珀酸、乳酸等有机酸，以及氧化甘油生成二酮，氧化甘露醇生成果糖等。醋酸菌也有生成酯类的能力，接入产生芳香酯多的菌种发酵，可以使食醋的香味倍增。上述物质的存在对形成食醋的风味有重要作用。

As1.41 醋酸菌属于恶臭醋酸杆菌，是我国酿醋常用菌株之一。该菌生长适宜温度为 28～30℃，生成醋酸的最适温度是 28～33℃，最适 pH 值为 3.5～6.0，耐受酒精含量 8%（体积分数）。最高产醋酸 7%～9%，产葡萄糖酸能力弱。能氧化分解醋酸为二氧化碳和水。沪酿 1.01 醋酸菌是从丹东速酿醋中分离得到的，是我国食醋工厂常用菌种之一。该菌由酒精产醋酸的转化率平均达到 93%～95%。

## 第二节　原辅料及处理

根据制醋工艺要求以及在工艺过程中所起的作用，制醋用料可分为主料、辅料、填充料和添加剂四大类。进行原料选择时，应资源丰富，产地离工厂距离近，淀粉（或糖或酒精）含量应高，易贮藏，不霉烂变质，符合食品卫生质量要求。

### 一、原料

原料主要有淀粉质原料、含糖原料和含乙醇原料。

**1. 淀粉质原料**

**(1) 粮食原料** 我国长江以南习惯以大米和糯米为原料，北方多以高粱、小米、玉米为原料。用不同粮食原料酿造的食醋，其风味也不同。如用糯米酿制的醋，因残留的糊精和低聚糖较多，口味较浓甜。大米的蛋白质含量低，淀粉含量高，杂质较少，因而酿制的食醋比较纯净。

高粱蒸熟以后具有疏松适度的特点，很适于固态发酵；另因含有少量单宁，发酵时能生成特殊的芳香物质，使高粱醋有独特的香味。玉米含有较多的植酸，发酵时能促进醇甜物质的形成，玉米醋的甜味较突出。

**(2) 薯类原料** 薯类原料的淀粉颗粒大，容易蒸煮糊化，也是酿醋的较理想原料。但产醋质量不及粮食醋，易产生薯干杂味等，在发酵过程中要尽量除去。主要品种是甘薯、土豆和木薯。

**(3) 其他淀粉原料** 一些农副产品下脚料和野生植物含有淀粉，也可用于酿醋，最常见的有葛根、菱角、金樱子、菊芋等。应注意的是，使用野生植物应注意其成分中是否含有对人体有害的物质。

**2. 含糖原料**

**(1) 糖和糖蜜** 糖可以作为酿醋的原料，使用方便，但价格较高。糖蜜作为糖厂的一种副产品，含糖量较高（50％左右），可直接被酵母利用，但使用前须进行稀释、酸化、灭菌、澄清和添加营养盐等处理。

**(2) 水果** 水果原料中含有可发酵糖、矿物质、维生素等成分，适合于生产果醋。常用的有梨、柿、苹果、菠萝，某些野生水果如酸枣、君迁子等也可以利用。不同的水果会赋予果醋不同的果香，便于酿制不同风格的食醋，目前以苹果醋和葡萄醋较为常见，也有柿醋等品种。

**3. 含乙醇原料**

以含乙醇物质（其中以酒精、白酒为主）为原料酿造的醋，俗称酒醋，如丹东白醋即是以白酒为原料酿制的食醋。用甘薯、马铃薯及其他淀粉原料和糖蜜等为原料，经过发酵、蒸煮和蒸馏制成纯度95％的食用酒精，均可作为制醋原料。生产中一般酒精或白酒都需先经过稀释后再用于制醋。此外，在谷物醋和果醋中允许使用部分乙醇。

## 二、辅料

酿醋需要大量辅助原料，以提供微生物活动所需要的营养物质或增加食醋中糖分和氨基酸含量。辅料一般采用细谷糠、麸皮和豆粕，因其不但含有碳水化合物，还含有丰富的蛋白质，适合做酿醋辅料。辅料与食醋的色、香、味有密切的关系，同时还起着吸收水分、疏松醋醅、贮存空气的作用。选用辅料时要注意：①辅料具有良好的疏松性和吸水性；②辅料中不含直接或间接影响醋质的有害杂质；③辅料应具有来源广，价格便宜，质量优异等特点。常见的辅料有以下几种。

### 1. 米糠

米糠是碾米工业的副产品。富含粗淀粉，疏松性和吸水性都很好，同时还含有大量的蛋白质、无机盐和维生素类物质，是酿醋制曲或曲种的好原料。

### 2. 麸皮

麸皮是小麦加工面粉过程中的副产品。麸皮淀粉含量较低，疏松性好，吸湿性强，有利于菌丝的良好生长，是生产纯种和多微曲的很好原料，也是生产麸曲的主要原料。麸皮的化学成分随小麦品种、加工方法不同而有所差异。

### 3. 豆粕

豆粕中脂肪含量低，糖分也少，蛋白质含量很高。制曲或酿醋过程中为了提高产品质量，提高原料中蛋白质的含量，可以加入一定量的豆粕。

## 三、填充料

填充料在酿醋过程中具有降低淀粉浓度，调整发酵速度，疏松醋醅以利于空气流通和热量传递，利于醋酸菌好氧发酵等作用。填充料要求接触面积大，纤维质具有适当的硬度及惰性，不得有特异气味及霉烂变质现象。填充料质量好，醋的风味好，醋质好；填充料质量差，醋会有邪杂味，醋质较差。填充料用量多，发酵升温快，顶温高，出醋率低；反之，发酵升温慢，顶温低，发酵周期长，出醋率也低。

常用的填充料有粗谷糠、稻壳、高粱壳、玉米芯、刨花、多孔玻璃纤维等。

### 1. 粗谷糠

主要是小米或黍米的外壳，有较好的吸水性和疏松度。用清蒸的谷糠酿醋，赋予醋特有的醇香、糟香。

### 2. 稻壳

稻壳吸水性差，疏松度好，粉碎后两者均会有所提高。稻壳杂味小，是做优质食醋的好填充料。

### 3. 高粱壳

高粱壳的性质与高粱相似，且疏松性、吸水性介于稻壳和粗谷糠之间，做辅料仅次于二者。高粱壳中虽含较多单宁，但对出醋率影响不大。

### 4. 玉米芯

玉米穗轴的粉碎物，疏松度大，吸水性好。粉碎愈细，疏松度愈大，吸水性愈强，是酿制普通食醋的好辅料。

## 四、添加剂

由于添加剂能不同程度地提高固形物在食醋中的含量，因此，它们不仅能改进食醋的色泽和风味，而且能改善食醋的体态。酿制食醋所用的添加剂有以下几种。

① 食盐　醋酸发酵成熟后，需及时加入食盐以抑制醋酸菌的活动，同时，食盐还起到调和食醋风味的作用。

② 砂糖　增加食醋的甜味。

③ 炒米色　可增加成品醋的色泽和香气。

④ 香辛料　赋予食醋特殊的风味。常用的有芝麻、茴香、桂皮、生姜等。

## 五、原料的处理

### 1. 原料处理的方法及目的

酿醋原料在收割、采集和贮运过程中，会混入泥土、砂石、金属等杂物，如不去除干净，将损坏机械设备、堵塞管道、阀门等，造成生产上的重大损失。带皮壳的原料，在原料粉碎之前应将皮壳除去。原料进厂前要经严格检验，霉烂变质等不合格的原料不能用于生产。

在投产前，谷物原料用分选机，将原料中的尘土和轻质杂物吹出，并用筛网把谷粒筛选出来。薯类原料预处理分两种情况：鲜薯采用洗涤的方法除去表皮的砂土；薯干通过磁铁分离器除去可能混入的金属物品。

### 2. 粉碎与水磨

为了利于原料吸水，缩短糖化时间，充分利用原料成分，酿醋时最好先进行粉碎，再进行蒸煮糖化。酶法液化通风回流制醋，可用水磨法粉碎原料，淀粉更易被酶水解，并能避免粉尘飞扬。磨浆时，先浸泡原料，再加水，加水比例1:(1.5～2)为宜。粉碎设备常用刀片轧碎机、锤式粉碎机和钢磨等。

### 3. 原料蒸煮

酿醋按糖化方法可分为煮料发酵、蒸料发酵、生料发酵、酶法液化发酵四种方法。除生料发酵法原料不蒸煮外，其余三种方法都要进行原料蒸煮。

**(1) 蒸煮目的**　原料粉碎经润水后在高温条件下蒸煮，使植物组织和细胞彻底破坏。淀粉糊化后，颗粒吸水膨胀，有利于糖化时水解酶的作用，同时通过高温高压蒸煮，杀死原料表面附着的微生物。

原料蒸煮的要求：原料淀粉颗粒充分糊化；可发酵物质损失尽可能少；能耗少；蒸煮过程中产生的有害物质少。

**（2）蒸煮方法**  一般分为煮料发酵法和蒸料发酵法两种。蒸料发酵法是固态发酵酿醋中应用最广的一种方法，为便于糖化发酵，必须进行润料，即在原料中加入定量的水，并搅拌均匀，然后再蒸料。润料所用水量视原料种类而定。许多大型生产厂一般采用旋转加压蒸锅，使料受热既均匀又不至于焦化。

**（3）蒸煮过程中原料组分的变化**

① 淀粉和糖分  淀粉在蒸煮或浸泡时，先吸水膨胀，随着温度升高，分子运动加剧，至60℃以上时其颗粒体积扩大，黏度大大增加，呈海绵糊状（即糊化）。温度继续上升至100℃以上时，分子变成疏松状态，因而黏度下降，冷却至60～70℃，能有效地被淀粉酶糖化。

② 蛋白质  在常压蒸煮时，蛋白质发生凝固变性，使可溶性态氮含量下降，不易分解。而原料中氨态氮却溶解于水，使可溶性氮有所增加。

③ 脂肪  在高压下产生游离脂肪酸，易产生酸败气味，而常压下变化甚少。

④ 纤维素  吸水后产生膨胀，但在蒸煮过程中不发生化学变化。

⑤ 果胶质  薯类原料中含果胶质比谷类原料多，果胶质在蒸煮过程中加热分解形成果胶酸和甲醇，高压和长时间蒸煮后使成品产生有怪味的醛类、萜烯等物质。

⑥ 单宁  在蒸煮过程中单宁是形成香草醛、丁香酸等芳香成分的前体物质，能赋予食醋以特殊的芳香。

**（4）蒸煮设备**  常用的有常压蒸锅和加压蒸锅。常压蒸锅多在小型醋厂和一些老厂采用，劳动强度大，生产效益低，但投资少，操作易掌握；加压蒸锅机械化程度高，劳动强度低，生产效益高，但投资大，适宜大厂采用。

原料蒸煮后要进行冷晾。将熟料趁热取出，置于冷散池内，再加水闷料，使其充分吸收水分，并冷却至加曲温度。

# 第三节  糖化发酵剂制备

食醋酿造是一个复杂的生化和微生物学过程。一般要经过糖化、酒精发酵和醋酸发酵三个反应过程。曲、酵母、醋酸菌就是食醋生产中三个反应过程的发酵剂。

## 一、糖化剂制备

糖化就是将淀粉转变成可发酵性糖，它是用淀粉原料酿醋的必要生化过程，也是第一个生化过程，糖化所用的催化剂称为糖化剂。食醋生产采用的糖化剂主要有两大类型，一类是采用固态方法培养的固体糖化曲，有大曲、小曲、麸曲、红曲、麦曲等；另一类是采用液体方法培养的液体曲。此外还有少量使用糖化酶制剂的。

### 1. 大曲的制作

大曲是以根霉、毛霉、曲霉、酵母为主，并有大量野生菌的糖化曲。大曲主要是利用霉菌产生的淀粉酶对淀粉进行水解，与成曲之后霉菌的死活没有多大关系，但也保留少量活的细菌和酵母。生产时非常强调用陈曲，一般要求存放半年以上。这类曲优点是不需要接种，便于保管和运输，微生物种类多，酿成的食醋风味佳、香味浓、质量好，缺点是生产工艺复杂，糖化力弱，淀粉利用率较低，用曲量大，生产周期长，出醋率低。大曲醋深受消费者欢迎，现在我国几种主要名特食醋的生产仍多采用大曲。

**（1）大曲制作工艺流程**

大麦 → 磨碎
豌豆 → 磨碎
→混合→加水→拌匀→踩曲→入室→上霉→晾霉→起潮火→大火→
后火→养曲→出室→成曲

**（2）操作要点**

① 原料处理　按大麦 70% 与豌豆 30% 配料，混合后粉碎，要求粗粉（粉粒直径 1mm 以上）占 40%～45%（冬季粗粉少些）。

② 制曲坯　按原料加水比为 1:（0.5～0.55）均匀加水，混合均匀后，12 人依次踩制成曲坯，也可采用机械制曲机制曲。要求曲坯表面平滑，内部坚实，厚薄均匀，外形平整，四角饱满无缺，结实坚固，每块坯重约 3.5kg。

③ 入室　将制成的曲坯搬入室温 25℃ 左右的曲房内，地面先铺垫一层谷糠，曲坯立放，间距 1～2cm，行距 3～4cm；再码放曲坯一层，层间用苇秆架隔，间距、行距同第一层。用苇席 1～2 层遮盖坯垛，并在苇席上喷洒清水，使其潮湿。

④ 上霉　指在曲坯表面，因霉菌生长繁殖而长出霉点。关闭曲房门窗，让坯自然升温，待品温上升到 40～41℃ 时，坯表面均匀生长有白色小菌落时，上霉完成。上霉时间 48～72h。

⑤ 晾霉　指在降温、排潮下，曲坯表面霉点受凉并定形。打开曲房门窗，揭开苇席，经 12h 左右，将曲坯翻码为三层，间距扩大为 3～4cm，品温要求不超过 33℃；再经 12h 左右，当品温升至 36～37℃ 时，将曲坯翻码为四层，间距扩大为 5cm 左右，以后经 24h 曲坯翻码一次。晾霉时间 48～72h。

⑥ 起潮火　起潮火指微生物大量生长繁殖，使曲坯排放的水汽最多，品温很高的阶段。关闭曲房门窗，品温自然上升。用开闭门窗、翻码曲坯、扩大间距、增加码层等方法，控制品温在 38～47℃，时间为 4 天左右。

⑦ 大火　指微生物继续生长繁殖，使曲坯品温达到最高峰的阶段。每 1～2 天

翻码曲坯一次，间距 10cm 以上，要求品温为 30～48℃，时间为 7～8 天。此期间曲的水分基本排除干净。

⑧ 后火　指微生物生长繁殖减慢，曲坯品温逐渐下降的阶段。大火后，品温逐渐下降，当降至 36～37℃时，翻码曲坯一次，间距缩小至 5cm 左右。经 3 天左右，品温降至 32～33℃。

⑨ 养曲　翻码曲坯，间距缩小至 3.5cm，品温控制在 28～30℃，室温为 30～32℃，时间 2～3 天。

⑩ 成曲储存　打开门窗，经 3～5 天晾曲后，移入干燥、阴凉、通风的库房内储存，成曲距离 1cm 以上，码层不超过 6 层。

## 2. 小曲的制作

小曲又称酒药、药曲或药饼，是我国独特的酿酒酿醋糖化发酵剂。微生物主要是根霉及酵母。根霉在微生物中占绝对优势。小曲的糖化力强，加之小曲酿醋时还有微生物的再培养过程，故而小曲用量很少。小曲对原料的选择性强，适用于大米、高粱等原料，不宜于薯类及野生原料。酿制的醋品味纯净，颇受江南消费者欢迎。

小曲一般采用经过长期自然培养的种曲进行接种，也有用纯粹培养根霉和酵母菌进行接种，这样更能保证有用微生物的大量繁殖。

**(1) 小曲制作工艺流程**

<pre>
                        种曲
                         ↓
                  纯糠→碾碎
                         ↓
碎米→碾米→浸泡→煮沸→配料→拌匀→入室→前期培养→中期培养→后期培
养→出曲→烘干→成曲
</pre>

**(2) 小曲制作工艺**

① 原料处理　先把碎米碾成米粉，再用少量冷水将所需米粉泡湿，然后将此米粉倾入锅内的沸水中，不等煮得过熟即取出。纯糠也碾碎，在纯糠碾到最后一次时加种曲共同碾碎。

配料比例：纯糠 87%～92%，碎米粉 5%～10%，种曲 3%，加水量为原料的 64%～70%。

② 制曲坯　先在搅拌场将种曲、碎米粉、纯糠粉按比例拌和均匀，拌匀后再过秤装入拌料盒。掺水时边掺边和，要和得快，和得散，和得均匀，和 3～4 遍，要求达到无生粉、无疙瘩，并仔细检验水分。踩坯要踩干，用切刀按紧压平，切成 3.7m³ 的曲块。切曲要切断，团曲要无棱角，表面光滑，要达到曲皮光润、保持水分并有松心紧皮的效果，以利于霉菌生长匀壮。团曲每 100kg 撒粉 0.3kg（在

3％种曲中扣出），要撒布均匀。当天拌好的原料必须当天用完，绝对不能剩到第二天使用。工具要清洗。团曲成型后送入曲室，由上而下，由边角至中央摆放，曲与曲的间隔保持不靠拢即可。

③ 培曲　根据小曲中微生物的生长过程，大致可分为三个阶段进行管理。

前期培养：小曲入室，室温保持 22～26℃，经 10～12h，品温升至 27～28℃，曲粒出现香味，菌丝稍露，开窗放湿。至 20h 开始出现甜香，即转入中期培养。

中期培养：20h 后，品温升到 35～36℃，曲粒甜香，有白霜。25～40h 后曲粒品温由 37～39℃降至 28～29℃，这时要排潮，使品温提高到 30～32℃，转入后期培养。

后期培育：45h 后，室温控制在 33℃以上，为高温排潮期。70h 后即可出曲。

品温以中层的曲心为标准，室温温度计应悬于中层中间。

成品率一般为原料的 80％～84％。

出曲后将曲室打扫干净，每月用硫黄或甲醛将曲室灭菌 1～2 次。

④ 烘干　曲块出房后，立即移至烘房，在低温下进行烘干或晒干，至水分 11％以下，保藏备用。

### 3. 麸曲的制作

麸曲是人工培养的无固定形状的固体曲。糖化力强，出醋率高，采用人工纯培养，操作简便，生产成本低，对原料适应性强，制曲周期短。由于麸曲酶系较大曲单纯，故在产品风味和澄清程度上还有一定的差距。

麸曲因生产方式不同，通常有盘曲、帘子曲和厚层通风曲之分。前两者曲层较薄，采用自然通风，后者采用机械通风。盘曲制曲的劳动强度大，目前只在制种曲时采用，大生产中已被淘汰了。帘子曲虽然有了改进，但仍不能摆脱手工操作，劳动强度仍很大，且占厂房面积大，生产效率低，并受自然气候的影响，产品质量不稳定，通常种曲制备时用此法。厚层通风制曲的曲料厚度为帘子曲的 10～15 倍，用风机通风来控制曲料的温度和湿度，可达到高产、优质及降低劳动强度的目的。

**（1）麸曲生产工艺流程**

① 种曲制备工艺流程

② 成曲生产工艺流程

**（2）麸曲制作工艺**

① 试管菌种的制作 将培养基为 6°Bé 左右的饴糖液 100mL、蛋白胨 0.5g、琼脂 2.5g 分装于试管，0.1MPa 压力下灭菌 30min，冷却后接种。置于 30～32℃ 恒温箱培养 3～5 天，孢子老熟后即可使用。

试管原菌种每月移接一次，使用 5～6 代后，必须进行平板分离，纯化菌种，防止衰退。

② 三角瓶菌种的制作 将麸皮 80g、面粉 20g、水 100mL 左右拌匀过筛，每个 250mL 三角瓶内装入约 20g 料，在 0.1MPa 压力下灭菌 45min，灭菌后趁热把曲料摇松。冷却后接种，置于 30～32℃ 恒温箱内培养。18～20h 后菌丝生长，温度上升，开始结块，摇瓶一次。第 3 天后菌丝生长旺盛，即可扣瓶，待孢子由黄色变成黑褐色就可取出应用。若需放置较长时间，则需放置阴凉处或冰箱内保存。

③ 种曲的制作

A. 原料及配比 各厂制造种曲所用的原料及其配比都不一样，有的厂全用麸皮，有的厂用 90％麸皮和 10％面粉，有的厂则用麸皮、稻壳和豆饼。加水控制应视原料性质、气候条件及菌种性能而定，一般为原料量的 100％～120％，可凭经验，即用手轻轻地揉捏，使原料成团，再用手指一弹，即能散开为宜。

B. 原料处理 先将麸皮与面粉或稻壳拌匀，再加水充分拌和，堆积 1h 即可移入锅中。常压蒸煮 1h，焖 30min，出锅过筛，移入拌和台中摊开，适当翻拌，使之快速冷却。

C. 接种 冷却至 40℃，接入三角瓶菌种，用量为总用量的 0.5％～1％。先用适量灭菌后的干麸皮与三角瓶菌种搓匀，再和其余曲料一起混合均匀，使曲霉分生孢子广泛分布于曲料上。

D. 入室培养 接种完毕放入竹匾、木盘、铝盘或竹帘子内，轻轻摊平，厚度 1.5～2cm，然后移入曲室内培养，保持室温 28～30℃。

前期是孢子膨胀发芽，并不发热，需要用室温来维持品温。培养 16h，曲料上呈现出白色菌丝并有结块现象，同时产生一股曲香味，品温也升高到 38℃ 左右，此时即可翻曲，翻曲是用手将曲块捏碎。必要时可用喷雾器往曲面上喷洒 40℃ 经煮沸的水，以补充曲料发热而蒸发损失的水分。喷水完毕，在曲盘上盖湿纱布一块，使曲料能够保持足够的湿度。此时，为了品温均匀可采取上下调换曲盘的措施。

翻曲后，种曲室温一般维持在 26～28℃，干湿温度相差 1～2℃ 为宜。此时菌丝大量发育生长，4～6h 后，肉眼可见到曲面上呈现出白色菌丝体。这一阶段必须严格注意曲料品温的变化，务使品温不超过 38℃，并经常保持纱布的潮湿。如温度高，开启门窗及开动排气扇；温度过低，则用蒸汽进行保温。

再经 10h 左右，曲料呈现淡黄绿色，霉菌生长变得缓慢，品温渐渐下降到 32～35℃，再维持一定室至 30℃ 左右，孢子大量繁殖呈黄绿色，外观呈块状，内部松散，用手指一触，孢子即能飞扬出来，此时，即可作为种曲。

成熟种曲出房后，放置阴凉、空气流通处备用，勿使受潮。

④ 厚层通风制曲　机械通风制曲是将曲料置于曲池内，其厚度为30cm左右，利用通风机供给空气及调节温度，促进曲霉迅速生长繁殖。

A. 配料　通风制曲的曲料与种曲相同，但由于曲料的厚度为种曲的10～15倍，因此要求通风均匀，料层疏松，阻力小，需要在配料中加谷壳，量为麸皮的10%～15%，以不堵塞通道为原则。加水量为原料的68%～70%，一般春秋季多加水，以控制曲料水分50%左右为宜。

B. 蒸料　蒸料要求边投料边进汽，加热要均匀，防止蒸汽短路，常压蒸料。当面层冒汽后，再蒸40～60min，也有的厂再焖1h。

C. 接种　熟料出锅冷却至35～40℃（冬季高些），接入原料量的0.25%～0.35%的种曲。接种量过大会造成营养消耗快，前期升温猛，结果菌丝密而瘦弱。为了防止接种时孢子飞扬和使接种均匀，可先用少许冷却的曲料拌和曲种。

D. 堆积　曲料接入池堆积至50cm高，在4～5h内使孢子吸水膨胀、发芽。孢子发芽时不需要大量空气，但需要保温。孢子发芽后，料层厚度减为25～30cm。料层过厚则上下温差大，通风不良，不利于曲霉生长。

E. 通风培养　应创造曲霉生长菌丝和产酶的适宜条件，加强制曲过程中温度与湿度的控制。

前期（间歇通风阶段）：这时曲霉菌刚生成幼嫩菌丝，呼吸不旺，产热少，故要保持室温为32～33℃。当品温接近34℃时，开始第一次通风；当品温降至30℃时停风。通风时，风量要小，时间要长，要均匀吹透，待上、中、下品温均匀一致再停风。当品温再升到34℃时，进行第二次通风，降到30℃时停风。通风前后温差不可太大，以防品温过低，使培养时间延长和影响$CO_2$的及时排出，造成窒息现象。此外，还需注意保湿，如水分排除过速，将使菌丝生长不健壮，曲料松散，酶活力低。因此，开始通风时风量宜少，随着品温上升，逐渐加大风量，做到保温保湿兼顾。

中期（连续通风阶段）：这时菌丝大量形成，呼吸旺盛，产生大量热，品温最好保持在36～38℃。由于曲料已结块，通透性差，尤其夏季品温往往超过40℃，必要时把门窗打开，用最大风量通风，并于曲池四边用沙袋压边防止短路跑风。此外，还可采用喷雾降低室温，增加稻壳用量，适量减少接种量，降低曲层厚度等措施降低曲温。选用风机应注意保证通风的穿透力，提高降温效果。一般30cm厚的料层，可选用通风量为400～700m³/h的中压风机。

后期：这时菌丝生长衰退，呼吸已不旺盛，应降低湿度，提高室温，把品温提高到37～39℃，以利水分蒸发。这是制曲很重要的排潮阶段，对酶的形成和产品曲的保存都很重要。出房成曲的水分最好控制在25%以下。

厚层通风制曲的培养时间随菌种性能而定。As3.325为22～24h，时间太长则孢子丛生，影响糖化力；而东酒一号黑曲酶与 UV-11 菌种生长缓慢，培养时间均需 32h 以上。

### 4. 红曲的制作

红曲也称红米，是我国特产之一。红曲霉培养在米饭上能分泌出红色素与黄色素，把培养基染得鲜红发紫。红曲有较强的糖化酶活力，被广泛用于食品的增色及红曲醋、玫瑰醋、乌衣红曲醋的酿造。

**(1) 红曲生产工艺流程**

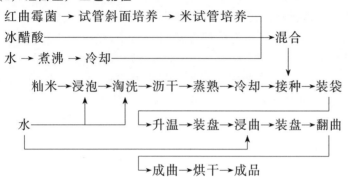

**(2) 红曲制作工艺**

① 试管斜面培养　10.5%～14.5%饴糖液 100mL，可溶性淀粉 5%，蛋白陈 3%，琼脂 3%，加热调和溶解后，加入冰醋酸 0.2%，分装入试管内，每只（大号）试管约装 10mL，0.1MPa 压力下灭菌 30min，取出斜放备用。斜面培养基制备好后，接入红曲霉试管原种，置于 28～30℃恒温箱内培养 14～20 天备用。

② 米试管培养　取蒸煮的籼米，装入试管，约占试管容积的 1/4，塞好棉塞。同时用另一只三角瓶，内盛 0.2%冰醋酸少许，也塞好瓶塞，在 0.1MPa 压力下灭菌 30min，冷却后接种。接种的方法是用灭菌吸管吸取 0.2%稀醋酸溶液 5～10mL，注入斜面红曲种子试管中，并在火焰封口的情况下用玻璃棒或接种针搅拌曲种，再用灭菌吸管吸取 0.5mL 左右菌液，接入大米试管中并搅匀，放置于 30～34℃恒温箱中培养。前期应经常摇动使米饭分散，不使产生结团及生长不匀的现象，培养 10～14 天备用。

③ 红曲用料配比　每 100kg 籼米，加冷开水 7kg，冰醋酸 120～150g，红曲米试管菌种 3 支。使用前将红曲米试管菌种研细并与冷开水及冰醋酸混合均匀。

④ 原料处理及接种　采用上等籼米加水浸泡 40min 并淘洗和沥干，然后倒入蒸桶内蒸饭，边开蒸汽边上蒸，等到蒸桶周围全部冒汽后，加盖再蒸 3min。蒸好的饭移入木盘内，搓散结块并散热，冷却到 42～44℃（不得超 46℃），接入已混合冰醋酸液的研细红曲种子，充分拌和后装入麻袋，把口扎好，进入曲室培养。

⑤ 培养　进入曲室时，品温开始由原来的 36℃下降到 34℃，而后慢慢上升，从 34℃上升至 39℃，需 17～19h。以后每 1h 能升温 1℃，到最后每 0.5h 即可升温

1℃，待升至 50～51℃时立即拆开米饭包，移至备有长形固定木盘的曲室中。整个过程所需时间为 24h，此时曲室温度自始至终保持在 25～30℃之间。

当米饭拆包摊至木盘时已有白色菌丝着生，渐渐散热冷却到 36～38℃时，再把米饭堆积起来（上面盖有麻袋以利保温），使温度上升至 48℃。一般从 51℃经冷却后上升到 48℃，需 5～6h。堆积达到 48℃时，再把米饭散开来，翻拌冷到 36～38℃，再次把米饭堆积起来，使温度上升到 46℃，约需 2h。

料温达到 46℃时第二次把米饭摊开，翻拌冷却至 36～38℃。第三次把米饭堆积起来，再使温度上升到 44℃时，最后把它散开来用板刮平。这时米饭粒表面已染成淡红色，使品温正常保持在 35～42℃之间，不得超过 42℃，一直保持到浸曲为止。

⑥ 浸曲　培养 35h 左右，当米饭大部分已成淡红色，且十分干燥时需要进行浸曲。即把木盘内的曲装入淘米箩内，放进小缸浸曲约 1min 后取出淋干，再倒入木盘内刮平。浸曲水温要求在 25℃左右，以后每隔 6h 浸曲吃水一次，如此进行浸曲吃水 7 次，浸曲前 4h 要翻拌一次，浸曲后也要翻拌一次。从米饭培养到出曲共计 4 天，使成品外观全部呈紫红色。为了降低劳动强度，可不浸曲，而直接加水，每 100kg 米每次吃水 7～12kg。

⑦ 烘干　将湿曲摊入盛器内，厚度约 1cm 以下，进入烘房进行干燥。干燥温度为 75℃左右，时间为 12～14h。每 100kg 籼米得红曲成品 38kg 左右。

## 5. 麦曲的制作

麦曲在酿制香醋中占极重要的地位，它的主要功能是作为糖化剂，同时与醋特有的风味也有密切的关系。其特点是生料制曲和天然接种，由于用小麦为原料（有时也混合少量大麦），故称为麦曲。以生小麦为原料，对制曲期有一定的要求，一般在农历八月到九月间最佳，此时正当桂花满枝的季节，所以制成的曲俗称"桂花曲"。这期间，空气湿润，空气和环境中酵母和霉菌含量最多，且温度在 25℃左右，利于控制曲温，制得的曲糖化力和发酵力都较强。

麦曲中的微生物最多的是黄曲霉、根霉及毛霉，此外尚有数量不多的黑曲霉及青霉等。这些霉菌，其繁殖情况各批均有差异，一般情况下主要是黄曲霉，但有时也会有根霉、毛霉占优势，麦曲黄绿色花（黄曲霉的分生孢子）越多，则曲的质量越优良。

麦曲的曲室一般以平房为好，地面可以用泥地、石板地、水泥地面等。室内两壁设有木窗，用来通风放潮和调节室温及曲的品温。

**（1）麦曲生产工艺流程**

```
            水            稻草
            ↓             ↓
小麦→过筛→轧碎→拌曲→成形→包曲→堆曲→保温→通风→拆曲→成曲
```

**（2）麦曲制作工艺**

① 过筛　过筛除去细小的杂物，如麦芒和小粒的小麦，筛出石子、铁钉等大的杂物。

② 轧碎　筛后的小麦不经淘洗，通过轧碎机或石磨粉碎成 3～5 片，麦皮只是破而不碎，解决了小麦无皮壳导致曲疏松度不好的难题。

③ 拌曲　轧碎的麦粒，盛于拌曲盆中，每批原料 35kg，加入清水 6～7kg，迅速翻拌，注意要吸水均匀，以不产生白心及小块为宜。拌曲后含水量为 21%～24%。

④ 成形　将拌水后的麦片放入长约 100cm、宽 21cm、高 14cm 的无底曲盆中。在曲盆的下面，平铺干燥洁净的稻草，稻草以隔年的较好，当年的稻草腥气重，隔年稻草有特殊的稻草香。当麦片倒入曲盆后，轻轻地用手压平，防止中间突出、两端较少，而影响曲包的均一。

⑤ 包曲　麦片成形后，抽起曲盒，即用稻草包好捆紧。包好后的曲包，略呈圆柱形（长 90～100cm，半径 53～60cm），每包含干燥麦粒 9～10kg。包曲时应力求疏松，有利于糖化菌的均匀生长与繁殖。

⑥ 堆曲　包曲完毕，将曲包竖直放入曲室，各个相靠，堆成曲堆。曲堆的大小一般长 6m、宽 2m，堆与堆之间距离为 0.5m，但需要注意"堆松、堆齐、堆直"，以增加空隙，有利于发散热量及糖化菌的均匀生长与繁殖。堆上及地上各平铺一层稻草，曲包上再堆竹簟，以利保温。

⑦ 保温和通风　在制曲过程中，应及时检查并测定品温，适当地以开闭门窗及利用曲堆四周稻草和竹簟等加以调节。培养过程中除控制品温外，还要做好通风排湿的工作。

随着菌丝的生长，曲温逐渐上升，品温升到 38℃时，可将上面竹簟揭开；品温升到 45℃时，应把曲堆上面的稻草移去一部分，并适当地打开上面门窗，以降低品温并防止产生烘曲和黑心曲等现象。约经 7 天，品温不再上升，麦曲中水分已大部分蒸发，就要将门窗全部打开。

⑧ 拆曲　经过 25～30 天，麦曲已结成硬块，但用手一搓即碎，此时可将草包打开，取出曲块，每包曲拆成 2～3 块，搬至空房中，堆叠成品字形存放备用。

## 6. 液体曲的制作

一般以曲霉菌为主，经发酵罐内深层培养，得到一种液态的含 $\alpha$-淀粉酶及糖化酶的曲子，可代替固体曲，用于酿醋。液体曲生产的菌种是在液体培养基中生长快、糖化力强的菌种，一般固体曲用的菌种不一定适合在液体中培养。液体曲常用的菌种有 UV-11 等。液体制曲是一种先进的制曲方法，生产机械化程度高，节约粮食，节约劳动力，降低劳动强度，而且是在无菌状态下进行生产，保证了曲子的质量；但设备投资大，动力消耗大，技术要求高。

**(1) 液体曲制作工艺流程**

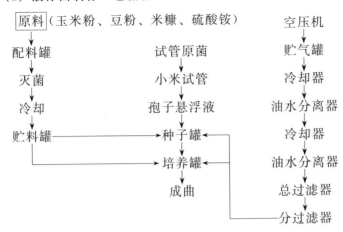

**(2) 液体曲制作工艺**

① 孢子悬浮液的制备

A. 斜面菌种的制作　以 UV-11 菌种为例。液体菌种要求孢子多，宜采用营养丰富的小米或米曲汁为培养基。小米培养基及生产菌种的培养过程：先将优质小米洗净，加入 15%～20% 麸皮，再按 1:1.2 的加水量加水后，常压蒸 30min；然后分装试管，每支装 3～5g，做成斜面，在 0.15MPa 的压力下杀菌 60min，冷却接种；再放入恒温箱中 30～32℃ 培养 5～7 天，培养前 2～3 天是菌丝生长期，后 2～3 天生长孢子，直到孢子布满整个斜面。

B. 孢子悬浮液的制备　用无菌水把培养的斜面菌种的孢子洗下，做成孢子悬浮液，置于冰箱中备用。

② 种子培养

A. 培养基的配制　种子培养基与液体曲培养基的配方原则上应有区别，但生产上为了管理方便，不单独配制种子培养基，而是采用液体曲培养基。其配方是：薯干粉 5.2%，米糠 2%，豆饼粉 1.2%，硫酸铵 0.16%。

B. 培养基的灭菌　由于培养基使用麸皮、米糠、豆饼粉等蛋白质含量高的原料，故杀菌要彻底，否则容易发生杂菌污染。此外培养基在高温杀菌的过程中也使原料中淀粉溶解，蛋白质变性。

生产上采用间断性配料和连续配料的方法时，应设置两台配料机。在配料罐中将料液搅拌均匀后用盐酸调 pH 值到 4.5，再将料液加热到 85℃，经往复泵送入两套管加热器中，在加热器内通入 0.45MPa 的直接蒸汽，将料液加热到 135℃ 左右，然后进入第一后热器，再进入第二后热器，在后热器中总时间为 40～45min，最后经喷淋冷却器冷却至 30℃，再进入种子罐或培养罐。

C. 种子培养　先将种子罐进行空罐灭菌。其方法是先将种子罐洗净，排净罐内和夹层内的存水，用高压蒸汽灭菌，保持罐压 0.15MPa，时间为 20min。待罐压降至"0"后开始投料。投料完毕，用微孔针刺法，利用突然减压把孢子悬浮液接种到种子罐中，接种量为5%～10%。接种前后均保持罐内压力为0.03MPa。培养温度30～32℃，培养过程需通入无菌空气，风量为1∶0.4（1m³ 醪液 1min 通入0.4m³ 空气）。培养时间一般为36～40h。

③ 成品曲制备　利用压力差将种子罐中培养好的种子液压入培养罐中，即提高种子罐压力，同时适当降低培养罐压力，造成压力差，将种子液从种子罐压入培养罐。接种量为10%左右，维持罐压力0.05MPa，通风量为1∶0.2，温度为30～32℃，培养40h后每隔2h取样测定酶活力和pH值，直至酶活力开始下降，即可放罐，一般需3天左右。

液体曲成熟后暂不使用时，可在低温26～27℃、保压条件下贮存一周之久。在贮存期间虽会由于菌体自溶而使液体变稀，但酶活力仍保持不变。

## 二、糖化工艺

### 1. 高温糖化法

高温糖化法也叫酶法液化法，是以 α-淀粉酶制剂对原料进行液化，再用液体曲或固体曲进行糖化的方法。由于液化和糖化都在高温下进行，所以叫高温糖化法。这种方法具有糖化速度快、淀粉利用率高等优点，广泛用于液体深层制醋和回流法制醋等新工艺。

**(1) 液化工艺**　将淀粉乳浓度调到16°Bé以上，用纯碱调整pH值到6.2～6.4，加入适量的氯化钙（$Ca^{2+}$ 离子有提高淀粉酶的热稳定性作用），其用量为原料的0.1%。按要求投入定量的液化酶（生产上控制5～8U/g原料），搅拌均匀后，送到液化及糖化桶中，加热到85℃，保温10～15min，至DE值（葡萄糖值，糖化液中还原糖全部当作葡萄糖计算，占干物质的百分率称为葡萄糖值，它表示淀粉的水解程度或糖化程度）为15左右。然后升温至100℃，灭酶5～10min。

**(2) 糖化工艺**　用冷开水把醪液降温至65℃，加入固体曲或液体曲，用量为

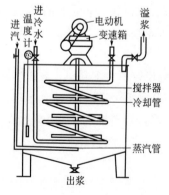

图 2-1　液化及糖化设备示意图

100～120U/g原料，糖化时的pH值控制在4.0～4.6，糖化时间为30min左右。糖化后，应立即冷却到30℃，送入酒精发酵工段。

在液化和糖化过程中，都需要搅拌操作。液化及糖化设备见图2-1。

### 2. 传统工艺法

传统的制醋方法，无论是蒸料或煮料，其糖化工艺的共同特点如下。

① 不进行人工培养糖化菌，而是依靠自

然菌种进行糖化，因此酶系复杂，糖化产物繁多，为各种食醋提供独特风味。

② 糖化过程中液化和糖化两个阶段并无明显区分。

③ 糖化和发酵同时进行，有的工艺甚至进行糖化、酒精发酵、醋酸发酵"三边发酵"。

④ 糖化过程中产酸较多，原料利用率低。

⑤ 糖化时间一般为5～7天。

目前，各地对传统工艺都有所改进。现多用纯种培养的黑曲霉制麸曲进行糖化，以利提高糖化率。

### 3. 生料糖化法

生料糖化法是指生淀粉不用经过蒸煮而直接进行糖化的方法。这一新工艺的实现，能节约能源，从而降低酿醋的生产成本。此法陆续在山西、北京、天津等地推广，目前这一工艺还在不断发展和完善中。

随着酶学的研究的不断深入发展，通过对酶进行分离、纯化及特性研究，已弄清生料糖化的实质是真菌葡萄糖淀粉酶对生淀粉的降解作用。

葡萄糖淀粉酶对不同种类的生淀粉的水解效果是不同的。有实验表明，黑曲霉对玉米生淀粉的水解率最高，而对马铃薯生淀粉的水解率最低。

## 三、酒母与酒精发酵

酿制食醋的第二个工艺过程是酒精发酵，即利用酵母菌把淀粉水解后所得的糖转化为酒精。

### 1. 食醋工业上常用的酵母菌

酵母菌是一群单细胞微生物，属真菌类，是应用较广的一类微生物。

在自然界中，酵母菌的种类很多，有的产酒能力很强，而有的则很弱；有的酵母产酯香味能力较强，而有的则很弱；有的酵母适应环境能力很强，而有的则很弱。对酿醋酵母菌的选择，应该选择产酒率高、发酵迅速、抗杂菌能力强、适应性好、变异小、较稳定的菌种。目前我国食醋工业上常用的酵母菌与酒精、白酒、黄酒生产所用的酵母菌基本相同。

常用的酵母菌种如下。

**(1) 拉斯2号**（Rasse HI）**酵母** 又名德国2号酵母，细胞呈长卵形，在麦汁培养时细胞大小为 $5.6\mu m \times (5.6\sim7)\ \mu m$。该菌在玉米醪中发酵特别旺盛，适用于淀粉原料发酵生产酒醋类。该菌的缺点是发酵中易产生泡沫。

**(2) 拉斯12号**（Rasse Ⅻ）**酵母** 又名德国12号酵母，细胞圆形，近卵圆形，普通的细胞大小为 $7\mu m \times 6.8\mu m$，细胞间连接较多，较2号酵母较易形成子囊孢子。此菌常用于酒精、白酒、食醋的生产。

**（3）K字酵母**　是从日本引进的菌种，细胞为卵圆形，细胞较小，生长迅速，适用于高粱、大米、薯干原料生产酒精、食醋。

**（4）南阳五号酵母**（1300）　细胞呈椭圆形，少数呈腊肠形，细胞大小为 $(5.94～7.26)\mu m\times7.26\mu m$，耐受酒精13%以下。

**（5）南阳混合酵母**（1308）　细胞呈圆形（$6.6\mu m\times6.6\mu m$），少数呈卵圆形。

**（6）产酯酵母**　也叫生香酵母，这类酵母能增加酒、醋的香味成分。主要有 As2.300、As2.338 和中国食品发酵工业研究院的 1295、1312 等。其中 As2.300 在麦芽汁液体培养基中 25℃培养 4 天，菌体呈圆形、椭圆形、腊肠形，细胞大小为 $(3.5～6.5)\mu m\times(6～10)\mu m$，芽殖。在液体表面形成厚的膜，中间形成岛状，产生似浓香蕉味，稍带淘米水味。

### 2. 酒母的制备

有大量酵母菌的酵母培养液在制酒和制醋中简称为酒母。酒精发酵过程中，发酵醪液中酵母细胞数最高可达 $(1～1.5)\times10^9$ 个/mL，可见，在一个大的发酵罐中是需要大量的酵母细胞参与酒精发酵活动，但酒精生产的开始，往往只有一支小试管的酵母菌种。把一支小试管菌种培养成发酵需要的大量酵母，是经过逐步扩大培养来完成的。这种酵母的扩大培养过程，生产上称为酒母的制备。

**（1）酒母扩大培养的工艺流程**

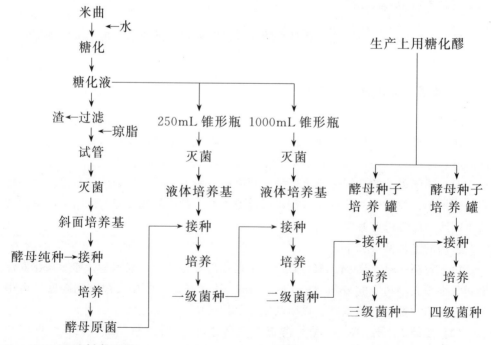

**（2）酒母制备工艺**

① 斜面试管菌种培养　以 11～13°Bx、pH 值为 4.5～5.0 的米曲汁制成试管

斜面培养基，以 0.1MPa 蒸汽灭菌 30min 后摆成斜面，凝固后于 30℃ 空白培养 2～3 天。将活化后的酵母菌在无菌条件下接入斜面试管，于 28～30℃ 保温培养 3～10 天，待斜面上长出白色菌苔，即为培养成熟。

② 一级菌种培养　取 11～13°Bx 米曲汁置于 250mL 锥形瓶中，装量为 30%～50%，以 0.1MPa 蒸汽灭菌 30min，冷却至 30℃ 左右，在无菌条件下接入斜面试管菌种，保温 30℃，静置培养 15～20h。

③ 二级菌种培养　取 11～13°Bx 米曲汁置于 1000mL 锥形瓶中，装量为 50%～80%，以 0.1MPa 蒸汽灭菌 30min，冷却至 30℃ 左右，按 10% 接种量接种，保温 30℃，培养 10～12h。

④ 三级菌种培养　取含还原糖 6%～7%，外观糖度 11～13°Bx 的糖化醪，定容至培养罐总体积的 70%，调整品温 30℃ 左右，按 10% 的接种量接种，保温 30℃，培养 8～12h。酵母种子培养罐见图 2-2。

⑤ 四级菌种培养　同"三级菌种培养"。

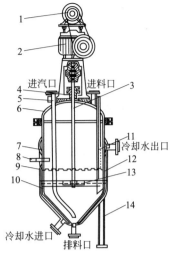

进汽口　进料口

冷却水出口

冷却水进口　排料口

图 2-2　酵母种子培养罐

1—电动机；2—减速机；3—搅拌轴；
4—填料箱；5—底座；6—上封头；
7—罐体；8—接管；9—夹套；
10—下封头；11—挡流板；
12—折流板；13—桨式搅拌器；
14—槽钢支座

**（3）三、四级成熟酒母质量**

三级：细菌数≥$8×10^7$ 个/mL，出芽率≥20%，死亡率≤2%，总酸（以醋酸计）≤0.4g/100mL。

四级：细菌数≥$8×10^7$ 个/mL，出芽率≥20%，死亡率≤2%，总酸（以醋酸计）≤0.5g/100mL。

### 3. 酒精发酵工艺

食醋生产酒精发酵有液态法、固态法和小曲法等。

**（1）液态法**　将糖化醪冷却到 27～30℃ 后，接入 10% 酒母（按醪计）混合均匀后，控制品温 30～33℃，经 60～70h 发酵，即成熟。有的厂采用分次添加法，此法一般适用于糖化罐容量小而发酵罐容量大的工厂。生产操作时，先打入发酵缸容积 1/3 左右的糖化醪，接入 10% 酒母进行发酵，再隔 2～3h 后，加入第二次糖化醪，再隔 2～3h 后加第三次糖化醪，如此，直至加到发酵罐容积的 90% 为止。但要求加满时间最好不超过 8h，如拖延时间太长会降低淀粉产酒率。

酒精发酵醪成熟指标为：①酒精含量 6% 左右（主料加水比 1∶6）；②外观糖度 0.5°Bx 以下；③残糖 0.3% 以下；④总酸 0.6% 以下。

（2）**固态法**　固态发酵生产的特点是采用比较低的温度，让糖化作用和酒精发酵作用同时进行，即采用边糖化边发酵工艺。淀粉酿成酒必须经过糖化与发酵过程。固态酒精发酵，开始发酵比较缓慢，发酵时间要适当延长。由于高粱、大米颗粒组织紧密，糖化较为困难，更由于采用固态发酵，淀粉不容易被充分利用，故残余淀粉较多，淀粉出酒率比液态法低，但积累的酸、酯都有所增加，酒精含量略为降低，发酵香气风味较好。固态发酵时间一般为7～16天。

（3）**小曲法**　小曲法是镇江香醋的酒精发酵工艺，可保证用曲量少而糖化效率较高，保持了"先培菌糖化后发酵"与"边糖化边发酵"传统工艺的特点。它的特色是饭粒下缸，固态培菌，糖化后即转半固态半液状态，然后"投水发酵"，这一操作实质上是根霉与酵母在固态饭粒扩大培养并合成酶系的过程。随着根霉与酵母的繁殖，糖化酶、酒化酶活性的增长，同时进行糖化和发酵，甚至边糖化边发酵。

小曲发酵一般可分作两个阶段。第一阶段为培菌糖化，饭粒下缸要求控温32～34℃，时间为24h左右。固态培养根霉时，属无性繁殖，酶系丰富多样，糖化型淀粉酶活性较高。第二阶段"投水发酵"使酒醅从固态转为液态进行发酵，有利于发酵率的提高。因固态培菌糖化后酒醅中渗透压较高，发酵基质与酶的扩散速度势必减慢，影响酶的催化速度，最终导致发酵效率降低。"投水发酵"能相应地降低渗透压，这样不仅有利于发酵基质葡萄糖的扩散，并有利于其通过菌体的细胞质膜，这样也就有利于边糖化边发酵的连锁进行，使成熟酒醅获得较高的酒精浓度，而且残糖也较低。

## 四、醋酸菌与醋酸发酵

酿制食醋的第三个工艺过程是醋酸发酵，即利用醋酸菌把酒精氧化成醋酸。

老法制醋的醋酸菌，完全是依靠空气中、填充料及麸曲上自然附着的醋酸菌，因此发酵缓慢，生产周期较长，一般出醋率较低，产品质量不稳定。而新法酿醋是使用人工培养的优良醋酸菌，并控制其生长和发酵条件，使食醋生产周期缩短，出醋率提高，产品质量渐趋稳定。

### 1. 酿醋工业常用的醋酸菌

根据醋酸菌对维生素的要求和对有机酸的同化性能等区别，可将食醋酿造用优良菌株分为醋酸杆菌属和葡萄糖杆菌属。一般食醋酿造中所用的醋酸菌要求繁殖快，生酸速度快，耐酸力强，能在较高温度下进行繁殖和发酵，抵抗杂菌能力强，并能产生食醋特有的香气和风味，分解醋酸和其他有机酸的能力弱。

（1）**沪酿1.01**　该菌好气性，在酵母膏、葡萄糖、淡酒琼脂培养基上菌落为乳白色。酒液静置培养表面形成不透明薄膜。该菌主要能氧化酒精成醋酸，对葡萄糖也有一定的氧化能力使之成为葡萄糖酸，能氧化醋酸为二氧化碳和水，繁殖适宜温度为30℃，发酵温度为32～35℃。

**（2）中科 1.41**　外形为短棒状，两端钝圆，革兰染色阴性。对培养基要求粗放，在米曲汁培养基中生长良好，好气性，能氧化酒精为醋酸，于空气中能使酒液变浑浊，表面有膜，有醋酸味，也能氧化醋酸为二氧化碳和水，繁殖的适宜温度为31℃，发酵温度一般控制在36～37℃。

**（3）许氏醋酸菌**　该菌为国外的速酿醋菌种，产酸率高达11.5%，生长温度为25～27.5℃，在37℃即不再形成醋酸，对醋酸不能进一步氧化。

**（4）纹膜醋酸杆菌**　日本酿醋的主要菌株，在液面形成乳白色皱纹状有黏性的菌膜，摇动后易破碎，使液体混浊。正常细胞是短杆状，也有膨大、连锁及丝状的细胞。在高浓度酒精（14%～15%）中能缓慢地进行发酵，能耐40%～50%的葡萄糖。产醋酸最大量可达8.75%，能分解醋酸成二氧化碳和水。

**2. 醋母的制备工艺**

醋母指有大量醋酸菌的培养液。和酒母制备一样，也是从一只小试管菌种开始，经过逐步扩大培养，最后达到生产需要的大量醋酸菌培养液。醋母的制备工艺如下。

**（1）斜面试管菌种培养**

① 斜面试管培养基配制　斜面试管培养基配方：水100mL，食用酒精2～4mL，葡萄糖0.3g，酵母膏1g，碳酸钙1g，琼脂2～2.5g，碳酸钙以165℃干热灭菌30min后备用。配制的培养基以0.1MPa蒸汽灭菌30min，然后在无菌条件下加入碳酸钙和食用酒精，摆成斜面，凝固后于30℃空白培养2～3天。

② 斜面试管菌种培养过程　将活化后的醋酸菌在无菌条件下接入无菌斜面试管，保温30℃培养2天，置0～4℃冰箱中保存备用。

**（2）一级菌种培养**

① 一级菌种培养基配制　一级菌种培养基配方：水100mL，食用酒精3～4mL，葡萄糖1g，酵母膏0.5g。将配制的培养基置于锥形瓶中，装量为15%～20%，以0.1MPa蒸汽灭菌30min，冷却后在无菌条件下加入食用酒精。

② 一级菌种培养过程　将活化后的醋酸菌斜面试管在无菌条件下接入锥形瓶中。接种后置于摇瓶机上振荡培养，摇瓶机振幅为10cm，频率为90次/min。品温控制在30～32℃，培养24h。

**（3）二级菌种培养**

① 二级菌种培养基配制　二级菌种培养基的配制同一级菌种培养基配制。

② 二级菌种培养过程　在无菌条件下接种，接种量为10%。培养过程同一级菌种培养过程。

**（4）三级菌种培养**

① 培养基　培养基采用酒精含量（以容量计）为3%～5%的酒精发酵醪，调整品温至30℃左右。

② 三级菌种培养过程　接种量为10%，培养温度30～33℃，培养2h左右。

**（5）四级菌种培养** 四级菌种培养同三级菌种培养。三、四级菌种成熟质量要求是：菌体镜检形态正常，无异味、臭味；总酸（以醋酸计）为 1.5～1.8g/100mL。

**3. 醋酸发酵工艺**

我国食醋生产工艺，以醋酸发酵的方式为分类依据。如醋酸发酵在固态下进行的，叫固态发酵法；醋酸发酵在液态下进行的，叫液态发酵法。

**（1）固态法酿醋工艺** 固态发酵酿造的食醋，有著名的山西老陈醋、镇江香醋、保宁麸醋。此外，还有仿照这些名醋工艺酿造的一般陈醋、米醋、麸醋，如酶法液化自然通风回流法制醋、生料制醋等。固体发酵法酿醋，一般以粮食为主料，以麸皮、谷糠、稻壳为填充料，以大曲、麸曲为发酵剂，经边糖化、酒精发酵、醋酸发酵而得成品醋。生产周期最短为一个月左右，最长的一年以上。成品总酸最低为 4%，最高达 11% 以上。

**（2）液态法酿醋工艺** 液态法酿醋工艺，有著名的福建红曲老醋、江浙玫瑰醋、糖醋、白醋、深层发酵醋、液体回流醋等。一部分以米为原料，一部分以糖、酒为原料，前者以野生微生物为发酵剂，后者人工培养纯种。主要工艺特征：醋酸发酵是在液态条件下进行的。生产周期，静置表面发酵法最短的 20～30 天，最长的 3 年；全面发酵法（深层发酵法）最短为 1～2 天，有的厂采用半连续发酵（分割）法取醋。成品总酸最低为 2.5%，最高达 8%～9%。

**（3）固定化细胞连续发酵工艺** 早在 1930 年德国应用棒木刨花为载体，将固定醋酸菌细胞置于大木槽内，发酵液通过回旋喷洒器淋浇于载体上，利用固定于刨花上的活醋酸菌进行醋酸发酵，食醋自槽的假底下流出。

速酿槽所用器具为高 1.5～8m（一般为 2.5m）、直径 1～3m（一般为 2m）、下部略为膨大的圆筒形槽。距槽底 25cm 处设一假底。假底及真底的槽壁，穿 6～12 个通气孔（直径为 1cm）。假底上装有榉木卷或其他多孔性材料。槽的最上部设有回转喷洒器，使发酵酒液均匀撒布于槽内。

速酿槽装好充填物（载体）后，保持室温 25～30℃，每日注入旺盛醋酸种子液数次，使载体表面长满醋酸菌，然后注入酒精发酵液，进行醋酸发酵。据调查，固定化醋酸菌细胞使用几年其活力一直不减弱。

我国东北、山东等地区许多酿醋厂采用此法酿造食醋。

# 第四节　生产工艺

## 一、固态发酵法制醋

固态发酵法制醋是我国食醋的传统生产方法，食醋的整个生产过程在固态条件下进行，在发酵醅中拌入较多的疏松材料，如砻糠、小米壳、高粱壳及麸皮等，使醋醅疏松，能容纳一定量的空气，以促使醋酸菌氧化酒精而生成醋酸。此法制得的醋香气浓郁，口味醇厚，色泽也好。著名的山西老陈醋、镇江香醋及四川麸醋都是固态发酵制成。

### 1. 工艺流程

<pre>
           细谷糠              麸曲、酒母  麸皮、粗谷糠醋母
            ↓                    ↓         ↓
原料→粉碎→混合→润水→蒸熟→冷却→酒精发酵→醋酸发酵→加盐后熟→淋
醋→陈酿→灭菌→检验→包装→成品
</pre>

### 2. 操作要点

**(1) 原料配比**　高粱粉（或甘薯粉、米粉）100kg，细谷糠（统糠）100kg，粗谷糠（砻糠）50kg，麸皮75kg，麸曲50kg，醋曲40kg，酒母40kg，蒸料前加水275kg，蒸后熟料加水180kg。

**(2) 原料处理**　将高粱粒粉碎为粗粒状，要求无完整粒存在，细粉不超过1/4。取细谷糠与高粱粉粒混合均匀。加60%的水，使水与物料充分拌匀吸透。润料时间依据气温、水温条件而定，一般为6～8h。将润水后的料打散蒸料，常压蒸1h，焖1h；加压蒸料是在0.15MPa下蒸40h。要求蒸熟、蒸透、无夹心、不粘手为宜。蒸熟后，将熟料取出放在干净的拌料场上，过筛，同时翻拌及排风冷却。要求夏季降温至30～38℃，冬季降温至40℃以下后，再进行第二次洒入冷水，翻拌一次，再行摊平。然后将细碎的麸曲铺于面层，再将搅匀后的酒母洒上，进行一次彻底翻拌，即可入池（缸）。入池醋醅的水分含量以60%～62%为宜。

### 3. 酒精发酵

原料入池后，压实、填平，用塑料布密封池口发酵。检查初始醅温，夏季在24℃左右，冬季28℃左右。室温保持在28℃左右。当醅温升至38℃时，进行倒醅或翻醅，保持醅温不超过40℃。冬季发酵6～7天，夏季发酵5～6天，醅温自动逐渐下降，抽样检查酒精含量达到8%左右，酒精发酵结束。

### 4. 醋酸发酵

酒精发酵结束后，拌入粗谷糠、麸皮和醋母，开始醋酸发酵。第2、3天醋醅快速升温，控制品温在38～41℃，不超过42℃，每天倒醅一次。约经12天，醅温逐渐下降，此时应每天测醋酸含量，当醋酸含量为7%～7.5%，醅温下降至38℃以下时，表明醋酸发酵结束。

## 5. 加盐后熟

醋酸发酵结束后要及时加盐，防止成熟醋醅过度氧化。加盐量为醋醅的1.5%～2%，夏季稍多，冬季稍少。加盐方法是先将食盐一半撒在醋醅上，用长把铲翻拌上半缸醋醅，拌匀后移入另一缸内；次日再把余下一半食盐拌入剩下的下半缸内，拌匀，合并成一缸。加盐后压实盖紧，放置2天或更长时间，以作后熟或陈酿，使食醋的香气和色泽得到改善。

## 6. 淋醋

淋醋是用水将成熟醋醅的有用成分溶解出来，得到醋液，淋醋的设备用缸或涂料的水泥池。淋醋采用淋缸三套循环法（工艺流程见图2-3）：如甲组淋缸放入成熟醋醅，用乙组淋缸淋出的醋倒入甲组缸内浸泡20～24h，淋下的称为头醋；乙组缸内的醋渣是淋过头醋的头渣，用丙组缸淋下的三醋放入乙组缸内浸泡，淋下的是二醋；丙组淋缸内的醋渣是淋过二醋的二渣，用清水放入丙组缸内，淋出的就是三醋。淋完丙组缸的醋渣残酸仅0.1%，可用作饲料。简言之，就是用二淋醋浸泡醋醅20h，淋下的醋为头醋；用三淋醋浸头渣10～16h，用清水浸泡二渣8～12h；使残渣醋酸残留≤0.1%。

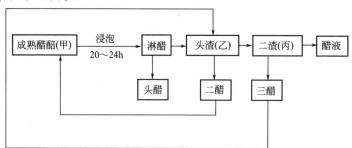

图2-3　三套循环法淋醋工艺流程

## 7. 陈酿

陈酿有两种方法：一是醋醅陈酿，将加盐后熟的醋醅移入院中缸内，压实，上盖食盐一层，用泥土封顶，经15～20天晒露，中间倒醅一次再行封缸。一般存放期为1个月，即行淋醋。二是醋液陈酿，将醋液放在院中缸内，上口加盖，陈酿时间为1～2个月。但醋酸含量低于5%时，容易变质，不宜采用。经陈酿后，醋的质量有显著提高，色泽鲜艳，香味醇厚，澄清透明。

## 8. 灭菌和成品配制

陈酿醋或新淋出的头醋，通称为半成品，出厂前需按质量标准进行配兑，除总酸含量5%以上的高档品外，均需加入0.1%苯甲酸钠防腐。

灭菌又称煎醋。煎醋是通过加热的方法把陈醋或新淋醋中的微生物杀死,并破坏残存的酶,同时醋中各成分也会变化,香气更浓,味道更和润。生醋采用直火加热或热交换器加热,80~90℃灭菌30~40min,然后灌装,封口,即为成品。

## 二、液体发酵制醋

食醋液体发酵工艺,在我国常用的有表面液体发酵工艺、速酿醋工艺、浇淋法酿醋工艺、液体深层发酵工艺等。一些名优醋如江浙玫瑰香醋、福建红曲醋等,就是采用液体发酵工艺。

### 1. 表面发酵法酿醋工艺

表面发酵法依原料及前几道工序操作的不同,又可分为白醋、糖醋和米醋等不同生产方法。

**(1) 白醋生产工艺** 白醋的生产方法为在敞口容器中置醋种,加入酒精溶液(如将白酒加水冲淡,稀释至酒精含量为3mL/100mL的稀释酒液)及少量的营养物质(如豆腐水),盖上缸盖,在自然气温或在30℃的保温室内自然发酵。此时醋酸菌在液面上形成一层薄菌膜,借液面与空气接触,空气中的氧溶解于溶液内。发酵周期视气温情况而定,在30℃左右时经20多天发酵即结束。温度低时需延长发酵周期。成熟醋液清澈无色,醋酸含量2.5~3g/100mL。

**(2) 糖醋生产工艺** 糖醋是北京地区以饴糖为原料生产的一个品种,在接种醋母后,用纸封缸进行发酵,室温保持在30℃左右,约30天成熟。醋酸含量3~4.5g/100mL。

**(3) 米醋生产工艺** 米醋是以大米为原料进行液态表面发酵的制品。有的于大米饭中接种米曲霉后制成米曲,加水糖化,或加曲对大米饭进行糖化;有的以小麦面粉接种米曲霉制成面曲,与大米饭一起加水进行糖化,制成糖化液后接种酵母进行酒精发酵,再接入醋酸菌进行表面发酵;有的加酒饼于大米饭中边糖化边发酵,然后加入醋种进行表面发酵。米醋口味纯正,醋酸含量3~5g/100mL。

### 2. 速酿醋工艺

速酿醋是以白酒为原料,在速酿塔中经醋酸菌的氧化作用,将酒精氧化成醋酸,再经陈酿而成,所以速酿醋也称塔醋。速酿醋呈无色或稍带微黄色,体态澄清透明,醋香味较醇正。我国生产塔醋,始于20世纪40年代,现在塔醋的生产主要在东北地区。

**(1) 工艺流程**

酵母液、水和循环醋液
↓
白酒→混合配制→喷淋发酵→醋液→配兑→成品

**（2）速酿塔**　生产速酿醋的主要设备是速酿塔。速酿塔的材质有木材、金属锡和耐酸陶瓷。由于耐酸陶瓷塔造价低，耐腐蚀，我国目前多采用耐酸陶瓷速酿塔。

速酿塔高度为 2～5m，直径为 1～1.3m，塔身由圆形的陶瓷塔节组装而成，一般为圆桶形或圆锥形，塔内设有带小孔的假底。假底至塔底距离约 0.5m，假底下积贮醋液，假底上放置用于吸附固定醋酸菌的填充料，对填充料的要求是疏松、表面积大，有适当的强度和韧性，经醋液浸渍后不变软，没有不良气味物质溶出，如柞木刨花、木炭等均可用作填充料。安装在塔顶的喷淋管，可以依靠喷出醋汁的反作用力旋转，醋汁从填料层流下，积聚在假底下的贮醋池中，池底有管道与不锈钢离心泵接通，离心泵可以将醋汁重新送入喷淋管喷淋到填充物上，这样，醋液可进行间歇循环反复醋化。塔顶的木盖上设有排气孔，塔下部设有进气孔，用来调节塔内空气。塔的上、中、下部插有温度计，供测量塔内温度时使用。

内填充物以柞木刨花卷为佳，做柞木刨花卷是用柞木经仔细加工而成，每卷用刨花卷成 5～7 层，直径 3.5～3.7cm，用线扎好后装入塔中。柞木刨花卷有韧性，疏松透气耐腐蚀，非常适宜醋酸菌在上面生长繁殖，酿制成的醋口味好。用柞木烧成的白木炭作为填充物效果也较好，但醋的口味比用柞木刨花的稍有逊色。白木炭以块形整齐、孔隙多而密为好，用前洗净，灭菌，干燥后再用醋酸含量为11％～13％的醋酸浸泡 7 天，取出后装入塔中使用。

**（3）操作方法**

① 料液配制　将白酒、种醋、酵母液、水等原料按一定比例均匀混合，配制成醋酸发酵原料液，装入高位罐中，为速酿塔提供发酵原料。兑制好的料液应含酒精 2.2％～2.5％（体积分数），醋酸 7.2％～8.0％，酶母液 1.0％。兑制时各种原料用量比例为：循环种醋（醋酸含量为 9.4％）76.9kg，白酒（酒精含量为 50％）4.6kg，酵母液 1.0kg，水 17.5kg。用 95％（体积分数）食用酒精代替白酒也可以，但以白酒为原料的醋香味好。循环种醋是从经速酿塔发酵成熟的醋液中取出一部分作为种醋，种醋中含有醋酸菌，配入原料液中后，可以补充到速酿塔中，以增加塔中醋酸菌量。根据具体情况有时原料液中还需要再补充一些人工培养的醋酸菌。此外，使用种醋的另一个作用是可以调节原料液的酸度，防止杂菌感染。

酵母液的制备方法是：先将大米原料制成糖化液，灭菌后作为培养液培养酵母菌，再经灭菌、过滤制成。将酵母液加入到原料液中，可提供醋酸菌营养物质，有利于醋酸菌生长繁殖。原料液中加入的水，要预先加热到 100℃灭菌，稍冷却后用于配料。加热既杀灭了水中杂菌，又可以将原料液调整至合适的温度。

② 发酵　配制好的原料液通过塔顶的喷淋管向下喷洒，料液流过填充料表面时，酒精被吸附在填充料上面的醋酸菌氧化成醋酸，流到塔底的醋液，还含有未被氧化的酒精，因此需将它重新泵至塔顶喷淋，让醋酸菌继续氧化。这种操作反复进行直至酒精全部被氧化。一般每隔 1h 喷洒一次，每天喷洒 16～18 次，余下的 6～8h 作为醋酸菌的养息时间，以增强醋酸菌的生长繁殖。当塔底醋液中不含酒精时，

表示醋液成熟，其含酸量已上升为 9.2%～10%。此时，将一部分成熟醋液泵入贮罐作循环种醋，用于下一次配料；一部分成熟醋液泵入成品罐，经稀释配制成为成品醋。

发酵过程中要控制好室温和塔温，一般室温为 28～32℃，塔温为 33～35℃。由于醋酸菌菌种不同，有的塔温仅 28～31℃，但也有的高至 43℃，这要根据具体情况而定。发酵过程中空气的管理也很重要，始终要保持塔内通气性良好，使新鲜空气不断从塔底部进入塔中，以满足醋酸菌好氧发酵的需要。正常情况下，塔顶排气口会有温热气体不断排出，若无气体排出，就要检查原因并及时采取措施解决，例如，填充料破碎、醋酸污染等都会造成通气受阻。

### 3. 浇淋法酿醋工艺

浇淋法酿醋在河南等地应用较多。其特点是将酒液反复浇淋于醋化塔进行醋酸发酵。醋化塔中装填有玉米棒、刨花等填充物，作为醋酸菌的载体。由于醋化塔中氧气供应充足，所以醋酸发酵迅速，产量高。

**（1）工艺流程**

$Na_2CO_3$、$CaCl_2$、$\alpha$-淀粉酶　　麸曲　　　　　酒母

高粱→粉碎→加水→调浆→液化→糖化→冷却→酒精发酵→板框压滤→醋化塔浇淋醋酸发酵→调配→杀菌→成品

**（2）醋化塔**　醋化塔底座直径 1.6～1.7m，用砖砌成，表面贴瓷砖，中间开有流液孔道，与地下回流池相通。假底距底 10～20cm，假底为竹帘。在靠近假底的壁上开有四个气孔。塔使用聚丙烯或聚酯硬塑料板围成，板无毒、抗酸，厚 4～5mm，塔体直径 1.5m，高 1～1.1m。塔中放入填充物（苇秆、玉米棒等），高度 70cm，填充前应把填充物沸水杀菌后浸入新醋中，作为醋酸菌的载体。用酒液浇淋发酵。因其中营养丰富，醋酸菌大量繁殖会形成较厚的菌膜，所以，填充物要间隔一定时间更换一次。塔体上方有盖，盖为硬塑板圆锥形，顶端装有旋转喷淋管，盖上有开口，装有通气管，用纱布包扎，便于通风。塔的上、中、下各部分插入温度计。

**（3）发酵过程**

① 原料处理　高粱或大米粉碎成粉后，送入液化桶内，按工艺要求加入一定比例的水，开动搅拌机将物料拌匀成浆。然后通蒸汽加热到 50℃左右，加入 $\alpha$-淀粉酶对物料进行液化，逐渐升温至 90℃左右，保温液化 15～20min，使物料液化。液化后，降温至 65℃左右加曲糖化完全，再冷却糖化醪到 32℃左右。

② 酒精发酵　糖化醪降至 32℃左右后，用泵打入酒精发酵罐中，接入酵母进行酒精发酵。酒精发酵温度为 32～35℃，发酵时间 64～72h。酒精发酵成熟醪用板框压滤机除去渣，清液作为醋酸发酵的原料。

③ 醋酸发酵　浇淋法醋酸发酵醋化塔中始终保持较高的醋酸菌浓度和较高的溶氧量，因此发酵速度快。发酵初期在第一批酒醪中加入10%的优质成熟醋酸发酵醪，第二批留15%的成熟醋酸醪作种子用，补充酒精发酵成熟醪进行醋酸发酵。补充成熟酒醪后，在32℃左右保温几个小时，使醋酸菌适应环境并适量增殖。随后，成熟酒醪通过泵浇入醋化塔中进行醋酸发酵，发酵初期醋酸菌发酵能力还低，发酵升温慢，发酵醪浇淋量应少些。经过一段时间浇淋后，醋酸菌发酵进入旺盛期，发酵升温快，品温达到37℃左右，此时应连续浇淋，维持品温在37℃左右。如果发酵温度超过39℃，需开冷却装置来维持品温。醋酸发酵醪不断循环进入醋化塔中，当醋酸浓度不再增加时，表明醋酸发酵基本完全，发酵过程结束，可停止浇淋。浇淋法的醋酸发酵一般只需48h左右。

④ 成品配兑　醋酸发酵完成后，把醋用泵打入调和池，加入2.5%的食盐以抑制醋酸菌的氧化作用，增加食醋的滋味。然后加热杀菌，贮存1个月，加入防腐剂，调整酸度后，包装即为成品。

### 4. 液态深层发酵法制醋

液态深层发酵法在第二次世界大战后首先应用于抗生素的生产，其后逐步推广到酿醋工业，从而实现了制醋生产的机械化和管道化，减轻了工人的劳动强度，扩大了原料的选择范围，且不用辅料，劳动生产率大大提高，卫生条件好。该工艺的液化、糖化、酒精发酵及醋酸发酵都可在液态下进行，其中醋酸发酵的要点是酒液和醋酸菌的混合物借强大的压缩空气或自吸空气的气流进行充分搅拌，使气液接触面积尽量加大，进行酒精的全面氧化以生成醋酸，所以在日本又称全面发酵。由于反应迅速，生产周期大大缩短，全部工艺过程仅用几十小时。但因同时产生大量热能，须及时、迅速冷却，以保持醋酸菌的最适作用温度，因而能源消耗较高，对通气条件及冷却条件也有较为严格的要求。

**(1) 工艺流程**

细菌α-淀粉酶　　　　糖化剂 酵母菌种　醋酸菌种
↓　　　　　　　　　↓　　↓　　　　↓
原料→粉碎→调浆→液化→糖化→酒精发酵→醋酸发酵→过滤→灭菌→成品
↑
$CaCl_2$、$Na_2CO_3$

**(2) 工艺操作**

① 原料处理　主要原料可以是高粱、大米、小米、玉米、甘薯干、马铃薯干等。原料粉碎可用干法粉碎或湿法粉碎，干法粉碎细度应在60目以上，湿法粉碎细度应在50目以上。粉碎后的主料输入调浆池内，加水搅拌，水与料之比约为1：1.5，加入细菌α-淀粉酶，用量为5～6U/g原料。用10%的碳酸钠溶液调节粉浆pH值为6.2～6.4，加入主料量0.1%～0.2%的氯化钙，调节粉浆浓度为12°Bé以

上。氯化钙主要是起保护 α-淀粉酶不被高温破坏的作用。

② 液化与糖化

A. 液化　将粉浆溶液输入液化罐内（罐内先加少量底水），通蒸汽保持品温为 85～90℃，时间为 10～30min，使淀粉充分液化。用碘液检测显棕黄色则表示已达到液化终点。然后升温煮沸 10min，达到灭菌和使酶失活的目的，转入糖化罐（留原罐也可）。

B. 糖化　于糖化罐中将液化醪冷却至 60～62℃，加入糖化剂（糖化酶制剂或麸曲、液体曲），用量为 120U/g 淀粉（麸曲则先以 40℃温水浸泡 2h，淋出酶液备用）。保持品温在 60℃左右，糖化 30min 以上。

C. 冷却　糖化后加水［料、水比为 11∶(5～6)]调浆，待冷却至 30℃左右时转入酒精发酵罐。

D. 糖化醪质量　外观糖度 13～15°Bx，还原糖含量 3.5g/100mL 左右，总酸（以醋酸计）含量 0.3g/mL 左右。

③ 酒精发酵

A. 接酒母　将处于繁殖旺盛期的酵母菌种按 10％的接种量加入酒精发酵罐的糖化醪内，定容至 85％～90％。

B. 发酵　发酵温度为 30～34℃，发酵 60～72h。

C. 酒精发酵醪质量　酒精含量（以容量计）6％以上，外观糖度 0.5°Bx 以下，总酸（以醋酸计）含量 0.5g/100mL 左右。有的在加酵母菌种的同时，添加部分乳酸菌液或生香酵母，共同进行酒精发酵。适量的乳酸菌与酒精酵母混合进行酒精发酵，对产酒精并无多大妨碍，乳酸在 0.9％以下对酵母还有一定的促进作用。有的在酒精发酵后期接入己酸菌，共同发酵 2～3 天。酒精酵母、生香酵母、乳酸菌、己酸菌多菌种共同发酵，使醪液生成物成分复杂，不仅增加了香味成分，提高了不挥发酸含量，同时适当延长了酒精发酵时间，使酒液也变得比较澄清。这是提高深层发酵醋质量的有效措施。

④ 醋酸发酵

A. 成熟酒醪的处理　酒精发酵成熟的酒醪可直接被利用进行醋酸发酵，也有的将酒醪过滤后再利用过滤的酒液进行醋酸发酵。酒醪过滤可采用板框过滤机，也可采用自然过滤法。前者生产能力强，可以全部进行机械化操作，但需要消耗较多的电力。后者是利用淋醋大池作过滤器，在淋醋大池假底上铺苇席，席上垫酒渣、谷糠、麸皮的混合物作为过滤层，让酒精发酵醪自然通过过滤层过滤，并加以澄清得到酒液。

B. 醋酸发酵设备　液体深层发酵制醋中醋酸发酵罐现常用自吸式发酵罐，它既能满足醋酸发酵需要气泡小、溶氧多，避免酒精和醋酸挥发的要求，又不使用压缩机和空气净化设备，具有醋酸转化率高、节约设备投资、降低动力消耗的优点。

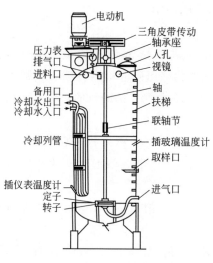

图 2-4　自吸式发酵罐示意图

电动机
三角皮带传动
轴承座
压力表
人孔
排气口
进料口
视镜
备用口
轴
冷却水出口
扶梯
冷却水入口
联轴节
冷却列管
插玻璃温度计
取样口
插仪表温度计
进气口
定子
转子

自吸式发酵罐示意图如图 2-4 所示。

C. 醋酸发酵的方法　醋酸发酵常有一次性发酵法和分割取醋发酵法两种。前者是指酒精发酵醪经醋酸发酵成熟后全部取出的方法；后者是指在一次性发酵成熟时取出发酵醪总体积的 1/3～1/2，再加入同体积的酒精发酵醪继续进行发酵，并反复进行多次的方法。分割取醋发酵法可连续 10 多次发酵后再更换新菌种，节约醋酸菌种子液用量和缩短生产周期。生产中用勤添新原料的方法保持醋酸菌旺盛生长的势头，使发酵迅速，用留存较多的原发酵液维持醪液较高的酸度，使杂菌难以繁殖，大大简化了工序，醋酸转化率也可提高。但在菌种老化、生酸速度缓慢时，应及时更换新鲜菌种。

D. 醋酸发酵的操作　酒醪或酒液输入醋酸发酵罐之前，空罐需先用清水洗刷干净，通入蒸汽，在 0.15MPa 压力下灭菌 30min。进料管、接种管、取样管、底部尾管都要严格灭菌。将酒醪或酒液输入醋酸发酵罐，装填量为发酵罐容积的 70%，使发酵罐上部留有空间。装料时，当料液刚淹没发酵罐转子时，启动转子让其自吸通风搅拌。装完料后，接入醋酸菌种，接种量为料液体积的 10%。

E. 发酵条件及管理　保持品温在 32～35℃ 内进行醋酸发酵。发酵前期 24h内，通风量控制在通入空气体积与发酵醪体积之比为 0.07:1，24h 后至发酵结束时，通风量与发酵醪体积之比升至 0.1:1。在正常情况下，发酵 24h 产酸在 1.5%～2.2% 内，每隔 2h 取样化验醋酸一次，后期每隔 1h 取样化验醋酸一次。当发酵醪中的酒精含量（以容量计）降至 0.3% 左右或总酸不再上升即为发酵成熟。发酵成熟时可采用一次性发酵法取出全部醋酸发酵醪；也可采用分割取醋发酵法，取出部分醋酸发酵醪，并立即加入同体积的酒精发酵酸或酒液继续发酵。一次性发酵法的发酵时间为 60h 左右，分割取醋发酵法每隔 20～30h 可取醋一次，并补加酒醪或酒液一次。

F. 成熟的醋酸发酵醪质量　总酸（以醋酸计）含量在 6g/100mL 以上，酒精含量（以容量计）在 0.3% 左右。

⑤ 产品后处理　直接以酒精发酵醪为原料进行醋酸发酵的，醋酸发酵结束后，还需经过过滤才能得到澄清醋液。滤液存于贮池中备用。测定滤液成分，按产品质量标准要求进行配兑。配兑后的产品用列管式热交换器加热灭菌，出口温度应达到

70℃以上。也可采用其他灭菌方法。灭菌后的产品经沉淀后，清液转入贮存罐陈酿贮存一个月以上。经检验合格后可包装出售。也有的为了改善液态发酵醋的风味，将液态发酵醋的生醋浸泡熏醅，然后淋醋，使之具有熏醅的焦香、悦目的黑褐色；或把液态发酵醋和固态发酵醋勾兑，使液态发酵醋不足之处得到弥补；将液态发酵成熟的醋醅用不锈钢或陶瓷罐贮存 2～3 个月，使醋醅中的乙酸乙酯含量提高 20％～30％，也是提高液态发酵醋质量的有效方法。

## 三、大曲制醋

其工艺特点是大曲用量大，占主料高粱的 62.5％；采用低温糖化及酒精发酵，酒醅拌入大量谷糠、麸皮进行固态醋酸发酵；将一半成熟醋醅进行熏醅，以另一半成熟醋醅淋醋，所得醋液再浸泡熏过的醅，淋得新醋；经三伏一冬日晒夜露与捞去冰块的陈酿过程，即可制成色泽黑褐、质地浓香、酸味醇厚、回味绵长、久贮无沉淀、不变质的食醋。

### 1. 生产流程

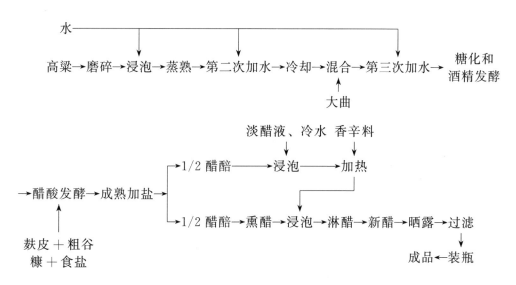

### 2. 原料配料及处理

**(1) 配料**　高粱 100kg，入缸水 65kg，麸皮 73kg，大曲 62kg，谷糠 73kg，食盐 5kg，蒸前水 50kg，香辛料（花椒、八角、桂皮、丁香、生姜等）0.05kg，蒸后水 225kg。

**(2) 原料处理**　将高粱磨碎，使大部分碎成 4～6 瓣，以粉末少为好。按 100kg 高粱加 50kg 冷水拌匀，润水 12h 以上，若用 36～40℃温水则润 4～6h。蒸料 2h 放入冷却池，用 70～80℃热水 225kg 浸闷 20min。

### 3. 发酵管理

当高粱冷却至 25～26℃，加入磨细的大曲粉 62kg 拌匀，放入酒精发酵缸内，再加入冷水 65kg，充分搅匀。入缸糖化温度随气温而定，冬季 25℃，夏季 20℃。酒精发酵第 3 天，品温可达 30℃，第 4 天发酵达到最高峰，主发酵完成。用塑料薄膜封缸口，盖上草垫不使漏气，促其继续进行后发酵，品温则逐渐下降。发酵时间约 16～18 天，酒精度达 6～7°，酸度为 2.5g/100mL，酒醅色黄，酒液澄清。

将酒醅拌入麸皮、谷糠各 73kg，置于小浅缸内进行醋酸发酵。取上批醋酸发酵第 3～4 天并经过 3 次翻拌，品温在 40℃ 左右的新鲜醋醅作为醋酸菌种接入浅缸，接种量为 10%，置埋于中心，缸口盖上草盖（帘），约经 12h，品温升至 41～42℃，每天早晚各翻拌一次，3～4 天发大热，第 5 天开始退火，此后品温逐渐下降，至第 9 天即完成醋酸发酵。

醋酸发酵完成后，成熟醋醅酸度达 8g/100mL 以上，加盐（添加量为高粱的 5%），起调味和抑制醋酸菌过度氧化的作用。

### 4. 熏醋和淋醋

取一半醋酸发酵完成的醋醅置于熏醋缸内，用文火加热，温度为 70～80℃，缸口盖上瓦盆，每天翻拌一次。经 4 天出醅，即出熏醅。熏醅不宜过老，否则醋味发苦。熏醅呈红褐色。

取剩下的一半醋醅，加入上批淋醋后所得的淡醋液，再补足冷水（为醋醅质量的两倍）浸泡 12h 后就可以淋醋。淋出的醋液加香辛料，加热至 80℃ 左右，放入熏醅中浸泡 10h 再淋醋，淋出的醋为熏醋，也叫原醋，这就是老陈醋的半成品。每 100kg 高粱出熏醋 400kg。余下淋出液作下一批醋醅浸泡之用。熏醋的酸度为 6～7g/100mL，浓度为 7°Bé。

### 5. 陈酿

新醋贮藏于室外缸内，除遇下雨刮风天需要盖缸盖外，一年四季日晒夜露，冬季醋缸内结冰，将冰取出弃去，即"夏伏晒，冬捞冰"。这样经三伏一冬的陈酿，醋色变浓重。浓度达 18°Bé，总酸含量达 10g/100mL 以上，每 100kg 高粱可制老陈醋 120～140kg。

### 6. 成品质量规格

老陈醋制成后，经纱布过滤，除去浮杂物即可装瓶出售。其质量规格如下。

**(1) 感官指标** 色泽黑紫，无沉淀，具有特殊清香，质地浓稠，酸味醇厚。

**(2) 理化指标** 总酸（以醋酸计）为 9.5g/100mL 以上；浓度为 18°Bé；糖分 4.50g/100mL；固形物 29.50g/100mL；灰分 7.50g/100mL；氯化物 3.00g/100mL。

## 四、多酶法制醋

通过液态发酵制酒，固态发酵转酸，采用多种酶酿造食醋，是一种酿醋新工艺。该工艺不仅可提高产量和质量，而且由于工艺简单，操作易掌握，投资少，生产周期短，特别适于乡镇生产。采用本工艺，在酒精发酵完成后，可在酒醅内直接拌入麸皮进行醋酸发酵，而且醋渣可代替稻壳再次利用，从而大大节约辅料用量。

### 1. 原料配方

高粱粉（或甘薯干粉）50kg，水275kg，麸皮75kg，稻壳75kg，食盐2.5kg，As3.324扩大曲15kg，As3.951扩大曲5kg，As2.109酒母液10kg，As1.41醋酸菌种子液10kg，B.F7568淀粉酶0.15kg。

### 2. 制作方法

在大型铁锅中加水275kg，然后点火，再将高粱粉或甘薯干粉50kg倒入锅内，升温至60℃，调节酸碱度至pH 6.2～6.4，投入淀粉酶150g，继续升温至85～100℃维持10min，进行液化。然后继续升温，直至沸腾，并煮沸20min，然后降温至60℃，调节酸碱度至pH为5.4左右，再投入As 3.324扩曲7.5kg，将火熄灭，盖上麻袋保温糖化3h，待降温至28℃时，将糖化液移到酒精发酵缸内，加入As 2.109酒母液10kg进行酒精发酵，时间4天。第1天敞口培养，繁殖菌体；第2天起，将缸盖密封，厌氧发酵产生酒精，第4天发酵结束。发酵室温保持在25～28℃间，将发酵成熟的酒精发酵液掺拌麸皮75kg、稻壳75kg，As3.324扩大曲7.5kg，As3.951扩大曲5kg，醋酸菌种子液10kg，搅拌均匀后送入醋酸发酵室缸中，装满、摊平、加盖，醋酸发酵。醋醅入缸的次日，品温若有上升，用手将上部醋醅翻动，如温度升到37～38℃时，可用铁锹倒醅，全部倒入另一空缸内。若品温超过42℃时，可两昼夜倒3次，一般维持一天倒一次。如品温过低（如在32℃左右），可隔日倒醅一次，醋酸发酵室的室温应控制在30～32℃之间，不可过高或过低。经过7天左右时间，品温逐渐下降到32℃左右，经化验醋酸含量若达到7.5g/100mL左右，即可下盐，加盐后放置2天进行后熟，再行淋醅，化验配兑，灭菌沉淀后即可出厂。

## 五、酶法液化通风回流制醋

老法固态发酵制醋的特点是，自入缸后，在醋酸发酵阶段中，需要及时多次倒醅，其目的是通气和散热，以利于醋酸菌生长和发酵。用人工进行倒醅，劳动强度大。酶法液化通风回流制醋新工艺，利用自然通风和醋汁回流代替倒醅，在发酵池近底层处设假底，并开设通风洞，让空气自然进入，运用固态醋醅的疏松度，使全部醋醅都能均匀发酵。本工艺利用醋汁与醋醅的温度差，调节发酵温度，降低表面品温，保证发酵正常进行。同时，运用酶法将原料液化处理，可提高原料利用率。

## 1. 工艺路程

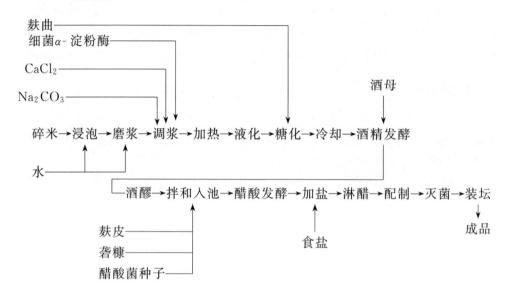

## 2. 制造方法

**(1) 用料数量**（以一个发酵池计算）　碎米 1200kg，碳酸钠 1.2kg（碎米的 0.1%），氯化钙 2.4kg（碎米的 0.2%），细菌 α-淀粉酶（按原料计）0.25%（酶活力 2000U/g），麸曲按曲酶活力计算为 6U/g 糖化淀粉，酒母 500kg，水 3250kg（配发酵醪），麸皮 1400kg，砻糠 1650kg，醋酸菌种子 200kg，食盐 100kg。

**(2) 磨浆与调浆**　先将碎米用水浸泡，使米粒充分膨胀，然后将米与水按 1:（1.5～2）比例均匀送入磨粉机磨浆，磨成 70 目以上细度的粉浆（浓度为 18～20°Bé）。用水泵送到粉浆桶调浆，用碳酸钠调到 pH 值为 6.2～6.4，再加入氯化钙，然后按 5U/g 碎米加入细菌 α-淀粉海，充分搅拌，使加入的酶很快均匀地分布在浆液中。打开粉桶的出料阀，缓缓放入液化桶内连续液化。

**(3) 液化与糖化**　先在液化桶内加水至与蒸汽管相平，再将水温升到 90℃，开动搅拌器，保持不停运转。然后将粉浆缓缓连续放入，液化品温掌握在 85～92℃，待粉浆全部进入液化桶后，维持 10～15min，以碘液检查，遇碘液反应呈棕黄色表示液化完全。最后缓缓升温至 100℃，保持 10min，以达到灭菌的目的。液化完毕后，将液化醪用泵送入糖化桶内，冷却至 (63±2)℃时，加入麸曲，糖化 3h，待糖化醪冷却到 27℃后，用泵送入酒精发酵罐内。

**(4) 酒精发酵**　将糖化醪 3000kg 送入发酵罐后，同时加水 3250kg，调节 pH 值为 4.2～4.4，接入酒母 500kg，使发酵醪总量为 6750kg。酒精发酵品温一般控制在 33℃ 左右为最适，不超过 37℃，不低于 30℃（以冷却水控制品温）。发酵周期为 64h 左右。酒精发酵结束，酒醪的酒精含量为 8.5％ 左右，总酸含量为 0.3％～0.4％。将酒醪送至醋酸发酵池。

**（5）醋酸发酵**

① 进池　将酒醪、麸皮、砻糠与醋酸菌种子用制醅机充分混合后，均匀地送入醋酸发酵池内。面层要加大醋酸菌种子的接种量。然后耙平，盖上塑料布，开始醋酸发酵。进池温度控制在 40℃ 以下，以 35～38℃ 为最适宜。

② 松醅　面层醋醅的醋酸菌生长繁殖快，升温快，24h 左右即可升到 40℃，但中间醅温低，所以要进行一次松醅，将上面和中间的醋醅尽可能疏松均匀，使温度一致。

③ 回流　松醅后每逢醅温达到 40℃ 即可回流，使醅温降至 36～38℃。醋醅发酵温度前期要求 42～44℃，后期为 36～38℃。如果温度升高过快，可将通风洞全部堵塞或部分堵塞，进行控制和调节。回流每天进行 6 次，每次放出醋汁 100～200kg 回流，一般回流 120～130 次后醋醅即可成熟。此时测定醋醅中酒精含量微量，酸度也不再上升。一般醋酸发酵时间为 20～25 天，夏季需 30～40 天。

**（6）加盐**　醋酸发酵结束，成熟醋醅的醋汁总酸含量已达 6.5～7g/100mL。但为了避免醋酸继续氧化分解成 $CO_2$ 和 $H_2O$，应立即加入食盐以抑制醋酸菌的氧化作用。池内加盐的方法，是将食盐置于醋醅面层，用醋汁回流，使其全部溶解。加盐后，由于大池不能封池，久放容易发热，影响产量，可立即淋醋。

**（7）淋醋**　淋醋仍在醋酸发酵水泥池内进行。先开醋汁管阀门，再把二醋汁分次浇在面层，从醋汁管收集头醋，下面收集多少，上面放入多少，当醋酸含量降到 5g/100mL 时停止。以上淋出的头醋一般可配制成品。每池产量为 10t，平均出醋为 8kg/kg 碎米。头醋收集完毕，再在上面分次浇入三醋，下面收集的叫二醋。最后上面加水，下面收集的叫三醋。二醋和三醋供淋醋循环使用。

**（8）配制、灭菌**　头醋通过管道入澄清池里沉淀，并调整质量标准。除现销产品及高档醋不需添加防腐剂外，一般食醋均应加入 0.08％ 苯甲酸钠作为防腐剂。生醋用蛇管热交换器进行灭菌，灭菌温度 80℃ 以上。最后定量装坛封泥，即为成品。

# 第五节　食醋酿造实例

## 一、镇江香醋

镇江香醋始创于 1840 年，是江苏省镇江市的一种特产，也是中国国家地理标志产品。镇江香醋具有"色、香、酸、醇、浓"五大特色，其色泽清亮，酸味柔和，醋香浓郁，风味纯正，口感绵和，香而微甜，色浓而味鲜，且久存其质不变，并更加香醇。它采用独特的"固体分层发酵"工艺，工序复杂，操作细致，要求严格，品质优良，久享盛誉。与山西醋相比，镇江香醋的最大特点在于微甜，驰名中外。

### 1. 工艺流程

酒药　麦曲　　麸皮＋成熟醋醅＋砻糠＋水

糯米→浸泡→沥干→蒸熟→冷却→拌匀→酿酒→醋酸发酵→补糠→露底→成熟→加盐→陈酿→淋醋→配制→澄清→煎醅→成品

炒米色　食糖

### 2. 操作方法

**(1) 原料配比**　糯米500kg，酒药2kg，麦曲30kg，麸皮850kg，砻糠475kg，炒米色196kg，食盐29kg，食糖8.7kg，水1500kg。

**(2) 原料处理**　选用优质糯米，将米浸泡15～24h，要求米粒浸透无白心。将浸泡过的米捞出，放入竹箩内，用清水冲去白浆，沥尽余水，沥干的米粒放入蒸锅，常压蒸饭，蒸至冒汽后再焖30min，要求饭粒表面不黏糊，中间无硬心。取出饭粒用凉水淋浇冷却，降温至25～30℃。

**(3) 酿酒**　在米饭中拌入酒药粉，拌匀，置于缸中呈V字形饭窝，缸口盖上草盖。通过保温和散热将品温维持在28～30℃，发酵3～4天，使酒药中的根霉和酵母菌对淀粉完成一定程度的糖化和酒精发酵。当饭粒离开缸底浮起时，加入相当于麦曲和糯米质量1.4倍的水，拌匀，维持品温在26～28℃，进行后发酵。此期间要注意开耙，一般在加入水24h后开头耙，以后的3天里每天开耙1～2次，目的是降低品温。发酵时间共10～13天。每100kg糯米可产330kg酒醪，酒精含量为13%～14%，酸度在0.5%以下。

**(4) 醋酸发酵**　醋酸发酵分为制醅培菌和发酵产酸两个过程。发酵容器为发酵池或大缸，缸容量一般在500～600L。每缸加入酒醪165kg，麸皮75kg，拌匀，成为半固态的酒麸混合物。取砻糠5～6kg，与缸内面层约1/10深度的酒麸混合物拌匀，成为酒麸糠层。将5～6kg处于发酵旺盛状态的醋醅与酒麸糠混匀，完成接种操作，在已接种的酒麸糠层上面再铺上5kg砻糠，任醋酸菌繁殖发酵，夏季经1～2天，冬季需5天。当醅面温度上升至40～45℃时进行翻醅，目的是扩大醋酸菌的繁殖。方法是将上面覆盖的砻糠与表层发热的醋醅以及发热醋醅下面1/10深度的未热酒麸混合物翻拌均匀，之后在表面再覆盖5kg砻糠。24h后，按同样方法再将上层发热醋醅与下面1/10厚度未发热酒麸翻拌均匀。再过24h向下翻拌一层，加砻糠一次，并适量补充水分，保持醋醅含水量在60%左右。这种操作方法的特点是：从上向下深入，每翻拌一次就将含有醋酸菌的醋醅与下层占总量1/10的酒醅混合物拌和，完成接种，其间因为有砻糠和水的添加，所以醋醅始终保持一定的含水量和良好的透气性，为醋酸菌生长繁殖和发酵提供了优良条件。经过10天操作，翻醅已到缸底，全缸醋醅制成。接着，将全缸醋醅倒入另一空缸内，这种操作称为露底。露底后不添加任何辅料，每天翻拌或倒醅，使品温保持在45℃以下，进行醋酸发酵。露底日起的7～8天后，醋醅温逐渐下降，酸度达到高峰。当酸度不再上升时，即转入密封陈酿阶段。

**(5) 陈酿**　醋醅成熟后，立即加盐、并缸（10缸并成7～8缸），将醋醅压实后，用泥土、醋、盐卤混合调制成的泥浆密封缸面（现改用塑料薄膜），以隔绝空气，防止醋酸被氧化。陈酿时间30d左右。

**(6) 淋醋**　淋醋使用淋缸或淋池。将陈酿后的醋醅移入淋缸，装醅量80%，按比例加入炒米色和二醋，浸泡数小时，放出头醋，之后头渣中加入三醋浸泡，淋出二醋。二渣中加入清水，淋出三醋。三次淋毕，出渣换醅。

**(7) 配制及灭菌**　往头醋中加入食糖进行配制，澄清后加热煮沸，降温至80℃左右，装坛密封存放。每100kg糯米可产一级香醋350kg。

## 二、山西老陈醋

山西老陈醋是中国四大名醋之一，酿制工艺始创于清顺治年间，至今已有300多年的历史。素有"天下第一醋"的盛誉，以色、香、醇、浓、酸五大特征著称于世。其工艺特点是以高粱为主要原料，以大曲为糖化发酵剂，采用低温酒精发酵，发酵周期长，醋酸发酵温度高，陈酿时间长，产品质地浓稠，酸味醇厚，久贮无沉淀，不变质。

### 1. 工艺流程

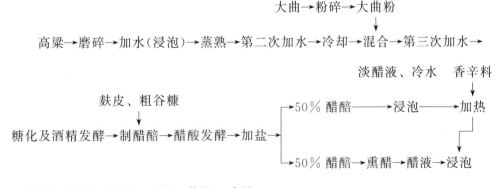

### 2. 操作方法

**(1) 原料配比**　高粱 100kg，大曲 62kg，麸皮 73kg，谷糠 73kg，食盐 5kg，香辛料（花椒、八角、桂皮、丁香等）0.05kg，水 340kg（蒸前水 50kg、蒸后水 225kg、入缸前水 65kg）。

**(2) 原料处理**　将高粱磨碎，每粒成 4～6 瓣，尽量做到少粉末。按每 100kg 高粱加入 30～40℃ 温水 60kg，拌匀，润水 4～6h，使高粱充分吸收水分。润水后的物料用常压蒸料，上汽后蒸 1.5～2h，要求熟料无生心、不黏手。取出熟料放入池中，再加 215kg 沸水，拌匀后闷 20min，待高粱粒吸足水分呈软饭状，将软饭状高粱放在晾场上迅速冷却至 25～26℃。加入磨细的大曲粉 62kg，拌匀，再加冷开水 65kg，搅匀。

**(3) 糖化及酒精发酵**　将上述物料入缸发酵，入缸料温控制在 20～25℃，入缸后物料边糖化边发酵，品温缓慢上升，入缸后的最初 3 天每天打耙 2 次，当发酵进入第 3 天时品温可上升到 30℃。第 4 天时可升至 34℃，这是发酵最高峰，此时要增加打耙次数。高峰过后品温逐渐下降，用塑料薄膜封住缸口，上盖草垫，进行后发酵，品温在 20℃ 左右，发酵时间为 16 天，酒精发酵结束时，酒精含量达 6%～7%，酸度在 2.5g/100mL 以下，酒醪色黄、澄清。

**(4) 醋酸发酵**　向 100kg 高粱制成的酒醪中加入麸皮 73kg、谷糠 73kg，制成醋醅，分装入十几个浅缸中。经 3～4 天醋酸发酵的新鲜醋醅作为醋酸菌菌种，将它埋入盛有醋醅的浅缸中心，接种量为 10%，缸口盖上草盖，进行醋酸发酵。接种后的第 2 天，醅温升至 41～42℃，自此日起每天翻醅 2 次，第 4 天醅温达到 43～45℃，第 5 天醅温开始下降，第 8 天已降至 25～26℃。醋醅成熟后，酸度可达到 8g/100mL 以上，应按主料质量的 5% 及时加入食盐，这样做既能调味，又能抑制醋酸菌的过度氧化，加盐后醅温继续下降。

**(5) 熏醅和淋醋**　取成熟醋醅的 1/2 入熏醅缸内，用文火加热，醅温 70～80℃，每天翻拌一次，共 4 天。在另一半醋醅中加入上次淋醋后得到的淡醋液，再补足冷水使液体总量为醋醅质量的 2 倍，浸泡 12h，淋出醋液。在醋液中加入香辛料后加热至 80℃，热醋液加入熏醅中，浸泡 10h 后淋醋，淋出的醋叫原醋（新醋），是老陈醋的半成品，每 100kg 高粱可出原醋 400kg。原醋的总酸为 6～7g/100mL，浓度为 7°Bé。淋过醋的醋醅再用水浸泡，淋出淡醋液，作为下次醋醅浸泡之用。

**(6) 陈酿**　将新醋放于室外缸内，除刮风下雨需盖上缸盖外，一年四季日晒夜露，冬季醋缸中液面结冰，把冰取出弃去，称为"夏日晒，冬捞冰"，经过三伏一冬的陈酿，醋变得色浓而体重，一般浓度可达到 18°Bé，总酸含量为 10g/100mL 以上。每 100kg 高粱得到 400kg 原醋，经陈酿后只剩下 120～140kg 老陈醋。

## 三、四川麸醋

四川麸醋是我国四大名醋之一，创产于 300 多年前，其主要产地在四川阆中，是我国麸醋的代表，其中保宁麸醋最著名。其酿造特点是以麸皮为主要原料，以药曲为糖化发酵剂，糖化、酒精发酵、醋酸发酵三者同时进行，并加以 9 次秒糟的独特工艺。产品色泽黑褐，酸味浓厚，稍带鲜味，味道幽香，体态澄清，其久储而不腐。

### 1. 工艺流程

糯米→浸泡→沥干→蒸熟→入缸→发酵→拌和→醋酸发酵→陈酿→淋醋→

灭菌、配制→装坛→成品

### 2. 工艺要点

**(1) 原料配比**　麸皮 650kg，糯米 30kg，药曲 0.3kg，辣蓼汁 1～1.5kg，水 1500kg。

**(2) 醋母制造**　将糯米浸泡，沥干后，蒸熟成饭，盛于缸中，加入水 100kg、药曲粉 0.3kg、辣蓼汁 1～1.5kg，拌和均匀，上加木盖，缸周围用麻布包扎。次日开始发酵，时加搅拌，约发酵 7 天，泡沫停止，上部澄清，可以制醋。

药曲是由陈皮、甘草、花椒、苍术、川芎等药材晒干，磨成粉末，与菱粉混合，加水调湿，压成饼状（每块重约 2kg）。放置于温暖室内，使其发热，六七天后热退转凉，置于通风场所，干燥 1 个月，磨成粉末即成药曲粉。

辣蓼汁采取野生辣蓼草，晒干，贮于缸或坛中，加水浸泡，放置于露天，1 个月后即可用。

**(3) 醋酸发酵与陈酿**　取麸皮 650kg 盛于发酵槽中，将其摊开，加入上述制备的醋母，再加水 40kg 充分拌和，使其发酵。醋醅热天宜湿，冬天宜干。每天翻拌一次，经 14 天发酵后，醋醅发酵成熟，即可移入坛中压紧，盛满后上撒一层盐，约 3cm，坛口盖木板，即可放置于露天。陈酿期一般为 1 年，时间越长，醋的风味越好。

**(4) 淋醋**　将醋醅盛入假底上铺一层棕榈的淋醋缸中，加水或二醋汁浸泡一夜后，即可淋醋。此法可滤清醋汁，俗称"棕滤法"。第一次淋出的头醋，醋味浓厚。淋毕再加水浸泡，淋出二醋，醋味较淡，一般留作下一次淋头醋用。

**(5) 灭菌与配制**　淋出的生醋还要经过熬制，这样才能增加香味、色泽、浓度。熬制时间要煮沸 50min，而后定量装坛封泥，即为成品。每批 650kg 麸皮及

30kg 糯米可产醋 1200kg 左右。

## 四、永春老醋

永春老醋，即福建红曲醋，又名乌醋，始创于北宋，使用传统酿醋工艺，以优质糯米、红曲、芝麻等原料，用独特配方、精工发酵、陈酿多年而成，口感醇香浓郁，回味生津。其中经历糯米蒸煮、酒精发酵、醋酸发酵、陈酿等大小 50 多道工序，历时 800～1000 天，是中国地理标志产品之一。永春老醋，醋色棕黑，强酸不涩，酸而微甘，醇香爽口，回味生津，且久藏不腐。永春老醋与其他食醋的区别是不需外加食盐和防腐剂，含有多种氨基酸等营养成分以及多种对人体有益的发酵微生物，是质地优良的调味品，并具开脾健胃、祛湿杀菌之功能。

### 1. 工艺流程

晚粳米→炒米→发稠→加水→煮沸→米香液
↓
糯米→浸渍→蒸熟→摊晾→拌曲→糖化和酒精发酵→米香液调色→搅拌→插入竹笋→红酒糟
↓
抽滤→酒液→添加到半成品醋缸中发酵→芝麻调香→搅拌→陈酿→老醋→过滤→加糖→澄清→成品

### 2. 操作方法

**(1) 原料配比**  糯米 270kg，古田红曲 70kg，米香液 100kg，炒芝麻 40kg，白糖 5kg，冷开水 1000kg。

**(2) 原料处理**  将糯米加水浸泡 6～12h，要求米粒浸透、不生酸。浸米完成后将米捞起，用清水洗去白浆，适当沥干。将沥干的糯米进行蒸料，当面层冒汽后盖上木盖，继续蒸 20～30min，要求充分熟透。

**(3) 酒精发酵**  趁热将糯米饭取出并置于饭盘上冷却至 35～38℃，拌入米量为 25% 的古田红曲，拌匀后入缸。分 2 次加入 30℃ 左右的冷开水，加水量为糯米饭量的 2 倍，入缸后第一次加水为总加水量的 60%，让饭、水、曲三者充分进入以酒精发酵为主的发酵阶段，品温不高于 38℃，每天搅拌一次。经 24h 后，发酵醪变得清甜，此时可第二次加入冷开水，进入以酒精发酵为主的发酵阶段，品温不高于 38℃，每天搅拌一次。在酒精发酵的第 5 天加入米香液，每隔一天搅拌一次，直至红酒醪沉淀。将竹笋插入酒醪中，抽取澄清的红酒液。酒精发酵 70 天左右，酒精含量在 10% 左右。

**(4) 醋酸发酵与陈酿**  采用分次添加进行液体发酵酿醋。从发酵贮存 3 年已成熟的老醋缸中抽出 50% 醋液入成品缸，从贮存 2 年的醋缸中抽取 50% 醋液补足 3

年存的醋缸，再从贮存1年的醋缸中抽取50％醋液入2年存的醋缸中，而红酒液抽入1年存的醋缸中补足体积。如此循环进行醋酸发酵。在1年存的醋缸中要加入醋液量4％的炒熟芝麻用来调味。在醋酸发酵期间，每周搅拌醋液一次，品温最好控制在25℃左右，在醋液表面会有菌膜形成。

**（5）成品配制**　将贮存3年已陈酿成熟、酸度在8g/100mL以上的老醋抽出过滤，加入2％白糖，搅匀，任其自然沉淀。吸取上面澄清液，即为成品红曲老醋。每100kg糯米可生产福建红曲老醋100kg。

# 第六节　果醋制作与调配

　　果醋是以果蔬或果蔬加工下脚料为主要原料，经酒精发酵、醋酸发酵酿制而成的一种营养丰富、风味优良的酸性调味品。水果制成果醋后，仍然可以保持较为丰富的营养成分。这是普通的粮食醋所不具备的，而且，与粮食醋相比，果醋刺激性小且口味柔和，并具有水果特有的香气。它兼有水果和食醋的营养保健功能，是集营养、保健、食疗等功能为一体的新型饮品。近年来，果醋作为一种保健饮料，在欧美各国及日本发展很快。我国也有多种类型的果醋产品问世。

　　根据水果品种的特点及生产工艺的要求，果醋的酿制工艺主要有液体发酵法和固体发酵法。液体发酵法是将水果制成汁后，先进行酒精发酵（很多情况下，果汁不经过酒精发酵而直接进入醋酸发酵），或直接利用果酒并加入其他成分如蜂蜜、麦麸等再进行醋酸发酵，制成果醋。固体发酵法是利用残次果、野果、果皮、果屑和果心等，经过制曲、配料、堆积发酵和淋醋等工序制成果醋，新酿造的果醋应经过陈酿过程，使产品醇和可口，具有浓郁纯正的醋香。

## 一、柑橘果醋的加工

### 1. 工艺流程

　　原料选择→清洗→榨汁、过滤→酶解、脱苦→果汁成分调整→酒精发酵→醋酸发酵→陈酿→冷冻过滤→调配→精滤→装瓶、灭菌→成品

### 2. 工艺要点

　　**（1）原料选择、清洗**　选择糖分高、香气浓、出汁率高的完熟新鲜柑橘果实为原料，优选温州蜜柑、甜橙等品种。柑橘加工前要多次清洗，以去除表面的尘土、泥沙、农药残留等。

　　**（2）榨汁、过滤**　采用整果榨汁机榨汁，实现一次性皮渣与汁液分离。榨汁后

采用离心机分离果汁，去除果汁中的浆渣等不溶性物质。

**(3) 酶解、脱苦**　将果胶酶、复合脱苦酶和焦亚硫酸钾充分溶解后加入柑橘汁中充分摇匀，充分酶解后进行灭酶处理。酶解的最佳工艺参数为：果胶酶的用量为 0.08%，酶解时间为 2.5h，酶解温度为 45℃，酶解 pH 为 4.0，此条件下酿造的果醋产酸量高，风味俱佳。

**(4) 果汁成分调整**　澄清后的原柑橘汁，需根据果汁成分情况及成品所要求达到的酒精度进行调整。即根据检测结果添加糖、酸和二氧化硫。

**(5) 酒精发酵**　将酵母液按接种量 1%～5% 的比例接种发酵，初始糖度 18%，发酵温度 27℃，发酵时间为 4 天左右，至残糖量降至 0.4% 以下，发酵后酒精最高达到 9.00%。

**(6) 醋酸发酵**　按接种量的 10% 将醋酸杆菌接种于酒精发酵液中，并经常检查发酵液温度、酒精和乙酸含量，发酵时间为 2 天左右，直至乙酸含量不再上升为止。

**(7) 陈酿**　加入一定的酶制剂，保温处理后，常温陈酿处理 1 个月。

**(8) 冷冻过滤**　为提高果醋的稳定性和透明度，采用人工冷冻法使原醋在 −6℃ 下保存 7 天，冷冻后用硅藻土过滤。

**(9) 调配**　在经陈酿的果醋中加入少量柑橘香精、2% 食盐、0.08% 苯甲酸钠，并按要求调整香味、酸度和可溶性固形物。

**(10) 精滤**　为保持柑橘果醋的营养和风味，避免加热杀菌造成营养成分损失，采用微孔膜过滤机对调配后的果醋进行精滤，滤去沉淀，得到清澈透明的果醋。

**(11) 装瓶、灭菌**　将精滤后的果醋灌入瓶中，迅速封盖，送入瞬时灭菌机或者喷淋杀菌剂中灭菌，90℃ 左右，20～25min，然后分段冷却到室温。

## 二、石榴果醋的加工

### 1. 工艺流程

原料选择→破碎→糖渍→过滤取汁→稀释→酒精发酵→醋酸发酵→陈酿→调配

### 2. 操作要点

**(1) 原料选择、破碎**　用以制醋的石榴果实要求充分成熟，无病虫害，无霉烂变质，去皮后将石榴籽破碎。

**(2) 糖渍**　将蔗糖与破碎的石榴籽按 1∶1 的比例，一层石榴籽一层糖，置于瓷器、搪瓷器皿或浸渍池中密封。

**(3) 过滤取汁**　将石榴籽及其浸出物用纱布过滤分离，即得到石榴加糖原汁，可溶性固形物含量为 65%～70%。

**(4) 稀释**　将原汁按 1 倍重量加 4 倍冷开水，配成可溶性固形物为 16%～

18％的稀石榴原汁。

**（5）酒精发酵** 将稀石榴原汁注入发酵池中。原汁添加至发酵池的 4/5。接入 5％～7％的酵母培养搅拌均匀，控制温度在 25℃左右进行酒精发酵。整个酒精发酵过程约需 1 周完成，酒精度在 7％左右。

**（6）醋酸发酵** 按发酵后石榴原汁量的 1/3 加入醋酸菌母液进行醋酸发酸。发酵温度控制在 30℃左右，发酵应在避光条件下进行。发酵前期宜每天搅拌一次，当总酸度不再上升，酒精含量微量时，即为石榴果醋。

**（7）陈酿** 将石榴果醋移至大缸中密闭陈酿 2～3 个月，在陈酿过程中醋液内发生一系列物理和化学变化，使石榴果醋的色泽变深，香气浓郁，滋味柔和醇厚，浓度增大，质量进一步得到提高。

**（8）调配** 在经陈酿的石榴果醋中加入 2％的食盐、0.08％的山梨酸钾，并按标准调整酸度及其他指标。

# 第三章

# 酱　类

## 第一节　酱品的分类

在我国食品史上，酱的出现是很早的。据考证，最初出现的酱是在殷商时期以肉类为原料制成的肉类酱，以兽肉为原料制作的一般称为肉酱或肉醢，用鱼肉制作的称为鱼酱或鱼醢。西周时期逐步出现了以谷物及豆类为原料制作的麦酱、面酱、豆酱等植物性酱类，并且得到迅速发展。

我国酱类生产的历史比酱油久远，酱油最先是豆酱的汁液，所以酱类生产工艺和设备与酱油基本相同，一般的酱油厂均附设有酱类生产。

我国酱类品种很多，不同地区品种差别很大，主要有大豆酱、蚕豆酱、蚕豆辣酱、面酱以及酱类加工制品等，既可作佳肴，又可作为调味品。酱品容易制备，便于保存，味道鲜美，造价低廉，很容易普及和推广。经过劳动人民的不断总结经验和发展，对酱类制曲的菌种已由纯粹菌种代替野生霉菌，制曲方法也有了改进，生产工艺设备也采用了机械化、半机械化代替手工操作，并发展出通风制曲法、保温发酵法、酶制剂法等许多新工艺，使生产效率有了较大提高，保证了食品卫生，提高了产品质量。

在酱的分类上，有两大类：发酵酱和非发酵酱。

发酵酱类生产分为自然发酵法和温酿保温发酵法。前者发酵的特点是周期较长（半年以上），占地面积较大，但味道好；后者是周期短（1个多月），占地面积小，不受季节限制，可长年生产。由于其发酵时间短，故味道不如自然发酵法。此外，还有非发酵法生产，如果酱、蔬菜酱等。

### 一、发酵酱

发酵酱又称酿造酱，是以谷物和（或）豆类为主要原料经微生物发酵而制成的调味品以及以此酱为主体基质，添加各种配料（如蔬菜、肉类、禽类）加工而成的酱类产品，主要包括甜面酱、豆酱、豆瓣酱等。发酵酱的分类主要有以下几种方式。

### 1. 按制酱原料和制酱方法分类

按制酱原料和制酱方法的不同，酱品可分为面酱、豆酱和酱的再制品等。

**（1）面酱**　也称甜酱，是以面粉为主要原料生产的酱类，由于其味咸中带甜而得名。它利用米曲霉分泌的淀粉酶将面粉经蒸熟而糊化的大量淀粉分解为糊精、麦芽糖及葡萄糖。米曲霉菌丝繁殖越旺盛，则糖化程度越强。此项糖化作用在制曲时已经开始进行，在酱醅发酵期间，则更进一步加强糖化。同时面粉中的少量蛋白质，也经米曲霉所分泌的蛋白酶的作用分解成为氨基酸，在酱醅发酵过程中还有自然接种的酵母、乳酸菌等共同作用，生成具有鲜味、甜味等复杂味道的物质，从而形成面酱的特殊风味。

面酱生产又分成两种不同的做法，即南酱园做法和京酱园做法，简称为南做法和京做法。它们之间的区别在于一个是死面的，一个是发面的，南酱园是发面的，即将面蒸成馒头，而后制曲，拌盐水发酵。京酱园是死面的，即将面粉拌入少量水搓成麦穗形面后再蒸，蒸完后降温接种制曲，拌盐水发酵。发面的特点是利口、味正；死面的特点是甜度大、发黏。面酱按照所采用原料的不同分为小麦面酱、杂面酱和复合面酱。

随着人们生活水平的提高，有人开发出功能性甜面酱，在甜面酱原有功能基础上新增加保健功能。如西瓜甜面酱，该酱是按一定的重量比取西瓜瓤汁、西瓜皮汁、面粉、蚕豆、盐、米酒制成。经制曲、发酵制成的西瓜甜面酱色泽红褐、酱香气浓、鲜甜适中，不仅有丰富的营养，而且有很高的药用价值，有益于消费者的健康。

① 小麦面酱　以小麦面为主要原料加工酿制的酱类称为小麦面酱。

② 杂面酱　以其他谷类及其副产品为主要原料加工酿制的酱类称为杂面酱。

③ 复合面酱　复合面酱是指以豆、面等酱为基料，添加其他辅料混合制成的酱面酱类。

**（2）豆酱**　是以豆类为主要原料所做的酱，有的地方也叫黄酱，老北京人又称黄酱为"老坯酱"，东北人称其为"大酱"，上海人称其为"京酱"，武汉人称其为"油坯"等。以黄豆为原料者称为黄豆酱（黄酱），黄豆酱又分干态和稀态黄豆酱，俗称黄干酱和黄稀酱；以蚕豆为原料者称为蚕豆酱，而蚕豆酱中蚕豆往往以成形的豆瓣存在，故又称豆瓣酱；在制豆瓣酱时加入辣椒，故又出现了豆瓣辣酱的特殊种类；以豌豆或其他豆类及其副产品为主要原料者称为杂豆酱。

① 黄酱　黄豆酱是以黄豆为主要原料加工酿制而成的酱。干态黄豆酱是指原料在发酵过程中控制较少水量，便成品外观呈干涸状态的黄豆酱。稀态黄豆酱是指

原料在发酵过程中控制较多水量，使成品外观呈稀稠状态的豆酱。

②蚕豆酱　蚕豆酱亦称豆瓣酱，是以蚕豆为主要原料，脱壳后经制曲、发酵而制成的调味酱。根据工艺的不同可分为生料蚕豆酱和熟料蚕豆酱。根据消费者的习惯不同，在生产蚕豆豆瓣酱中配制了香油、豆油、味精、辣椒等原料，而增加了豆瓣酱的品种。蚕豆酱的主要原料是蚕豆，加入辣椒的产品叫辣豆瓣，不加辣椒的叫做甜豆瓣。豆瓣酱具有鲜、甜、咸、辣、酸等多种调和的口味，用来代菜佐餐，深受消费者欢迎。

③杂豆酱　杂豆酱是以豌豆或其他豆类及其副产品为主要原料加工酿制而成的酱类。

④黑酱　内蒙古、山西等地区都喜欢吃黑酱。黑酱的原辅料也是大豆、面粉。黑酱特点是发酵温度高。

⑤盘酱　该酱的特点是在原料中加入了大量的东北盛产的玉米，减少大豆原料的用量。玉米经过特殊膨化处理后，提高了产品的还原糖含量，也提高了酱品的营养成分。同时，由于大部分原料需炒制后再发酵。所以使该酱具有特有的粮食香气。盘酱兼有东北大豆酱和甜面酱两种产品的风味。以玉米原料部分代替大豆原料降低了酱的生产成本。

**(3) 酱的再制品**　也称花色酱，是指在豆酱或面酱的基础上添加不同的辅料后，形成的众多花色品种，例如牛肉豆酱、芝麻酱、海味酱等产品，是在豆酱或面酱的基础上添加蒸熟的牛肉、炒芝麻粉、金钩或鱿鱼等而成。各种花色酱的开发也是目前酱品的一大热点。

## 2. 按采用的曲分类

按采用的曲不同，酱品可分为曲法制酱和酶法制酱。

**(1) 曲法制酱**　即传统制酱法，它的特点是先把原料全部制曲，再经发酵，直至成熟而制得各种酱。其制酱的方法与酱油生产工艺相似，机理也基本一致，仅因酱的种类不同而在原料品种、配比及其处理上略有不同。曲法制酱在生产过程中了，由于微生物生长发育的需要，要消耗大量的营养成分，从而降低了粮食原料的利用率。

**(2) 酶法制酱**　是先用少量原料为培养基，纯粹培养特定的微生物，利用这些微生物所分泌的酶来制酱，同样可以达到分解蛋白质和淀粉，从而制成各种酱品的目的。酶法制酱可以简化工艺，提高机械化程度，节约粮食、能源和劳动力，改善食品卫生条件。目前也有很多企业不自行制酶，而是采用购买酶制剂来酿制酱品。

## 3. 按酱品发酵的方式分类

酱品生产分为自然发酵法和温酿保温发酵法。

**（1）自然发酵法**　酱品发酵多采用天然晒露的方式，周期较长（多为半年以上），占地面积较大，但风味良好，是我国传统的制酱方式，目前很多名优酱品仍然沿用此生产方式。

**（2）温酿保温发酵法**　这种方法即采用人工保温措施控制在一定温度内进行发酵，周期短（一般1个多月），占地面积小，不受季节限制，可长年生产，但由于发酵时间短，故味道不如自然发酵法。

由于食盐对微生物酶的抑制作用，也有在酱品发酵中采用低盐、无盐发酵的方式，但目前应用不普遍。

## 二、非发酵酱

非发酵主要是北粮食原料为主料、没有经过发酵工艺酿制的酱，包括各种果酱、蔬菜酱、芝麻酱、花生酱、肉酱、水产酱等。

### 1. 果酱

果酱是以水果为原料，经过去核、去皮等处理，煮软打成酱，调整酸度，加糖浓缩而制成的酱品。由于水果原料的种类繁多，市场上的果酱也可以说是应有尽有，如苹果酱、梨酱、蓝莓酱、西瓜酱、山楂酱、菠萝酱、橙子酱等。

### 2. 蔬菜酱

蔬菜酱一般是以蔬菜为原料制作的酱品，其加工方法以及用途与果酱基本相同。许多种类的蔬菜都可以用来做蔬菜酱，蔬菜酱的种类也非常多，最为典型的有番茄酱、胡萝卜酱、蒜酱、韭花酱等。

### 3. 芝麻酱、花生酱

芝麻酱、花生酱是以芝麻、花生为主料制备的酱品，一般含有较高的油脂、丰富的蛋白质和一些碳水化合物，因其独特的营养价值而受到人们的喜爱。牛肉花生酱、芝麻花生酱、芝麻辣酱、果仁花生酱等花色产品各具特色。

### 4. 肉酱、水产酱

肉酱是以各种畜禽肉为主要原料制备的酱品，水产酱是以水产鱼、虾等为主要原料制备的酱品，主要有牛肉酱、羊肉酱、虾酱、鱼酱等。虾酱是以小鲜虾为原料，经过加工处理后腌渍发酵而成，沿海地区生产较多；鱼酱是以小青鱼等小型鱼类为原料用盐腌制而成。

肉酱、水产酱的生产工艺中没有制曲过程，生产基本上是属于腌渍工艺，因此许多有益菌不可能正常繁殖并产生相应的酶类，如蛋白酶、糖化酶和脂肪酶等，其结果是微生物对原料的分解不力，使后发酵难以进行，酱香味成分难以增加，故肉酱、水产酱大多属于非发酵酱。

### 5. 蛋黄酱和沙拉酱

蛋黄酱和沙拉酱都属西式调味品，是以植物油、酸性配料（食醋、酸味剂）等为主料，辅以变性淀粉、甜味剂、食盐、香料、乳化剂、增稠剂等配料，经混合搅拌、乳化均质制成的酸味半固体乳化调味酱。

# 第二节　面　酱

面酱生产方法有曲法制酱和酶法制酱等多种方法。曲法制酱是传统生产方式，制得的面酱风味较好，但由于需要经过制曲阶段，操作较复杂；酶法制酱操作简单，出品率高，每100kg面粉约可产甜酱210kg，比传统曲法制酱约增产30%以上，但产品风味较差。这里将多种面酱制作方法介绍如下。

## 一、曲法面酱

### 1. 工艺流程

　　　　水　　　　　　曲精（或种曲）　　　　食盐→配制→澄清→加热

面粉→拌和→蒸熟→冷却→接种→培养→面糕曲→入发酵容器→酱醅→保温发酵→成熟酱醅→磨细过筛→灭菌→成品

### 2. 原料

**（1）面粉**　一般使用标准粉。面粉在多湿而高温的季节里，特别是梅雨季节里很容易发生变质，面粉中脂肪分解会产生一种不愉快的气味，糖类发酵后就会带有酸味，麸质变化而失去弹性及黏性，同时面粉在受潮受热时还会发生霉变和虫害。变质的面粉对酱类的质量都有不良的影响，注意妥善保管。

**（2）水**　酱类中含水约55%，因此水也是制酱的主要原料。一般清洁干净的自来水、井水、湖水、河水均可使用。但必须注意水是否有工业污染。制酱用水必须符合GB 5749—2006《生活饮用水卫生标准》的要求。

**（3）食盐**　食盐是酱类酿造的重要原料，它不但能使酱醅安全成熟，而且又是制品咸味的来源。它与氨基酸共同形成酱类制品的鲜味，起到调味作用，同时在发酵过程及成品中起到防腐败的作用。食盐的主要成分是氯化钠，还含有卤汁和其他杂质。因为酱类是直接食用的，所以食盐溶解后的盐水必须经过沉淀除去沉淀物后用。拌入成热酱醅的食盐必须选择含杂质少的精盐。

### 3. 原料处理

**(1) 拌和**

① 拌和的目的　拌和是为蒸料做准备。

② 原科配比　拌和用水控制为面粉用量的 28%～30%。

③ 拌和方法　面粉与水的拌和可以是手工拌和，也可以是机械拌和。手工拌和一般在洁净的拌和台或拌和盆里进行。机械拌和可以采用拌和设备如拌和机、辊式压延机等进行拌和。

面酱生产中一般用手工或拌和机将面粉和水拌和成蚕豆般大颗粒或面块碎片（传统的方法是将面粉制成馒头，俗称制馒头曲），也可拌和后以辊式压延机压榨成面板再切分成面块。面块一般约为长 30cm，宽 10～15cm。

④ 拌和时的注意事项

A. 控制面粉和水的比例，避免拌和后的面块或面条过硬或过软，影响蒸料和制曲。

B. 在拌和中，注意水分均匀，防止局部过湿和有干粉存在。

C. 拌和后的面块大小要均匀，不可过大或小，以免蒸煮过度或夹生。

D. 拌和时间不宜过长，以防止杂菌滋生。

**(2) 蒸料**

① 蒸料的目的　蒸料为了使原料中的蛋白质完成适度变性，淀粉吸水膨胀而糊化，并产生少量糖类；同时消灭附着在原料上的微生物，便于米曲霉生长繁殖，以及原料被酶分解。蒸熟面块的设备主要有甑锅或面糕连续蒸料机。

② 甑锅蒸料　甑锅是常压蒸料设备。蒸料方法是边上料边通蒸汽，面粒或面块陆续放入，上料结束片刻，甑锅上层全部冒汽，加盖再蒸 5min 即可出料。蒸熟的面粒或面块呈玉色，咀嚼不粘牙齿，稍带甜味。

③ 面糕连续蒸料机　面糕连续蒸料机 1h 能蒸面粉 750kg，既节约劳动力，又能提高蒸料质量。此设备由蒸面糕机、拌和机、熟料输送绞龙、落熟料器和鼓风机等组成（图3-1）。面糕连续蒸料机顶部为进料斗，底部设有转底盘，盘上装有刨刀，盘下装有刮板。电动机通过减速器带动转底盘旋转。该机的桶状中部（桶身）即为蒸料部

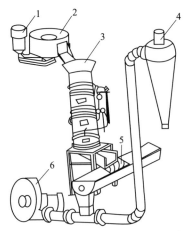

图 3-1　面糕连续蒸料机示意图
1—电动机；2—拌和机；3—蒸面糕机；
4—落熟料器；5—熟料输送
绞龙；6—鼓风机

分，在它的侧面装有蒸汽管与桶身内部相通，可使蒸汽通入桶内蒸料，机底下设出料淌槽。

④ 面糕连续蒸料机的操作方法 将面粉倒入拌和机内，加水充分拌和，然后开启蒸汽管道的排液阀，使蒸汽总管中的冷凝水排尽。随后开启进入蒸料机的蒸汽阀，碎面块经进料斗送入蒸料机，待蒸料机桶身中积有 1/2 高的碎面块时，即可开动转底盘，装于盘上的刨刀随之转动，将底部的面糕刨削下来，上面蒸熟的面糕不断下降，并由刨刀继续刨下。刨下的热面糕被刮板刮入出料淌槽，通过绞龙由鼓风机降温吹出，由落熟料器落下，进入下道工序。

使用面糕连续蒸料机时注意事项如下。

A. 进料与出料应协调，不使蒸料桶内积存碎面块过多或过少。

B. 应根据刨出的面糕蒸熟程度，控制进桶身的蒸汽量和蒸料时间。

C. 蒸料桶中要保持一定数量的预积层，使面糕能充分熟透。

D. 开始蒸料时，底层碎面块与蒸汽接触时间不够，未能熟透，故刨下来的面糕应重蒸。

E. 蒸熟后要迅速冷却。

## 4. 制曲

**(1) 制曲的目的** 制曲是按比例在蒸熟的面块中拌入曲精（或种曲），使米曲霉充分生长繁殖，并产生蛋白酶系和淀粉酶系，同时使原料得到一定程度的分解，为发酵创造条件。

**(2) 制曲的方法**

① 接种 将蒸熟的面立即冷却至 40℃，接入 0.3%～0.5% 的种曲（菌种采用米曲霉 As 3.951），充分拌和均匀。由于面酱质量要求舌觉细腻而无渣，接种的种曲最好采用分离出的孢子（曲精）为宜。

② 制曲条件 面酱生产要求米曲霉分泌葡萄糖淀粉酶活力强，因此制曲培养温度应适当提高。一般控制室品温 35～39℃，培养温度过高，培养时间长，不仅出曲率低，面酱还会发苦，制曲可采用曲盘或竹匾培养，也可采用通风制曲。通风制曲料层厚 30cm，控制室温 28～30℃，培养 4 天可制好曲，在制曲过程中翻曲一次。菌丝发育旺盛，曲料全部发白略有黄色即为成熟。切忌曲孢子过多，并注意在制曲过程中防止杂菌污染。

③ 整粒小麦制曲法 除用面粉制面糕曲外，还可用整粒小麦制曲。其方法如下：小麦淘洗干净，浸泡至含水量为 40% 左右捞出，蒸熟，接种米曲霉麸曲菌种，培养，让米曲霉直接在小麦上生长。这种方法工艺操作简单技术容易掌握，培养时通气条件较好，互相不粘连，有利翻曲，表皮也不因磨面被除去，而是存留在曲中，相对提高了成曲的蛋白质含量，只是成曲需要经过磨细才能制酱。

**5. 发酵**

发酵是制曲的延续和深入。向装有曲料的发酵容器中加入盐水，淀粉酶和蛋白酶等酶系分解原料中的淀粉为糊精、麦芽糖和葡萄糖，分解原料中的蛋白质为肽类和氨基酸，同时在酱醪发酵过程中还有自然接种的酵母、乳酸菌等共同作用，生成具有鲜味、甜味等复杂味道的物质，形成具有面酱特殊风味的成品。面酱发酵方法可分为传统法和速酿法，但产品色泽和风味以传统法产品为优。

**(1) 传统法** 这是过去较多采用的方法，即高盐发酵的方式。操作如下：将面曲堆积升温至 50℃，送入发酵容器，加入 16°Bé 盐水浸渍，泡涨后适时翻拌，使之日晒夜露。夏天经 3 个月即可成熟，其他气温低的季节需半年才能成熟。

此法制酱风味较好，但周期长。由于是开放式敞口发酵，制作完毕后仍有大量微生物存在，可继续发酵产酸、产气，影响着产品的质量和保质期；同时人工翻酱操作劳动强度大。现在有些企业已采用了翻酱机进行翻酱，大大降低了劳动强度。

**(2) 速酿法** 即高温保温发酵法，根据加盐水的方式不同又分为两种不同的方法。

① 一次加足盐水发酵法 将面曲送入发酵容器，耙平让其自然升温至 40℃左右，并随即从面层四周徐徐一次注入制备好的 14°Bé 的热盐水（60～65℃），盐水全部渗入曲内后，表面稍加压实，加盖保温发酵。品温维持在 53～55℃，不能过高或过低，过高酱醪易发苦，过低酱醪易酸败，且甜味不足。每天搅拌一次，经 4～5 天面曲已吸足水分而糖化，再经 7～10 天即发酵成浓稠带甜的面酱。

② 分次添加盐水发酵法 将面曲堆积升温至 45～50℃，用制醪机将面曲和所需盐水总量 50% 的 14°Bé、65～70℃ 的热盐水充分拌和，然后送入发酵容器，迅速耙平，面层用少量再制盐封盖好，保温 53～55℃ 发酵。7 天后加入经煮沸的剩下的 50% 的盐水，最后经压缩空气翻匀，即发酵成浓稠带甜的面酱。

制酱过程中应注意以下几点。

A. 小型生产一般用 500～600L 的陶瓷缸水浴保温发酵或晒露发酵，大型生产一般用保温发酵罐或五面保温发酵池发酵，并利用压缩空气翻酱，既省力又卫生。

B. 速酿法用的盐水，浓度最好为 14°Bé 左右，因为食盐对于淀粉酶、蛋白酶的活力有显著的抑制作用。盐水浓度高会阻碍糖化，产品在口感上甜味被遮盖，影响产品质量，而浓度低容易引起酸败。盐水用量为原料的 80%～85%，盐水用量少，总含盐量就比较低，便于突出甜度高的特点。为了使面粉曲加入盐水后立即达到发酵的最适温度，要求盐水预热至 60～65℃ 或 65～70℃。若超过 70℃，则酶活力受到一定影响，成品甜味差，酱也发黏。

C. 曲中一次注入热盐水发酵时，因盐水量较多，有部分面粉曲浮于面层，容易变质，因此必须及时、充分搅拌，使面层曲均匀吸收盐水。

D. 发酵温度要求为 53～55℃，需要严格掌握。如果发酵温度低，不但面酱糖分降低，质量变劣，而且容易发酸。若发酵温度过高，虽可促使酱醅成熟快，但接触发酵容器壁的酱往往因温度过高而变焦，产生苦味。

E. 采用一次加足盐水发酵时，保温发酵期内酱醅应每天搅拌1~2次，一方面使酱醅温度均匀，另一方面能促使酱醅快速成熟。

F. 面酱成熟后，当温度在20℃以下时，可移至室外储存容器中保存。若温度在20℃以上时，储藏时必须通过加热处理和添加防腐剂以防止酵母发酵而变质。

### 6. 成品的后处理

面酱成品的后处理是为了改善面酱口感，延长保质期。其方法是将物料磨细、过筛、灭菌（消毒）并添加防腐剂。

**(1) 磨细及过筛**　酱醅成熟后，总有些疙瘩，舌觉口感不适。因此要磨细，并过50目左右的筛。磨细可采用石磨或螺旋出酱机，后者同时具有出酱和磨细两种功能，对提高功效和降低劳动强度有利。磨细的酱通过筛子经消毒处理即可储藏。

**(2) 灭菌防腐**　面酱大多直接作为调味品，一般不再煮沸就直接食用，因此制酱时必须加热处理，同时面酱容易继续发酵并生白花，不宜贮存。为保证卫生及延长保质期，也应进行防腐处理。

面酱的灭菌防腐通常是直接通入蒸汽，将面酱加热到65~70℃，维持15~20min，同时添加0.1%的苯甲酸钠，搅拌均匀。

用蒸汽通入酱醅加热处理，容易引起凝结水对酱醅的稀释作用，为了不造成产品过稀，发酵时盐水用量应酌量减少。

用直火加热处理，因酱醅浓稠，上下对流不畅，受热不均匀，接近锅底的酱醅很容易焦煳，所以应注意不断翻拌。

**(3) 包装**　面酱成品根据销售情况，可采用不同的包装，但最好密封包装，防止污染而变质。并尽量做到先产先销、后产后销，以保证产品质量。

## 二、酶法面酱

酶法面酱是在传统曲法制酱工艺的基础上改进而来，利用蛋白酶及淀粉酶分解原料中的蛋白质及淀粉。与传统制面酱工艺相比较，采用酶法水解可减少杂菌污染，提高酱品成品率。同时可减少制曲工艺，简化制酱工序，缩短面酱生产周期，也能节省劳动力，节约通风制曲能源，并改善酱品卫生条件。酶法制酱又分为传统酶法制酱和酶法新工艺生产面酱，现介绍如下。

### 1. 传统酶法制酱工艺

**(1) 原料配比**　面粉100kg（蒸熟后面糕重138kg），食盐14kg，米曲霉As

3.951 麸曲 10kg，甘薯曲霉 As 3.324 麸曲 3kg，水 66kg（包括酶液）。

**（2）工艺流程及粗酶液的提取**

① 工艺流程

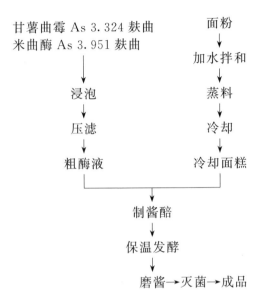

② 粗酶液的提取

A. 菌种的选择　菌种之所以选择甘薯曲霉和米曲霉两种是因为：甘薯曲霉耐热性强，其在 60℃时糖化效果最好，在 30～58℃时有较持久的酶活力；其在酶解过程中还能产生有机酸，使面酱风味调和而增加适口性。米曲霉糖化酶活力高，制成的酱色泽、风味较好，但其糖化酶活力持久性差。所以二者混合使用，即增加了糖化酶活力的持久性，又增进了产品的色泽和风味。

B. 粗酶液的提取　以麸皮为原料，分别接种甘薯曲霉和米曲霉，制备麸曲。按面粉重量的 13％（其中米曲霉占 10％，甘薯曲霉占 3％）将这两种麸曲混合、粉碎，放入浸出容器内，加入曲重 3～4 倍的 45℃温水浸泡，提取酶液，时间为90min，其间充分搅拌，促进酶的溶出；过滤后残渣应再加入水浸提一次。两次酶液混合后备用。浸出酶液在热天易变质，可适当加入食盐。

**（3）原料处理**

① 蒸料　面粉与水（面粉重量的 28％）拌和成细粒状，待蒸锅内水煮沸后上料，圆汽后继续蒸 1h。蒸熟后面糕水分为 36％～38％。

② 保温发酵

A. 配料入缸　面糕冷却至 60℃下缸，按原料配比加入萃取的粗酶液、食盐，搅拌均匀后保温发酵。

B. 保温发酵　入缸后品温要求在 45℃左右，以便各种酶能迅速起作用。24h后缸四周已开始有液化现象，有液体渗出，面糕开始膨胀软化，这时即可进行翻酱。维持酱温 45～50℃，第 7 天后升温至 55～60℃，第 8 天视面酱色泽的深浅调节温度至 65℃。

C. 出酱　待酱成熟后将酱温升高到 70～75℃，立即出酱，以免糖分焦化变黑，影响产品质量。升温至 70℃ 可起到杀菌灭酶的作用，对防止成品变质有一定的作用。必要时成品中可添加 0.1% 以下的苯甲酸钠防腐。

另外，在保温发酵过程中，应每天翻醅 1 次，以利于酱醅与盐水充分混合接触。

### 2. 酶法新工艺生产面酱

传统酶法生产面酱存在发酵周期长、酱品卫生条件差、原料利率低、劳动强度大等缺点，不适应酱及酱制品行业的机械化和现代化。为了简化工艺、降低劳动强度和生产成本，改善酱品卫生，提高出品率，现介绍一种新酶法工艺。

**(1) 辅料配比**　面粉 100kg，13°Bé 的食盐水 130kg，水 28～32kg，甜面酱发酵剂 2～4kg。

**(2) 生产工艺流程**

食盐水→煮沸→冷却澄清　甜面酱发酵剂
　　　　　　　　　　　↓　　　　　　↓
水＋面粉→拌和蒸煮→熟料冷却→混合发酵→半成品酱→日晒夜露→检验→成品

**(3) 操作要点**

① 拌和蒸煮、熟料冷却　打开蒸面机上面的封盖，将定量面粉倒入料槽中，开动搅拌后每 100kg 面粉以加水 28kg 左右为宜，最多不超过 32kg。加盖密封后，搅拌 3～5min 后边搅拌边通入蒸汽，待蒸汽压力达到 49kPa，控制压力在 49～58.6kPa，装进的面料经过 30min 蒸煮已基本成熟。此时，关闭蒸汽阀门，打开冷却系统，然后开启手动料斗，将熟料放出，自然冷却。

② 混合发酵　当熟料冷却到 60℃ 左右时，将熟料转入水浴保温缸中，并加入 60℃ 左右的 13°Bé 澄清盐水，加入盐水的比例按 100kg 面粉加盐水 130kg 左右，充分搅拌均匀并使熟料继续降温。当测定品温为 50℃ 左右时，再加入比例为面粉 2%～4% 的甜面酱发酵剂，充分搅拌均匀后，通过水浴控制发酵温度 50～55℃，每天早晚各搅拌均匀一次，发酵时间为 4～5 天。经检测后还原糖达 25% 左右时，半成品酱基本发酵成熟。

③ 日晒夜露　为使成品酱色泽鲜艳、有光泽，体态黏稠适度，采取逐渐升温至 60～65℃，并加强搅拌操作，保温 24～48h，酱品色泽程红褐色，香气纯正，转入清洁干净的室外大缸中，加盖保存。晴天可日晒夜露、后熟陈酿，阴雨天注意防生水进入缸内。整个生产周期为 10～12 天，最终经感官检验及理化检验合格即为成品面酱。

**（4）新工艺的工艺特点**　和一般甜面酱生产工艺相比，新工艺具有以下优点。

① 利用酶法工艺生产甜面酱能简化制酱工艺，省略了曲法制酱工艺中的菌种扩大培养和原料全部制曲等工序，工艺简单，便于推广。

② 酶法制酱工艺能明显提高原料出品率。传统工艺和曲法工艺都要求原料蒸煮后要全部进行制曲，由于曲霉及其他细菌大量生长繁殖，产生呼吸热和分解热，使原料中约有 20% 以上的淀粉被消耗掉，应用酶法新工艺后，可以达到从微生物口中夺粮的目的，该原料出品率比老工艺提高 20% 以上，从而大大降低了生产成本。

③ 酶法甜面酱新工艺可减轻工人劳动强度，节省劳动力，节约了通风制曲用电、汽，还节省了设备投资，提高经济效益。

④ 应用酶法甜面酱新工艺能使酱品卫生条件得到改善，质量稳定。

## 三、多酶法速酿稀甜酱

多酶法速酿稀甜酱中，以混合酶制剂中的多种酶来分解利用原料，省略了制曲的过程，简化制酱工艺，缩短了生产周期。

### 1. 原料配方

面粉 100kg，8%～9% 盐水 85～90kg，$\alpha$-淀粉酶麸曲 $(4\sim6)\times10^4$U，$\beta$-淀粉酶和中性蛋白酶麸曲 8～9kg，固体酵母 100g。

### 2. 工艺流程

面粉→调粉浆（加水、$\alpha$-淀粉酶）→液化→糖化（加 $\beta$-淀粉酶和中性蛋白酶）→乙醇发酵（加酵母）→后熟→稀甜酱

### 3. 操作要点

**（1）调粉浆**　将预先配好含氯化钠 8%～9% 的盐水（每 100kg 面粉用盐水 85～90kg）先注入锅中，开动搅拌器，徐徐倒入面粉，调成均匀糊状后，加入含 $\alpha$-淀粉酶 $(4\sim6)\times10^4$U 的麸曲。麸曲分 2 次加入，开始投入 50%，待品温升至 80℃，再加入 50%。

**（2）液化**　直接输入蒸汽，边搅拌边加热，分段酶解。60～70℃保持 15min，80～90℃保持 25min，要求液化液还原糖含量达到 13%。

**（3）糖化**　将液化液冷却至 40℃，加入含 $\beta$-淀粉酶及中性蛋白酶麸曲。麸曲用量为每 100kg 面粉用麸曲 8～9kg，开始糖化。

糖化温度及时间：40～45℃，8 天；45～52℃，3 天；再逐步降至 40～42℃，3 天。

糖化液的化学成分要求：氨基酸态氮 0.136%，还原糖 26%～27%，氯化钠

11%，总酸（以乳酸计）0.75%。

**（4）乙醇发酵** 将糖化液降温至 30～32℃，按 100g/100kg（面粉）加入预先粉碎的固体酵母粉，搅匀，按上述温度维持 7 天即成。要求达到 100g 样液中含乙醇 200～300mg。

**（5）后熟** 乙醇发酵完成后，将稀甜酱移至室外缸中，日晒夜露 7～10 天。每天打耙 1 次，以促进酯化作用，改善风味。

### 4. 注意事项

若面粉色泽发红，则说明麸皮含量高。麸皮中含有多缩戊糖，能与氨基酸结合产生黑褐色素，对稀甜酱的色泽产生不利的影响。

## 四、多菌种酿制甜面酱

多菌种酿制甜面酱，以米曲霉、黑曲霉、根霉、甜酱酵母、鲁氏酵母等所产生的酶来分解淀粉原料，最终得到酱品。此工艺所制酱品的特点是由于多菌种的协调作用，使得酱品的风味、色泽等更为丰满、柔和。

### 1. 原料配方

**（1）制酱原料配方** 面粉 100kg，食盐 36kg，细菌 $\alpha$-淀粉酶 0.3%，氯化钙 0.25%。碳酸钠，米曲霉和黑曲霉混合菌曲，糯米根霉培菌酒酿，甜酱酵母、鲁氏酵母和球拟酵母混合酵母菌液，乳酸菌液各适量。

**（2）米曲霉和黑曲霉混合菌曲配方** 豆饼 12kg，米曲霉 3.042 菌种 18g，黑曲霉 3.324 菌种 18g。

**（3）糯米根霉培菌酒酿配方** 糯米或大米 100kg，根霉曲粉 500g。

### 2. 工艺流程

米曲霉和黑曲霉混合菌曲、糯米根霉培菌酒酿

$$\downarrow$$

面粉、澄清盐水、细菌 $\alpha$-淀粉酶→调浆→面粉液化→前期发酵→补盐→降温→后期增香发酵（加混合酵母液、乳酸菌液）→高温增酯灭菌→成品

### 3. 操作要点

**（1）制米曲霉、黑曲霉混合菌曲** 豆饼用温水泡 1h，再与面粉拌匀，拌水量为豆饼的 90%。以 0.12MPa 压力蒸料 20min，冷却到 40℃以下接入米曲霉 3.042 菌种 0.15%、黑曲霉 3.324 菌种 0.15%，按常规方法制曲。曲温控制在 32～36℃，制曲时间为 30～34h。成曲菌丝健壮、密实，深入曲料内部稍有孢子，孢子呈微黄色。

**（2）糯米根霉培菌酒酿的制作**

① 原料的浸泡及蒸煮　选择质量好的糯米或大米（要求无虫蛀，不霉烂变质），首先把大米加水浸泡淘洗，浸米的时间保持在 8～10h。浸米有助于粮食充分吸收水分，以利蒸煮糊化，并除去米中部分糠皮之类的杂质。将米淘洗干净，用水浇淋至滤出清水为止。而后倒入甑内扒平，盖好甑盖开汽蒸煮。待上汽后初蒸 10～15min，泼水翻拌复蒸 10min 出甑。蒸熟的饭粒，要求吸水均匀，不生、不烂、不夹生。

② 淋饭　糯米蒸饭熟后，为了迅速使料温下降到 30℃ 左右，及时使米粒收缩，就必须用冷水泼浇。饭要求沥干，如水分过多，发酵时升温太快太高，容易发酸。

③ 培菌糖化　事先将发酵缸洗净，并用热水灭菌。然后把淋饭倒入缸内，加入原料 0.5％ 的根霉曲粉，上下拌匀。米饭中心自面层至缸底，留一孔洞，以供应根霉空气及散热，以利培菌和糖化。立即用草盖盖好，品温一般控制在 30～34℃ 为宜，不宜超过 37℃。在适宜的温度、湿度和空气条件下，饭粒应全面地被根霉菌丝所包围。根霉分泌出淀粉酶，使淀粉转化为还原糖。熟饭入缸 32h 左右，糖化基本完成，糖化好的酒酿饭层松软而有弹性，香气浓郁纯正，浆液甜性足，含还原糖 30％ 以上，总酸不超过 0.5％。

**（3）面粉液化**

① 液化目的　减去主要面粉原料的制曲环节，减少制曲时微生物生长繁殖过程中淀粉的消耗。采用细菌 α-淀粉酶，对于糊化后的淀粉具有很强的催化水解能力，能很快地将糊化的淀粉水解为糊精和低聚糖，使黏度迅速降低，流动性增强，便于后道工序操作。并为酱醪的前期发酵创造有利条件。

② 液化方法　加入 150％ 澄清的盐水（浓度为 12％）于面粉中，调浆加入一定量的碳酸钠，调整 pH 为 6.2～6.4。再加入氯化钙和细菌 α-淀粉酶，搅拌升温至 85℃ 保温 20min，以碘检查液化程度，最后升温至 100℃ 灭菌。液化结束要求面浆糖分达到 10％ 以上，盐分 9％ 左右。

**（4）前期发酵**　液化结束的面浆，降温至 50℃ 左右，拌和磨细的米曲霉、黑曲霉和根霉酒酿，进行分解发酵，要求酱醪盐分在 7％ 左右，品温保持在 41～45℃。主要是依靠曲霉分泌的蛋白酶、淀粉酶等酶系，在低盐酱醪中迅速发挥作用，将原料中的蛋白质，分解成氨基酸；将淀粉液化水解成糊精和低聚糖，进一步水解成葡萄糖。为了使曲霉内的酶类尽快地溶出，使其在酱醪中分布均匀，以利更好地分解，每天需搅拌 3 次（每次 3min）。5 天后，醪温控制在 48～50℃，这主要是为了提高甜面酱的色泽。第 8 天，糖分和氨基酸的生成基本完成。其理化要求：糖分 30％ 以上，氨基酸态氮 0.35％ 以上，pH 值 5.5 左右。

**（5）后期增香发酵**　前期发酵结束，糖分、氨基酸的水解基本完成，补加细盐，使酱醪盐分在 11％～12％，品温要求降至 30～34℃。此时添加繁殖旺盛的混合酵母菌液 5％，乳酸菌液 5％，充分搅拌均匀，保持品温 30～34℃。酵母菌、乳酸菌在具有氮源、碳源及适宜 pH 值和温度的酱醪中繁殖发酵。每天搅拌 3 次，每次 3min，以利酱醪中乳酸菌、酵母菌更好地接触空气，促使其繁殖。

由于三种酵母和乳酸菌的协同作用，提高甜面酱的酱香、酯香和醇香。为了控制发酵程度适宜，以减少糖分消耗过多及醇的增长过大，发酵期为 7 天，糖分的消耗以 3%～4% 较好。

**(6) 高温增酯灭菌**　在后期发酵过程中，由于曲霉、酵母菌、乳酸菌发酵代谢。酱醪中含有多种有机酸与醇类，温度越高，生产酯的速度越快。为了促进酱醪中酯香的尽快形成，又达到灭菌的目的，而减少酯香的高温损失。醪温控制在 65℃ 左右，时间在 4h 为宜。

## 五、两种特色甜面酱

### 1. 甜面酱（北京天源酱园）

**(1) 原料配方**　面粉 100kg，面肥 30kg，食盐适量。

**(2) 操作要点**

① 蒸馒头　在投产前的 2～3 天，要准备好面肥，即用面粉加温水调和成糊状，使其自然发酵，作为蒸馒头的酵母。每 100kg 面粉加面肥 30kg，温水 20kg，用和面机搅拌成块状，取出后放在案板上，手工搓条，切成适当大小的馒头，上蒸锅蒸熟。

② 码架　出锅后，放在苇席上降温，并及时翻动，防止粘连。30min 后，入曲室码架。所谓码架，即把馒头码放在用木椽、竹竿摆好的曲架上。码满一层馒头，再摆放木椽、竹竿。每间曲室约码馒头 20 层。码满一间曲室，用清水自上而下浇灌，浇水量以每个馒头都能洒到水为准。浇水的目的是使馒头表皮都有一定湿度，以促使发酵。浇完水后，再码 3～4 层木椽，不铺竹竿，以作调剂温度用。然后用双层苇席将曲室封包。3～5 天后，曲室内温度上升，开包放气，放气 4～5 天仍将席边封严，并停止放气。2 周以后，馒头全部发酵，以生长白色菌毛为最好。此时，称为面黄子。

③ 泡酱　面黄子成熟后，经过粉碎，加入食盐和水，入缸泡酱，2～3 天后开始倒缸，隔日倒缸一次。倒 3～4 次后，隔 2～3 天倒缸一次，直到馒头渗透无硬块为止，再开始陆续加水。

④ 续水　每隔 2～3 天加水一次，加 4～5 次即可，但要在夏至前将水加齐。

⑤ 打耙　每天打耙 3～4 次，每次打 10 耙左右。夏至以后，每天增加 6 次，每次 20 耙。九月末甜面酱制成，前后历时半年之久。成品红褐色而有光泽，甜咸适当，酱味浓郁，黏稠适度。

### 2. 蘑菇面酱

**(1) 原料配方**　蘑菇下脚料（次菇、碎菇等）、水各 30kg，面粉 100kg，食盐 3.5kg，五香粉 200g，糖精、苯甲酸钠各 100g，柠檬酸 300g，曲精适量。

**（2）工艺流程** 面粉、水拌和→成型→蒸熟→冷却→接种（曲精或曲种）→通风培养→面糕曲→入缸→自然发酵→制酱醅（加菇汁、热盐水）→压实→酱醅保温发酵→搅拌→成熟酱醅→磨细→过滤→调味（加五香粉、味精、柠檬酸溶液）→加防腐剂→搅匀→包装成品

**（3）操作要点**

① 和面 用面粉 100kg 加水 30kg 均匀拌和，使其成为蚕豆大小的颗粒。然后放入蒸笼内蒸熟。其蒸熟标准为玉色，不粘牙，有甜味。其后让其自然冷却至 25℃ 时接种。

② 制面糕曲 接种最好采用曲精（从种曲中分离出的孢子），食用时才感细腻无渣。接种后即刻入曲池或曲盘中培养，培养温度 38～42℃。培养时要求米曲霉分泌活力强的葡萄糖淀粉酶，菌丝生长旺盛，而曲精孢子不宜过多。制曲时，可通过缩短曲种发酵时间来控制曲精中的孢子数目。培养成熟后，即为面糕曲。

③ 制蘑菇液 将蘑菇下脚料切碎，加水煮 30min，用三层纱布过滤 2 次，取其滤汁，同时加入定量的食盐，让其冷却沉淀后，再次过滤备用。

④ 制酱醅 把面糕曲送入发酵缸内，用棒将其耙平后自然升温，并从面层缓慢注入 14°Bé 的菇汁热盐水，用量为面糕的 100%。同时将面层压实，把缸口加盖进行保温发酵。发酵时品温维持 53～55℃（若温度不高，应行加温），并在 2 天后搅拌 1 次，以后 1 天搅拌 1 次。4～5 天后已糖化，8～10 天即为成熟酱醅。

⑤ 制面酱 将成熟的酱醅用石磨或螺旋机磨细过筛。同时通入蒸汽加热至 65～70℃，加入事先用水 300mL 溶解的五香粉、味精、柠檬酸。最后加入苯甲酸钠，搅拌均匀后，即为味道鲜美的蘑菇面酱。

# 第三节 豆 酱

豆酱是以整粒大豆或豆片、面粉、食盐、水为原料，利用米曲霉为主的微生物的作用而制得。原料处理、制曲、发酵原理基本上与酱油酿造相同。

## 一、黄豆酱

**1. 工艺流程**

种曲、面粉
↓

大豆→浸泡→蒸豆→冷却→混合接种→制曲培养→入发酵容器→自然升温→第一次加盐水→酱醅保温发酵→加第二次盐水→翻酱→磨细→杀菌→包装→成品

### 2. 原料与原料处理

**(1) 原料配比** 大豆 100kg，面粉 40～60kg，种曲 0.1～0.3kg，14°Bé 盐水 90kg，24°Bé 盐水 40kg，食盐 10kg。

**(2) 原料处理**

① 浸泡 选用种皮薄、颗粒均匀、无皱皮的大豆，浸豆池（罐）中先注入 2/3 容量的清水，投入大豆后稍加搅拌，将浮于水面的瘪粒、烂粒、坏豆、杂物清除。然后加清水泡，使其吸收水分，有利于大豆蛋白质的变性、淀粉的糊化，并易于微生物的分解和利用。洗豆、浸豆过程中注意事项如下。

A. 投豆完毕，仍需从池（罐）的底部注水，使污物由上端开口随水流出，直至水清。

B. 浸豆过程中应换水 1～2 次，以免大豆变质。

C. 浸泡时间与水温高低有关，一般夏季泡 4～5h，春、秋季泡 8～10h，冬季泡 15～16h。

D. 浸豆务求充分吸水。采用常压蒸豆，泡豆要求豆粒皮面无皱纹，豆内无硬心，指捏易压成两瓣为宜；采用加压蒸豆，泡豆时间可适当缩短。

E. 出罐的大豆晾至无水滴出时，投进蒸料罐蒸。浸后大豆的质量一般增至原豆质量的 2 倍左右。

② 蒸豆 蒸豆可用常压蒸豆，也可用加压蒸豆。

A. 常压蒸豆 一般用蒸甑或蒸锅，泡豆置于容器内，通入蒸汽或大火加热至圆汽。圆汽后继续蒸 2.5～3h，再焖 2h 出料。

B. 加压蒸豆 一般用旋转蒸煮锅，开蒸汽加热，尽量快速升温，压力可用 0.16MPa，保压 8～10min 后立即排气脱压，尽快冷却至 40℃ 左右。

C. 蒸豆要求 应使豆全部蒸熟、酥软，有熟豆香，保持整粒不烂，用手捻时，可使豆皮脱落、豆瓣分开。若蒸煮不熟，豆粒发硬，蛋白质变性及淀粉糊化不充分，不利于曲霉的生长繁殖；若蒸煮过度，会产生不溶性的蛋白质，也不利于曲霉生长，且制曲困难，杂菌易丛生。

有的地方考虑到大豆的浸泡设备与场地受到限制，而改用豆片。豆片是将大豆用蒸汽加热到 60～70℃ 后，使其软化，然后加压呈片状。由于豆片的组织较松软，极易吸水，可省去清洗、浸泡等工序，直接拌水混合后蒸熟。但豆片不宜久贮，应以新鲜使用为佳。

### 3. 制曲

**(1) 种曲选择** 一般用米曲霉沪酿 3.042 或甘薯曲霉 As3.324 制得的麸曲或曲精为种曲。麸曲作种曲时，其用量一般为原料量的 0.3%～0.5%，曲精作种曲其用量为原料量的 0.1%。

**（2）接种** 蒸熟的大豆冷却至 40℃ 左右，接入种曲与面粉的混合物，拌和均匀。接种前种曲先与面粉拌和均匀，这样豆粒表面包裹着一层面粉，水分被面粉吸收而互不粘连，曲料松散，通气良好，有利于培菌。

**（3）制曲培养** 接种好的球状面粉大豆粒放在竹匾中，摊成厚度为 4～5cm 的薄层，移入曲室培养。也可将面粉大豆粒放入通风池培养，池中料层厚度在 30cm 左右。控制培养温度为 32～35℃，最高不超过 40℃。

制曲操作与制酱油曲相同，但由于大豆酱制曲豆粒较大，粒与粒之间间隙也大，水分易散失。除应加强水分和温度管理外，制曲时间应适当延长，一般在 42h 左右，待大豆粒表面可见淡黄绿色孢子出现即可出曲。

### 4. 发酵

豆酱发酵有天然晒露发酵法和保温速酿发酵法。在保温速酿发酵法中，按加盐量的多少，又可分为无盐固态发酵法和低盐固态发酵法。可根据技术能力和设备条件自行选择（一般与酱油酿造相似）。但大多数工厂目前普遍采用低盐固态发酵法，其操作方法如下。

**（1）入发酵容器、自然升温** 先将大豆曲倒入发酵容器，表面扒平，稍加压实，其目的是使盐分能缓慢渗透，使表层也能充分吸足盐水，并且利于保温、升温。在微生物及酶的作用下，发酵产热，很快自然升温至 40℃ 左右。

**（2）第一次加盐水** 将所需的 14°Bé 盐水加热到 60～65℃ 后从面层缓缓淋下，使曲料与盐水均匀接触。60～65℃ 的热盐水具有一定的杀菌作用，又不致使酶活力降低，同时盐水与酱醅进行热交换后刚好能达到 45℃ 的发酵适温。以省去前期发酵的升温工作。

大豆曲加盐水后酱醅含盐量在 9%～10% 之间，避免了过高盐分对酶的强烈抑制作用，更有利于发酵，同时又可抑制非耐盐性微生物的生长。当盐水基本渗完后，表面盖封细面盐一层，最后面层铺盖塑料薄膜，并加盖保温发酵。

**（3）酱醅保温发酵** 大豆曲中的微生物及酶在适宜的条件下作用于原料中的蛋白质和淀粉，使其降解并生成新物质，从而形成大豆酱特有的色、香、味、体。发酵期间，维持品温在 45℃ 左右，不得低于 40℃，否则会造成酸败，但也不宜过高，否则会影响大豆酱的鲜味和口感。每天检查 1～2 次，10 天后酱醅成熟。

**（4）第二次加盐水** 酱醅成熟后，再补加 24°Bé 盐水及约 10% 的食盐（包括封面盐），用翻酱机充分搅拌，使所加食盐全部溶化，置室温下继续进行后发酵，4～5 天即得成品。

若要求色泽较深，呈棕褐色，可在发酵后期提高品温至 50℃ 以上，同时注意搅拌次数，使品温均匀。有的为了增加大豆酱风味，把成熟酱醅品温降至 30～35℃，人工添加酵母培养液，再发酵 1 个月。发酵成熟的豆酱一般不经灭菌而直接出售。

**（5）发酵容器**　发酵容器目前多用保温发酵罐和水浴发酵罐，发酵罐用 4mm 厚的钢板卷制成圆柱形，并设有夹层，外部加保温层，内部涂环氧树脂防腐；罐底部开出酱口，罐底为半球形或半椭圆上部用木盖盖紧；夹层的相应位置设进水管、进汽管、排水口、溢流管等装置。

### 5. 磨细、杀菌和包装

由于各地消费习惯不同，有的人喜爱豆酱呈颗粒黏稠状，则可以不磨细；有的人喜爱豆酱呈细糜稠状，则需磨细，常用钢磨磨成酱体。

豆酱杀菌与否主要由包装决定。因豆酱般是经过烹调后才食用，所以习惯上不再进行加热杀菌，但要求达到卫生指标。

如果将散装或瓶（坛）装改为袋装，则必须进行加热杀菌，以免由于耐盐性微生物的发酵作用，发生胀（爆）袋现象。杀菌方法是用夹层锅或盘管加热器加热至 65～70℃，维持 10～15min，趁热包装即为成品，或按酱体重量趁热加入预先溶化的 0.1% 苯甲酸钠后再包装。

## 二、蚕豆酱

用蚕豆代替大豆制酱，在我国南方地区尤为普遍。蚕豆酱生产工艺与大豆酱基本相同，只是蚕豆有皮壳，原料处理较为复杂。

### 1. 工艺流程

蚕豆→去皮→豆瓣→浸泡→蒸熟→冷却→混合→接种→制曲→制醅发酵→自然升温→第一次加盐水→酱醅保温发酵→加第二次盐水→翻酱→杀菌→包装→蚕豆酱

### 2. 原料配比

去皮蚕豆 100kg，面粉 30kg。

### 3. 原料处理

**（1）蚕豆选择**　制酱用的蚕豆，应选用颗粒饱满、均匀，充分成熟且无虫蚀及霉变者。酿造蚕豆酱必须用去皮壳后的蚕豆瓣，也称蚕豆肉或蚕豆米。

**（2）蚕豆去皮**　去皮壳的方法按要求不同而不同。如果要求在豆酱内豆瓣能保持原来形状者，可采用湿法处理；如果不需要考虑豆瓣形状者，就用干法处理。现将这两种方法分述如下。

① 湿法去皮　首先将蚕豆中的杂质瘪粒去除，淘洗干净，再用清水浸泡至内无白心外、无皱纹，且有发芽的趋势即达到适度的浸泡。

蚕豆吸水速度依种类、粒状、干燥度及水温而不同，尤其是水温的影响最大，浸豆时春秋两季30h左右，夏季应手缩短至20h左右，冬季则宜延长至72h，夏季天热易变酸，特别要注意浸泡时间不宜过长。浸泡完毕，最原始的去皮壳方法是人工剥皮去壳，但此方法产量少，劳动生产率极低，大规模生产时，须使用机器，即将浸好的蚕豆用橡皮双辊简轧豆机脱皮，再由人力用竹箩在水中漂去大部分已脱落的皮壳，最后用人工将不能漂出的皮屑及杂物等拣清，即得洁白的豆瓣，豆瓣在清水内浸泡至蒸豆。脱皮及浸泡时间不宜过长，尤其是热天，容易使豆瓣发酸而僵硬，时间上难以控制。僵硬后的豆瓣不但难蒸熟，而且影响成品质量，这是湿法处理的主要缺点。湿法处理也可采用化学方法，即将2%的氢氧化钠溶液加热至80～85℃，然后将冷水浸透的蚕豆浸泡于热碱水中4～5min，当皮色变成棕红时取出，立即用清水洗至无碱性，此时就很易将皮壳脱去。用碱液脱皮壳，掌握皮壳变色而豆肉仍保持玉白色者为最好，因此操作必须迅速。碱液可以重复利用几次，浓度不足时可及时进行调整。

② 干法去皮 干法处理比较方便，劳动生产率高，豆瓣也容易保存，因此凡对产品中的豆瓣形状不作要求者，均可以采用此法。最简单的办法是将除去泥沙杂质的蚕豆在日光下充分晒干，以石磨或小钢磨将豆粒磨碎成4～6片后，用风扇去皮壳，拣出尚未去掉皮壳的蚕豆，再放入磨内重磨，最后用筛子将豆瓣分出，选取整而较大的豆瓣备用。

现在大多数酿造厂均采用机械干法处理。其机械去皮是以锤式粉碎机和干法比重去石机为主体，并配以升高机、筛子和吸尘等设备，联合装置成蚕豆干法去皮壳机。它的方法是：蚕豆由升高机输送至振动筛上，通过筛子除去杂质及瘪豆等，然后利用锤式破碎机击碎，并经比重去石机分离出豆肉和皮壳。得到的豆肉用于酿造豆酱，皮壳作饲料，粉屑可以酿造酱油、综合利用或作为饲料。蚕豆干法脱皮壳机由一人操作，每台每天能处理蚕豆1500kg，大大提高了劳动生产率，减轻了劳动强度且改善了卫生条件。蚕豆干法去皮壳机装置如图3-2所示。

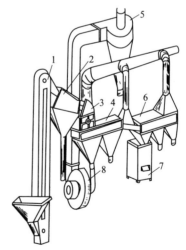

图 3-2 蚕豆干法去皮壳机装置
1—升高机；2—淌筛；3—锤式破碎机；
4—振动筛；5—集尘器；6—吸风分离器；
7—皮肉分质机（去石机）；8—鼓风机

**(3) 浸泡** 将脱壳干豆瓣，按颗粒大小分别倒在浸泡容器，用不同的水量浸泡，使豆瓣充分吸收水分后泡胀，一般重量增加1.8～2倍，体积胀大2～2.5倍，断面无白色硬心，即为适度。浸泡时间长短随水温而异：如在10℃左右需2h，20℃左右需1.5h，30℃左右仅需1h。浸泡时，可溶性成分略有溶出，水温高，渗出物多，因此，水温偏高并不适宜。为了不使可溶性成分溶出流失，目前各厂均采用旋转蒸煮锅，将干豆瓣放入锅内，再加入一定数量的水，蒸煮锅旋转使水分均匀地与豆瓣接触。

**（4）蒸熟**　有两种方法：一种是常压蒸熟，将浸泡的湿豆瓣沥干，盛入常压锅内，开蒸汽（或直接火）至面层冒汽后，维持 5～10min，然后关闭蒸汽焖 10～15min 出锅。另一种是将干豆瓣盛入旋转式蒸煮锅中，按豆瓣量加水 70%，旋转浸泡 30～50min，使水比较均匀地被豆瓣吸收，然后开汽蒸料，在标准蒸汽压力下蒸料 10min，即可出料。蒸熟的程度，以豆瓣不带水珠，用手指轻捏易成粉状，用口尝无生腥味为宜。

**（5）制曲**　豆瓣蒸熟出锅后，应迅速冷却至 40℃左右，接入种曲或曲精，接种量为 0.15%～0.3%。浅盘制曲或厚层机械通风制曲，由于豆肉颗粒较大，制曲时间需适当延长。一般通风制曲时间为 2 天。

**（6）制醅发酵**　制醅原料配比是：蚕豆曲 100kg，15°Bé 盐水 140kg，再制盐 8kg 及水 10kg。采用固态低盐发酵法。

先将蚕豆曲送入发酵盘，发酵池或发酵罐内，表面扒平，稍予压实，待品温自然升温至 40℃左右，再按一定的比例将准备好的 15°Bé 热盐水（加温至 60～65℃）从面层四周徐徐注入曲中，让它逐渐全部渗入曲内；或用制醅机拌和，将蚕豆曲与盐水拌匀入发酵容器中，最后面层加封再制盐一层，并将盖盖好。蚕豆曲加入盐水后，品温即能达到 45℃左右，以后维持此温度发酵，若醅温偏低则适当保温。发酵 10 天后，酱醅成熟。补加盐水（按每 100kg 蚕豆曲补加再制盐 8kg 及水 10kg），并以压缩空气或翻酱机充分搅拌均匀，促使食盐全部溶化，再保温发酵 3～5 天或移室外后数天，则香气更为浓厚，风味也更佳。现在也有不加封面盐，而将全部盐水一次加足进行发酵的。

**（7）杀菌、包装**　杀菌、包装均与黄豆酱相同。

## 三、豆饼麸皮制酱

### 1. 原料配方

豆饼与麸皮的配比为 10：（3～4）。配法是先在豆饼中洒入占豆饼质量 100%～110% 的 50℃ 温水，拌匀后加入麸皮，再搅拌均匀。堆积 2h 后，上锅蒸煮，上气后小火焖 3～4h，出锅过筛，推晾至 37～40℃ 时接种制曲。

### 2. 接种制曲

称取原料质量 0.1%～0.2% 的曲种，与 2～4 倍质量的蒸过的麸皮混合，充分搅拌，使孢子分散均匀，然后拌入蒸好的原料中。将接种后的料醅放入曲盘，置于 28～32℃ 和 85% 湿度条件下培养。若温度太高，可以通过"揭盘"来调低。当盘面长满菌丝以后，要进行"扣盘"，以便另一面也大量繁殖菌丝。再经过 36～48h 培养，即成酱醅。如果菌丝呈白色且具有清香味，说明酱醅品质优良，可以采用无盐发酵制酱，若菌丝灰黑色而有异味，说明曲的质量差，不宜采用无盐发酵制酱。

### 3. 固态无盐发酵

将成曲捻碎装入竹筐，在 30～40℃条件下堆积升温，当曲温达到 46～48℃时，拌入 90%～120%煮沸后的温水，保持堆温 53℃，加盖保温发酵。可以采用火炕保温。使桶外层和中心温度均达 60～65℃，发酵 48h 左右。

### 4. 制醪及调制

发酵完成的酱醅中，加入数量为酱醅 10%～12%的食盐，充分搅拌后，陈化 24h 即成为酱。

# 第四节　复合调味酱生产实例

随着人们生活水平的不断提高，越来越要求口味多样化，使用方便快捷化，而传统酱品在味道的表现力上是有局限性的。复合调味酱顺应了方便快捷、便于贮藏携带、安全营养且风味多样的食品的发展趋势。现介绍几种复合调味酱的生产实例。

## 一、佐餐花色酱

### 1. 辣椒酱

本方法制出的优质辣椒酱，有一股清香味，能储存 2～3 年不变质。食用时用不粘油的专用工具挖取，以免变质。

**(1) 原料配方**　辣椒 500g，大蒜仁 200g，食盐 50g，三花酒 50～100g。

**(2) 生产工艺流程**

选料→粉碎→拌料→烘晒→装瓶→成品

**(3) 操作要点**

① 选料　选择成熟、无白斑、无腐烂、无杂质的红辣椒为原料，利用清水洗净晾干。

② 粉碎　将粉碎后的辣椒利用粉碎机粉碎成粉末，要求越细越好。

③ 拌料　将粉碎好的辣椒粉放入大盆中，按配方比例将辣椒、大蒜仁和食盐进行配料，并充分搅拌均匀。

④ 烘晒 将拌好的料粉放在阳光下晒1~2天，使其自然酱汁化，晒时严防杂质混入。

⑤ 装瓶 将酱汁化的辣椒装入干净（事先准备好的且已消毒的）大口瓶内，在酱面上再放少许三花酒，盖严瓶口。切忌搅动，以免造成酸性变味。经过装瓶即为成品辣椒酱。

### 2. 新型辣椒酱

**(1) 生产工艺流程**

盐渍蒜米→脱盐→绞碎→磨细
                              ↓
干红辣椒→洗净、去蒂→绞碎→浸泡→磨细→调配→杀菌→灌装→成品

**(2) 操作要点**

① 原料选择及处理 选择干净、色泽鲜红、辣味极强的无腐烂变质的干红辣椒，在清水中洗净，沥干水分后去掉青蒂及柄。利用绞碎机将辣椒磨成碎片状。

② 浸泡、磨细 按100kg干红辣椒加水300kg、食用冰醋酸5kg，浸泡24~36h，期间搅拌2~3次。将浸泡透的红辣椒磨成细泥状。

③ 盐渍蒜米的脱盐、绞碎、磨细 选择腌渍后蒜味重、无腐败的优质蒜米，在清水中浸泡漂洗，使含盐量不超过6%，利用绞碎机绞碎后，再磨细备用。

④ 调配 将磨成细泥状的红辣椒及其他辅料（白砂糖、汉生胶、亚硫酸氢钠、山梨酸钾、食盐、味精等）按一定的比例调和在一起，搅拌均匀。若水分过少，可加入适量的水进行调节，使稠度适宜。若颜色较浅，可加入辣椒红色素进行调节。

⑤ 杀菌 将调配好的辣椒酱用夹层锅加热到90~95℃，其间要不断进行搅拌，以防粘锅，然后立即加入磨好的大蒜泥，充分搅拌均匀，继续加热至90℃后停止加热，加入适量的白醋，调节酸度，继续搅拌均匀。

⑥ 灌装 将玻璃瓶洗净，用过氧乙酸浸泡消毒，沥干水分。瓶盖用蒸汽于121℃维持30min进行杀菌。将熬煮好的辣椒酱趁热进行灌装，立即盖紧瓶盖。

### 3. 浓缩辣椒酱

**(1) 生产工艺流程**

鲜辣椒→去柄→清洗→破碎→预热→浓缩→加辅料调配→杀菌→热灌装→密封→冷却→成品

**(2) 操作要点**

① 原料选择 辣椒应为采收不超过48h的新鲜红辣椒，应完整，无霉斑、霉烂和绿果。食盐为精盐，洁白干燥，含氯化钠98%以上。味精应洁白、无杂质，含谷氨酸钠80%以上，水分不超过1.5%。其他调味辅料应纯净，无杂质，无霉变。

② 去柄　要求去掉辣椒柄，以免影响成品色泽和造成粗纤维增多而影响口感。

③ 清洗、破碎　将去柄后的辣椒利用清水洗净，然后利用绞碎机进行破碎，破碎后的粒度要求小于 3mm，如果大于 3mm，4 个月后会出现分层现象。

④ 预热　将上述得到的物料在 85℃ 的条件下进行预热、灭酶，为浓缩提供温度条件。

⑤ 浓缩　利用低温真空浓缩锅在温度为 55～60℃、真空度为 0.06～0.08MPa 的条件下进行浓缩。

⑥ 加辅料调配　在上述浓缩后的物料中，加入 2% 的蒜泥、0.7% 的鲜姜泥和 0.2% 的味精，同时加入适量的食盐，然后充分混合均匀。

⑦ 杀菌、热灌装　将混合后的物料加热到 95℃，保持 15min，然后在 80～82℃ 的温度下进行灌装、密封，经过冷却后即为成品。

### 4. 辣油椒酱罐头

**（1）原料配方**　腌辣椒坯 10kg，优质花生油 12kg，白糖 6～7kg，淀粉 1.5～2kg，葱白 4～5kg，味精 0.15～0.2kg，防腐剂 0.1～1.0kg。

**（2）生产工艺流程**

原料采收→剪蒂→清洗→剁碎（拌盐、明矾）→腌制→出池→精加工→瓶装→杀菌→成品

**（3）操作要点**

① 原料要求　辣椒要求长形新鲜的红辣椒或紫红辣椒，辛辣味强，无异味，无杂质，无腐烂；食盐应为精盐，洁白干燥，含氯化钠 98.5% 以上，水分不超过 1.5%；明矾洁白无杂质；白糖应洁白、无杂质、干燥，纯度必须在 96% 以上；葱白，葱剥去绿叶，去掉葱须，洗净后切细；优质花生油应符合 GB 2716—2018《食品安全国家标准 植物油》的规定。

辣椒原料进厂后要及时进行加工，防止堆积时间过长，影响质量。

② 剪蒂、清洗　辣椒在加工前要先剪去蒂，然后利用清水洗净表面的泥沙、污物，沥干水分。

③ 剁碎、腌制　将沥干水分后的辣椒，利用电动剁碎机或手工剁成辣椒坯（也称细椒丁或细椒片），然后放进坛、罐、池子内进行腌制发酵，按每 100kg 辣椒坯加食盐 12～13kg，明矾 0.2～0.25kg，一层椒坯放一层盐、明矾（明矾磨成粉末状后与盐拌均匀）进行腌制。时间为 10～12 天（无生椒冲气味为止）。然后将腌制发酵好的辣椒坯取出进行精加工。

④ 精加工、装瓶、杀菌　用一定量的优质花生油放到夹层锅里将油烧开，无油泡后见锅内油冒烟后马上放入白糖、葱白、腌辣椒坯、淀粉、味精、防腐剂（淀粉、防腐剂要用少量的水溶化后拌入辣椒坯中，味精可以在辣酱快出锅时再放），不停地搅拌，2～3min 即可捞出锅进行装瓶。另加封口麻油 3～5g。杀菌后将盖拧

紧，如果是用沸水杀菌，就要先拧紧瓶盖后再杀菌，冷却后即为成品。

### 5. 贵州辣椒酱

**(1) 原料配方** 鲜辣椒 100kg，白酒 5kg，食盐 12kg，保鲜剂 50kg，白糖 8kg，姜和蒜各 2.5kg，味精 0.75kg。

**(2) 生产工艺流程**

红辣椒→挑选→清洗→风干→粉碎→加调料→搅拌→密封→常温发酵→包装→成品

**(3) 操作要点**

① 挑选及清洗 该产品是生料进行微生物发酵的产品，所用质料要求新鲜，剔除腐烂变质的原料。对选择好的原料利用清水进行清洗，同时设备也要求清洗干净。

② 风干、粉碎 将清洗后的原料进行风干，然后利用粉碎机进行粉碎。大蒜、生姜清洗后，风干、绞碎备用。

③ 加调料、搅拌 将粉碎的辣椒、蒜泥、姜蓉倒入搅拌锅中，加入其他辅料，搅拌均匀。

④ 常温发酵 将搅匀的辣椒糊装入坛子，密封好后进行常温发酵。发酵所用的坛子应先用清洗液洗涤干净，再进行消毒（可用 75% 的酒精）后才能使用，否则会因微生物引起产品腐烂，同时坛子要密封，否则发酵时会引起酸败。

### 6. 海鲜辣椒酱

**(1) 原料配方** 红辣椒 100kg，虾油 120kg，料酒 12kg，白醋 4kg，姜 6kg，味精 2kg，白糖 20kg，桂皮、花椒、小茴香、丁香各 0.8kg，水 136kg。

**(2) 生产工艺流程**

香辛料→粉碎

↓

鲜辣椒→腌制→脱盐→磨糊→混合→搅拌→后熟→装袋灭菌→成品

**(3) 操作要点**

① 虾油制作 为了使产品口味纯正，一般采用日晒夜露法生产虾油。每 100kg 虾用盐 30kg，主要生产工序包括：选虾、淘洗、日晒夜露、盐腌、晒熟、炼油和烧煮。

② 辣椒腌制 将红辣椒的头部和尾部各用竹签扎一个孔，然后在水中漂洗几分钟，捞出沥干，然后放入大缸中加入盐水进行腌制，每隔 12h 要翻倒 1 次，4~5 天后捞出。再将辣椒放入大缸中加入 25% 的粗盐继续腌制，每天翻倒 1 次，4 天后可进行静置腌制，40 天左右便可成为半成品备用。

③ 脱盐、磨糊 将辣椒半成品从缸中捞出，在清水中浸泡 5~6h，并洗去盐、

泥等杂物，把处理好的辣椒、姜片及少量盐水打碎磨糊。

④ 粉碎　按照配方要求将桂皮、白糖、味精、虾油、料酒、白醋等原料同辣椒糊一起放入大缸中，搅拌均匀，封盖进行后熟。要求每天搅拌 1 次，将酱料上下翻倒，15 天即可成熟。

⑤ 装袋灭菌　将酱料加热到 85℃，保持 10min，然后趁热灌装封口，经过冷却即为成品。

### 7. 蘑菇麻辣酱

**(1) 生产工艺**

**(2) 操作要点**

① 脱盐　将盐渍蘑菇加水静置脱盐 48h 后，用自来水冲洗 3 次，再加自来水静置脱盐 12h 后，用自来水冲洗 3 次备用。

② 粉碎　将沸水杀青的鲜蘑菇（或脱盐蘑菇）与水发香菇或鲜香菇，按 3∶2 的比例（质量比），置入绞肉机中进行粉碎备用。

③ 胶体磨研磨　将上述初粉碎的菇块按 2∶3 的比例（体积比）加水（水发香菇水或其他菇杀青水）进入胶体磨进行研磨，反复 4 次（碎细度 10～15μm）备用。

④ 加辅料调配　在胶体磨研磨过程中加入辅料，每千克菇加食盐 8g、味精 20g、白醋 24mL、黄酒 20mL、绵白糖 80g、四川麻辣酱 60g、辣椒色素 7g、高粱色素 4g（辣椒色素色价 100，高粱色素色价 20）。

⑤ 加增稠剂　先将琼脂完全溶化，按 0.2% 的比例于 60℃下放入调配后的蘑菇浆中，边加边搅拌均匀。

⑥ 分装、灭菌、包装　将调配好的蘑菇麻辣酱分装 200g 或 250g 于精制小玻璃瓶内，瓶口加聚丙烯膜（膜厚 0.02mm）一层，铁盖封口。蒸汽灭菌锅中进行灭菌，压力为 98kPa，时间为 45min。灭菌结束后冷却至室温，贴商标，装箱打包即为成品。

### 8. 麻油蒜酱

**(1) 生产工艺流程**
原料处理→腌制→磨碎→配料→包装→成品
**(2) 操作要点**
① 原料处理　先将鲜蒜去皮分瓣，剪掉尾柄和须根，用热水焯过，使其洁白。

② 腌制　按 100kg 蒜头用盐 10kg，掺少量冷水拌匀入坛，用 2kg 盐封面。腌渍一周后开坛，上下翻动一次，再封坛腌渍 30 天。

③ 磨碎　将腌后的蒜坯入机磨碎，磨得越细越好。

④ 配料　按每 100kg 鲜蒜配入豆豉 10kg、白糖 25kg、醋 15kg、芝麻油 0.5～1kg，搅拌均匀经过包装即为成品。

### 9. 榨菜香辣酱

**(1) 原料配方**　榨菜 19kg，辣椒粉 2.5kg，芝麻 1kg，特级豆瓣酱 1.5kg，花生 0.5kg，酱油 2kg，白糖 1.5kg，葱 0.5kg，姜 0.5kg，蒜 0.8kg，花椒粉 0.6kg，五香粉 0.05kg，味精 0.3kg，菜油 3kg，香油 1kg，食盐 3.5kg，黄酒 1kg，山梨酸钾 0.25kg，焦糖色素适量。

**(2) 生产工艺流程**

原料处理→配料→搅拌→加热→装瓶→成品

**(3) 操作要点**

① 制榨菜浆泥　选用去净菜皮和老筋、无黑斑烂点、无泥沙杂质的榨菜，并用切丝机切成丝状，加入 7kg 水，进行湿粉碎，制成榨菜浆泥，倒入配料缸中。

② 辣香料的准备　将菜油烧熟，浇到辣椒粉中拌匀，把芝麻、花生焙炒到八九成熟，分别磨成芝麻酱、花生酱。同时也将葱、姜、蒜粉磨碎成浆泥状，备用。

③ 配料　按配方把白糖、食盐、芝麻酱、花生酱、花椒粉、拌好菜油的辣椒粉、五香粉、葱泥、姜泥、酱油、豆瓣酱，以及 2kg 水加到配料缸中，利用搅拌机将其搅拌均匀，然后送入夹层锅中。

④ 加热　将上述的混合料边搅拌边加热到 80℃，保持 10min 后停止加热，然后立即加入蒜泥、黄酒、味精、山梨酸钾，再加 4kg 水，搅拌均匀。再根据色泽情况，边搅拌，边加入少量焦糖色素，立即装瓶。

⑤ 油封　装瓶后加入内容物量 2% 的香油，油封保存。

**(4) 注意事项**

① 在加工过程中所用的水应为无菌水。

② 味精和山梨酸钾加入前可先用沸水化开，以免溶解不匀。

③ 选料时要选用不发霉、不生虫的上等花生仁和芝麻。

### 10. 辣根调味酱

**(1) 生产工艺流程**

① 乳油提取工艺流程

原料辣根→分级→清洗→去皮→切碎→蒸馏→分离→乳油

② 调味酱生产工艺

辣根肉质部→清洗→切碎→调配→搅拌→研磨→配料→均质→灌装→杀菌→检

验→入库→成品

**(2) 操作要点**

① 原料处理　处理的目的是除去杂草、土块、碎石等杂物，并将原料分级、清洗、去皮。

A. 分级　将粗根、细根分开并利用清水清洗干净。

B. 去皮　粗根进行去皮操作。皮去得一定要净，因厚皮在下道工序磨酱时会达不到细度要求而产生粗糙感。

C. 切碎　将皮与细根混合并将其切碎。

② 蒸馏　将切碎的皮与细根的混合物进行水蒸气蒸馏。蒸馏时溶液调成弱酸性，蒸馏时间一般以 90～100min 为宜。蒸馏后将收集液分离，再进行第二次蒸馏，这样可以得到浓缩的辣根香辛油。此乳油对氧化和树脂化作用有较大的稳定性，并具有很浓郁的香辛气味。在这里省去了油水进一步分离的操作。

③ 调配　将去皮后的肉质部分进行切碎，称重，并与浓缩乳油进行调配，加入 1% 的白醋、0.5% 的 $\beta$-环糊精。进行研磨成为辣根酱备用。

④ 配料　生产中所需原辅料的配比是：辣根酱 80kg，精盐 15kg，味精 2kg，脱臭大蒜泥 5kg，白醋 4kg，白糖 2kg，鲜姜泥 1kg，褐藻胶 0.15kg。

⑤ 均质、灌装、杀菌　将上述各种配料充分混合均匀后送入均质机中进行均质处理，均质后以 50g 一袋进行灌装、封口，最后进行杀菌处理。其杀菌公式为：5min—10min—15min/100℃。杀菌后冷却至室温，擦干入库。

## 11. 北方辣酱

**(1) 产品配方**　黄酱 50kg，辣椒 24kg，蒜泥 8kg，芝麻 5kg，葱末 5kg，香油 5kg，味精 2kg，花椒粉 0.95kg，山梨酸钾 0.05kg。

**(2) 工艺流程**
黄酱→加热→调配→过胶体磨→灭菌→灌装→成品

**(3) 操作要点**

① 原料处理　将花椒粉、芝麻分别炒熟，炒时应注意切勿炒煳。

② 黄酱加热　将黄酱加入锅中搅拌加热，切勿将酱粘在锅底。

③ 调配　将大蒜捣碎，葱切碎，与辣椒、炒熟的花椒粉一同加入黄酱中，搅拌均匀，继续加热，再将香油缓缓加入酱中，边加边搅拌。

④ 灭菌　将上述得到的半成品利用胶体磨进一步磨细，然后继续加热至沸腾后加入芝麻、味精和山梨酸钾，保持 30min 灭菌。

⑤ 灌装　花色辣酱的包装目前形式不多，采用玻璃瓶包装仍占绝大多数，次之为塑料杯或塑料盒。

灌装后，在瓶子上面加封一层香油，然后加盖。盖子一定要放准旋紧，防止面层香油渗漏，贴标要清洁整齐，并应有生产批次、包装日期及规定的其他各项内容。

### 12. 蒜蓉辣酱

**(1) 产品配方** 蒜瓣 35kg，甜面酱 30kg，豆酱 20kg，干红辣椒 10kg，大豆油 1.5kg，姜 1kg，盐 1kg，糖 0.5kg，各种香辛料 0.5kg，香油 0.5kg。

**(2) 工艺流程**

植物油→加热→冷却
                  ↓

辣椒干→洗涤→切丝→浸渍→过滤→加热→搅拌→加蒜蓉搅拌→加香油→搅拌冷却→分装→成品

**(3) 操作要点**

① 备料 蒜瓣剥皮洗净后用石磨磨成蒜蓉备用。干辣椒应选用鲜红色或紫红色、辛辣味强、水分含量在 12% 以下的优质品，并去杂、洗净，沥干水分晾干，切成丝。

② 加热 将植物油注入锅内，加热使油烟升腾挥发不良气味后，停火冷却至室温。

③ 浸渍 将辣椒丝置冷却油中浸渍 30min，期间要不停地搅拌，使辣椒丝吸收植物油。

④ 加热、搅拌 辣椒丝浸渍后缓慢加热至沸点，期间应不停地搅拌，至辣椒丝微显黄褐色，立即停火。将冷却的辣椒油用纱布过滤，澄清后备用。

⑤ 加蒜蓉搅拌 澄清后的油倒入锅中，加入豆酱、甜面酱，不停地搅拌至八成熟，加入蒜蓉及其他辅料，不停地搅拌至熟后，加入少量香油即成。

### 13. 蒜蓉辣椒酱

**(1) 产品配方** 辣椒酱 60kg，蒜酱 25kg，食盐 8kg，24°醋精 3kg，砂糖 1.5kg，味精 1.3kg，鸡粉 1kg，卡拉胶 0.15kg，山梨酸钾 0.05kg。

**(2) 工艺流程**

鲜辣椒→去蒂→清洗→腌制→磨酱
                          ↓

大蒜→去皮→去蒂→清洗→腌制→磨酱→配料→搅拌→均质→灌装→封口→成品

**(3) 操作要点**

① 辣椒酱制作 选择色红、味辣的辣椒品种，剔除虫害、霉变的辣椒，去蒂，然后清洗干净，沥干水分。按 46kg 鲜辣椒加 4kg 食盐的配比，一层辣椒一层食盐腌于缸中或池中。腌渍 36h，将腌过的辣椒同未溶化的盐一起用钢磨磨成酱体。在磨制过程中，边磨边补加煮沸过的盐水 5kg。该盐水的配法：100kg 水，加食盐 14kg、山梨酸钾 500g、柠檬酸 1.5kg，煮沸。磨成酱体后，放置半个月再用。

② 蒜酱制作　采用当年大蒜，剔除虫害、霉变的蒜头，去蒂去皮，洗净沥干。采用与辣椒酱相同的加工制法。

③ 配料　按配方将卡拉胶、食盐、醋精等溶于水中，煮沸冷却备用。将辣椒酱、蒜酱和溶解冷却后的料一同混合搅拌均匀。

④ 均质　将酱料经胶体磨均质，便可灌装。

### 14. 香菇辣椒酱

**(1) 产品配方**　香菇酱 49kg，鲜辣椒 49kg，麻油 0.5kg，食盐 1.5kg。

**(2) 工艺流程**

原料处理→混合→包装→成品

**(3) 操作要点**

① 香菇酱制作　香菇去杂洗净晾干，磨成细浆，用文火慢慢加热煮烂成糊状备用。

② 辣椒处理　将鲜辣椒去蒂洗净晾干，剁细备用。

③ 混合　将香菇酱、辣椒、麻油、食盐按一定比例倒入盘内拌匀。

④ 包装　装入已灭好菌的广口罐头瓶内。

### 15. 南康辣酱

**(1) 产品配方**　盐椒坯 437.5kg，大豆 90kg，糯米 240kg，大米 190kg，白糖 137.5kg，食盐适量。

**(2) 工艺流程**

制盐椒坯→制曲→发酵→配制→成品

**(3) 操作要点**

① 制盐椒坯　选择红亮肉厚的鲜红辣椒，洗净、去蒂、切碎。每 100kg 鲜椒下食盐 20kg 拌匀下缸，腌制 1～2 天后翻动一次，使其腌制均匀，装满压紧，表面撒上一层薄薄的食盐加以密封。这样处理后，其辣椒坯不霉变，不腐烂，以利长年备用。

② 制曲　第一步是备料制曲。选择上等大豆 90kg 炒熟磨成细粉，另取糯米 240kg、大米 190kg 混合磨成细粉。将以上混合粉拌匀后，加水适量揉搓均匀，用水量以用手捏紧成团放手不散为宜。随即铺上木架，压紧、平整，切成条块（长 12cm、宽 6cm、厚 3cm）。条块切好后摆入蒸笼内约蒸 20h，使其熟透。取出待冷却，然后喷上一层薄薄的水，以增加其润湿度，随即送入菌房内木架上，再将门窗关闭，室内温度保持 33～35℃，任其发酵。2～3 天后，上面长满一层白色霉菌，再翻动一次，让其继续发酵，经 13～15 天，曲菌呈淡红色。此时制曲即告完毕。

③ 发酵　将已制曲的酱饼按上述数量，分别投入五个酱缸内，再加入 10% 浓度的食盐溶液，使酱饼吸透盐水，任其在缸内暴晒。遇雨天加盖，天晴开盖晒制。每隔 3～5 天进行翻缸一次，直至晒成淡黄色即成熟。

④ 配制　将已晒好的酱饼五缸和盐椒坯 437.5kg 混合搅拌均匀，反复细磨两次，达到细腻、润滑的程度，再装入晒缸内，进行晒制。在晒制过程中，每天需翻动 1～2 次，待晒至半干时加入白糖 137.5kg，再继续晒制，一直晒至用手捏成团即为成品。按以上原料加工成品 875kg。晒制成品后，即可放入大缸内收藏。

### 16. 淳安辣椒酱

**(1) 产品配方**　鲜辣椒 100kg，黄豆、米粉、食盐、生姜、大蒜、茴香各适量。

**(2) 工艺流程**

黄豆→蒸煮→发酵→搅拌→装坛→成品

**(3) 操作要点**

① 蒸煮　将黄豆（大豆）煮熟，摊开晾干，然后把炒熟的米粉掺进豆中搅拌。米粉用量以能将潮湿的熟豆拌至分散为颗粒为止。

② 发酵　用塑料薄膜覆盖发酵。发酵时间以豆的外表长出金黄色的豆花为宜（有时也可能长出灰色的）。再把发酵好的豆豉晒至无水分为止。

③ 搅拌　将鲜椒洗净、筛瘪、切碎，和晒干的豆豉及 30% 的食盐掺在一起，反复搅拌，直至豆豉发潮润湿为止。为使辣椒酱味道更为鲜美，可适当加入少许生姜、大蒜、茴香等作料。

④ 装坛　将辣椒豆豉置于坛内，密封坛口存放。存放 3～8 个月后即成。

### 17. 富顺香辣酱

**(1) 产品配方**　干辣椒 100kg，酱油 100kg，植物油 100kg，八角 17kg，芝麻 10kg，胡椒 10kg，花椒 7kg，冰糖 5kg，食盐 2kg，味精 2.5kg，香叶、桂皮等香料 0.2kg。

**(2) 工艺流程**

原料处理→混合搅拌→加热→灌装→杀菌→成品

**(3) 操作要点**

① 芝麻处理　将芝麻除杂水洗后，文火焙炒至微黄色，冷却后捣碎。

② 花椒和胡椒处理　花椒文火焙炒至特殊香味冷却后粉碎。胡椒除杂后粉碎。

③ 香料粉制备　将香叶、桂皮等香料混合，稍加烘烤，冷却后粉碎成粉。

④ 酱油杀菌　酱油中加入 5kg 冰糖，加热至 85℃ 以上，保温 15min 冷却备用。

⑤ 植物油熬制　植物油中加入 17kg 八角、7kg 花椒，缓慢加热至 180℃，自然冷却。

⑥ 辣椒酱制备　将 2 倍辣椒的水煮沸后，加入食盐，倒入辣椒中，加盖焖 5～10min，立即粉碎成具有黏稠状的辣椒酱。

⑦ 混合搅拌　将酱油入锅，温度达 60～80℃ 之间时，加入味精、辣椒酱、芝麻、胡椒粉、香料粉和植物油，充分混合均匀。

⑧ 灌装 将上述充分混合均匀的酱体进行灌装、包装后，采用沸水进行杀菌，经过冷却后即为成品。

### 18. 花生酱

**(1) 产品配方** 花生米 1kg，食盐 150g，冷开水适量。

**(2) 工艺流程**

花生米→筛选→焙炒→配料→磨酱→检验合格→装瓶→成品

**(3) 操作要点**

① 筛选 选用上等花生米，筛除各种杂质和霉烂果仁备用。

② 焙炒 把选好的花生米炒熟，或用烘箱烤熟，然后压碎去皮。

③ 配料 把压碎去皮的花生米加食盐，再加冷开水适量，搅匀。

④ 磨酱 将经过以上工序的花生米放入圆盘石磨中磨成细浆，即成花生酱。

### 19. 芝麻辣酱

**(1) 产品配方**

① 配方一 豆瓣辣酱 55kg，芝麻酱 20kg，酱油 17kg，白糖 3kg，大蒜泥 4kg，花椒粉少量，味精少量，苯甲酸钠 0.1kg。

② 配方二 黄豆酱 100kg，菜籽油 11kg，芝麻酱 10kg，辣椒酱 5kg，白糖 2kg，辣椒粉 3kg，味精 1kg，糖精 0.022kg，苯甲酸钠 0.11kg，山梨酸钾 0.11kg，水 85kg。

**(2) 工艺流程**

菜籽油→炒辣椒粉
　　　　　　↓
制芝麻酱→调配→包装→成品

**(3) 操作要点**

① 制芝麻酱 除选购新鲜酱品外，芝麻酱也可自行加工生产。其加工方法如下：将芝麻漂洗去其杂质，沥干后在夹层锅中加热，用文火焙炒，同时不断地搅拌，炒出香味后，用石磨或砂轮磨磨细即为芝麻酱。

② 调配 芝麻酱分别与豆瓣辣酱（或黄豆酱）等按配方调配在一起，搅匀。

③ 包装 装瓶前加热至 80℃，保持 10min 灭菌。

### 20. 辣葵花酱

**(1) 产品配方** 豆瓣辣酱 100kg，葵花酱 50kg，白酱油 36kg，白糖 4kg，黑胡椒粉 0.2kg，葱汁 5kg，花生油 10kg，味精 0.2kg，苯甲酸钠 0.1kg。

**(2) 工艺流程**

制葵花酱→调配→包装→成品

**(3) 操作要点**

① 制葵花酱　脱壳后的葵花仁放入大锅中，用文火焙炒，同时不断地搅拌，炒出香味后，用石磨或小型砂轮磨磨成酱体，备用。

② 调配　葵花酱分别与豆瓣辣酱等按配方调配在一起，搅匀。

③ 包装　装瓶前加热至80℃，保持10min灭菌。

### 21. 多味酱

**(1) 产品配方**　黄酱50kg，花椒面1kg，香油40kg，芝麻25kg，白糖25kg，米醋20kg，味精2.5kg，蒜泥15kg，姜粉15kg，葱末15kg，辣椒5kg。

**(2) 工艺流程**　黄酱、白糖→加热→加调味料、香油、米醋→磨浆→芝麻→煮沸→灌装→成品

**(3) 操作要点**

① 备料　将花椒、芝麻分别炒熟，切勿炒煳。花椒研成细面备用。

② 加热　将黄酱与白糖混合搅拌均匀，加热。要不断搅拌，切勿使酱粘在锅底。

③ 加调味料、香油、米醋　将大蒜捣碎、葱切碎，与姜粉、辣椒、炒熟的花椒面一同加入黄酱中，搅拌均匀，继续加热。再将香油缓慢加入酱中，边加边搅拌，搅匀后加入米醋。

④ 磨浆　将半成品多味酱过胶体磨，磨浆。

⑤ 煮沸　将酱继续加热，并加入芝麻和味精，加热至沸腾即可。芝麻一定要和味精一起最后加入酱中。

### 22. 桂林酱

**(1) 产品配方**　豆酱50kg，野山椒坯（或红辣椒坯）10kg，生抽酱油30kg，豆豉12kg，蒜泥10kg，白糖2kg，食用油1kg，保鲜剂50g。

**(2) 工艺流程**

原料→入锅→调配→加热→成品

**(3) 操作要点**

① 入锅　先将野山椒坯破碎后入锅，与生抽酱油、蒜泥、白糖一同熬煮。

② 调配　待快煮沸时，加入豆酱。

③ 加热　煮沸后再炒制20min停火。

④ 成品　继续搅拌，用少量水将保鲜剂化开加入锅内，另加入食用油和豆豉，搅拌均匀即可。豆豉加入前需破碎成泥。

### 23. 蒜蓉豆豉酱

**(1) 产品配方**　辣椒100kg，蒜头40kg，豆豉15kg，食盐28kg，三花

酒 1.5kg。

**(2) 工艺流程**

原料处理→混合→装坛→封口→成品

**(3) 操作要点**

① 原料处理　将蒜头去皮衣，辣椒的蒂和柄摘去。

② 混合　将蒜头、辣椒与适量的食盐、豆豉和三花酒混合，用锤子将其打烂。

③ 装坛　把酱放在坛子或缸内。将剩余食盐铺在上面，再将三花酒全部加入。

④ 封口　一般用石灰封闭坛（或缸），存放 1 个月左右即成。

### 24. 草菇蒜蓉调味酱

**(1) 产品配方**　草菇 9kg，大蒜 1kg，食盐 80g，复合稳定剂（维生素 C、溶胶）2g，蔗糖 10g，柠檬酸 2.5g，生姜粉 2.5g，酱油 20g。

**(2) 工艺流程**

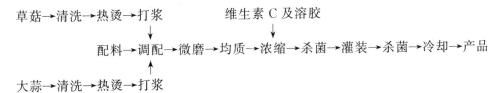

**(3) 操作要点**

① 前处理　将草菇洗净，置于 90～95℃热水中烫漂 2～3min，灭酶并组织软化，完成后立即进入打浆工序，得到草菇原浆；将大蒜洗净，置于温水中浸泡 1h，搓去皮衣，捞出蒜瓣，淘洗干净，随后置于沸水中烫漂 3～5min，灭酶并使组织软化，完成后立即进入打浆工序，得到大蒜原浆。

② 调配及微磨、均质　按照原料配比，将草菇原浆、大蒜原浆以及其他辅料调配均匀，并通过胶体磨磨成细腻浆液，进一步用 35～40MPa 的压力在均质机中进行均质，使草菇、大蒜纤维组织更加细腻，有利于成品质量及风味的稳定。

③ 浓缩及杀菌　为保持产品营养成分及风味，应尽量减少草菇的酶褐变程度。采用低温真空浓缩并添加 0.25% 的维生素 C 抑制褐变。浓缩条件为：60～70℃，0.08～0.09MPa，以浓缩后浆液中可溶性固形物含量达到 40%～45% 为宜。为了便于水分蒸发和减少维生素 C 的损失，溶胶和维生素 C 在浓缩接近终点时方可加入，继续浓缩至可溶性固形物含量达到要求时，关闭真空泵，解除真空，迅速将酱体加热到 95℃，进行杀菌，完成后立即进入灌装工序。

④ 灌装及杀菌　预先将四旋玻璃瓶及盖用蒸汽或沸水杀菌，保持酱体温度在 85℃以上装瓶，并稍留顶隙，通过真空罐机封罐密封。随后置于常压沸水中保持 10min 进行杀菌，杀菌完成后逐级冷却至 37℃，擦干罐外水分，即得到成品。

## 二、面条调味酱

### 1. 牛肉味面条调味酱

**(1) 产品配方**

① 红烧牛肉酱　水 50kg，食盐 16kg，混合油脂 15kg，二级酱油 9kg，牛肉香料 5kg，玉米淀粉 5kg，白糖 2kg，干黄酱 2kg，味精 2kg，大葱 1kg，辣椒 0.6kg，桂皮 0.6kg，八角 0.6kg，白胡椒 0.5kg，双倍焦糖色 0.5kg，花椒 0.2kg，核苷酸二钠（I+G）0.06kg。

② 麻辣牛肉酱料　水 50kg，食盐 17kg，混合油脂 15kg，二级酱油 8kg，牛肉香料 5kg，玉米淀粉 5kg，白糖 3kg，味精 2kg，辣椒 2kg，花椒 1.5kg，大葱 1.5kg，干黄酱 1kg，白胡椒 0.5kg，桂皮 0.5kg，双倍焦糖色 0.5kg，八角 0.5kg，核苷酸二钠（I+G）0.06kg。

③ 香辣牛肉酱　水 50kg，食盐 17kg，混合油脂 15kg，二级酱油 7kg，淀粉 5kg，牛肉香料 5kg，白糖 3.5kg，辣椒 2kg，味精 2kg，干黄酱 1kg，大葱 1kg，花椒 0.5kg，双倍焦糖色 0.5kg，大料 0.4kg，白胡椒 0.3kg，桂皮 0.3kg，核苷酸二钠（I+G）0.06kg。

④ 酱爆牛肉酱　水 50kg，食盐 12kg，混合油脂 15kg，甜面酱 6kg，牛肉香料 5kg，淀粉 5kg，白糖 5kg，味精 2kg，生姜 1.5kg，二级酱油 1kg，料酒 1kg，辣椒 0.5kg，大葱 0.5kg，双倍焦糖色 0.5kg，花椒 0.3kg，桂皮 0.3kg，八角 0.2kg，白胡椒 0.1kg，核苷酸二钠（I+G）0.06kg。

⑤ 番茄牛肉酱　水 40kg，混合油脂 16kg，浓缩番茄酱 15kg，食盐 10kg，牛肉提取物 4kg，白糖 3kg，二级酱油 3kg，生姜 1.5kg，料酒 1kg，豆豉 0.8kg，大葱 0.5kg，柠檬酸 0.5kg，乳酸 0.3kg，花椒 0.2kg，桂皮 0.2kg，八角 0.2kg，黑胡椒 0.1kg，核苷酸二钠（I+G）0.06kg。

混合油脂是 20％牛油、20％猪油、60％棕榈油采用烹调方法香化处理。

**(2) 工艺流程**

称量→混合油脂升温→油煸香辛料→加酱煸炒→加调味料→灭菌→加香料→灌装

**(3) 操作要点**

① 称量　按产品配方准确称量各种原料。

② 混合油脂升温　将香化处理好的混合油脂升温至 160℃。

③ 油煸香辛料　先煸炒已经绞碎成泥状的新鲜香辛料，然后加入香辛料粉末，煸炒出香气。注意不能煳锅。

④ 加酱煸炒　加入干黄酱（或甜面酱、浓缩番茄酱）进行煸炒，炒出香气。注意不能煳锅和黏底。

⑤ 加调味料　加其他调味料，同时要求保证溶解均匀。

⑥ 灭菌　加热至 95～100℃，保持 40min 灭菌。

⑦ 灌装　一般需要将酱料降温至凝固状态下，同时开启搅拌，保证物料的均一性，采用料包机进行灌装。一般需要根据配置的面条的重量选择灌装的重量，多数情况下为 10g/袋、25g/袋、50g/袋等。

### 2. 猪肉味面条调味酱

**(1) 产品配方**

① 葱香排骨酱　水 45kg，混合油脂 30kg，食盐 15kg，二级酱油 8kg，鲜葱 6kg，玉米淀粉 4kg，白砂糖 3kg，热反应排骨香精 3kg，鲜姜 3kg，HVP 粉 2kg，猪骨素 2kg，鲜蒜 1.5kg，味精 1.5kg，辣椒粉 0.5kg，花椒粉 0.2kg，核苷酸二钠 (I+G) 0.1kg，桂皮 0.1kg，小茴香粉 0.1kg。

混合油脂是 20% 猪油、15% 鸡油、65% 棕榈油采用烹调方法香化处理。

② 豉汁排骨酱　水 45kg，混合油脂 25kg，食盐 17kg，二级酱油 7kg，淀粉 5kg，洋葱 4.5kg，豉汁排骨粉 3kg，白砂糖 3kg，辣椒 2kg，味精 2kg，豆豉 2kg，干黄酱 1kg，大葱 1kg，生姜 0.5kg，花椒 0.5kg，双倍焦糖色 0.5kg，猪肉香精 0.5kg，肉桂 0.4kg，白胡椒 0.3kg，八角 0.3kg，核苷酸二钠 (I+G) 0.1kg。

③ 香辣排骨酱　水 38kg，混合油脂 25kg，食盐 17kg，二级酱油 7kg，淀粉 5kg，猪肉香料 5kg，白砂糖 3kg，辣椒 2kg，味精 2kg，洋葱 2kg，干黄酱 1kg，大葱 1kg，生姜 0.5kg，花椒 0.5kg，双倍焦糖色 0.5kg，肉桂 0.4kg，白胡椒 0.3kg，八角 0.3kg，核苷酸二钠 (I+G) 0.1kg。

④ 豚骨拉面酱　水 35kg，食盐 17kg，混合油脂 26kg，二级酱油 7kg，淀粉 5kg，猪骨清汤 5kg，猪骨白汤 4kg，白砂糖 3kg，洋葱 2kg，味精 2kg，大蒜 2kg，味淋 2kg，大葱 1kg，生姜 0.5kg，双倍焦糖色 0.5kg，白胡椒 0.4kg，红烧猪肉香精 0.3kg，核苷酸二钠 (I+G) 0.1kg。

⑤ 老北京炸酱　稀黄酱 29kg，棕榈油 20kg，大豆油 10kg，甜面酱 13.6kg，猪肉馅 9kg，大葱 6kg，二级酱油 4kg，姜 3.5kg，猪骨抽提物 4kg，食盐 3kg，辣椒粉 0.5kg，白砂糖 1.7kg，味精 2.1kg，酵母抽提物 1.4kg，香醋 1kg，炸酱猪肉香精 0.2kg，核苷酸二钠 (I+G) 0.2kg，香油 0.1kg，水 5kg。

**(2) 工艺流程**

洋葱、大葱、大蒜、生姜→清洗、绞碎成泥
↓
称量→油脂升温→油煸香辛料→加酱煸炒→加调味料→灭菌→加香料→灌装

**(3) 操作要点**

① 原料预处理　将洋葱、大葱、大蒜、生姜清洗后，绞碎成泥状；肉绞成馅。

② 称量　按产品配方准确称量各种原料。

③ 油脂升温　将香化处理好的混合油脂升温至 160℃。

④ 油煸香辛料　先煸炒新鲜香辛料，然后加入香辛料粉末，煸炒出香气。注意不能煳锅。

⑤ 加酱煸炒　加入干黄酱（或配方中的其他酱）进行煸炒，炒出香气。注意不能煳锅和黏底。

⑥ 加调味料　加其他调味料，同时要求保证溶解均匀。

⑦ 灭菌　加热至 95～100℃，保持 40min 灭菌。

⑧ 灌装　一般需要将酱料降温至凝固状态下，同时开启搅拌，保证物料的均一性，采用料包机进行灌装。一般需要根据配置的面条的重量选择灌装的重量，多数情况下为 10g/袋、25g/袋、50g/袋等。

### 3. 几款特色面条调味酱

**(1) 产品配方**

① 北海道拉面调味酱　浅色酱 230kg，红米酱 100kg，酱油 110kg，果糖浆 115kg，味精 92kg，食盐 38kg，海带精 10kg，猪精 80kg，核苷酸二钠（I＋G）7.5kg，鸡精 30kg，琥珀酸粉 0.8kg，白胡椒粉 1.2kg，辣椒粉 1kg，蒜泥 42kg，鸡骨素 7kg，红褐焦糖色 10kg，姜泥 10kg，蔬菜汁 6.5kg，维生素 E0.2kg，水 115kg，香化油脂适量。

香化油脂配方：猪油 73.5kg，蒜末 10kg，猪骨汤油 18kg，鸡骨汤油 4kg。每 35kg 酱料，再加入 6kg 的香化油脂。使用时用酱料 7 倍水稀释。

② 三鲜汤面调味酱　猪肉精（膏）55kg，酱油 500kg，食盐 20kg，味精 40kg，核苷酸二钠（I＋G）1.5kg，姜泥 8kg，蒜泥 7kg，蚝油 4kg，鸡精 50kg，白砂糖 16kg，水解植物蛋白（HVP）液 50kg，鲣鱼汁 5kg，豆瓣酱 13kg，白胡椒粉 0.9kg，红褐焦糖色 8.5kg，水 340kg，食醋 10kg，香化油脂适量。

香化油脂配方：猪油 110kg，鸡油 35kg，芝麻油 20kg。使用时每 35kg 调料加香化油脂 6kg。

③ 四川担担面调味酱　芝麻酱 160kg，豆瓣酱 20kg，酱油 90kg，食盐 115kg，味精 70kg，核苷酸二钠（I＋G）2kg，白砂糖 40kg，猪骨素 8kg，姜泥 10kg，蒜泥 12kg，辣椒粉 1.5kg，鸡精 20kg，HVP 液 200kg，花椒 0.5kg，辣椒红色素 6kg，水 330kg，香化油脂适量。

香化油脂配方：芝麻油 27kg，菜籽油 20kg，猪油 43kg，辣椒油 60kg。使用时每 35kg 调料，加香化油脂 6kg。

**(2) 工艺流程**

香化油脂
↓
称量→调配→灭菌→灌装→成品

**（3）操作要点**

① 香化油脂制作　按要求将油脂混合、加热。如有香辛料，需要将香辛料炸至金黄色后过滤，去渣留油脂备用。

② 称量　按要求准确称量各种原料。

③ 调配　将各种要求加入到搅拌罐中升温。

④ 灭菌　将混合好的物料加热至 95～100℃，保持 20min 灭菌。

⑤ 灌装　采用料包机双头填充，在物料温度高于 85℃时热灌装。酱料为 35g/袋，香化油脂按要求为 6g/袋，总计每袋为 41g/袋。

**4. 其他味面条调味酱**

**（1）产品配方**

① 香菇炖鸡调味酱　水 41kg，棕榈油 20kg，鸡油 10kg，食盐 15kg，一级酱油 8kg，鲜葱 5kg，玉米淀粉 4.5kg，白砂糖 3kg，纯鸡肉粉 3kg，香菇粉 3kg，鲜姜 2.5kg，HVP 粉 2kg，鸡骨白汤 2kg，鲜蒜 1.5kg，味精 1.5kg，酵母抽提物 1kg，辣椒粉 0.5kg，鸡肉香精 0.5kg，香菇香精 0.5kg，花椒粉 0.2kg，核苷酸二钠（I＋G）0.1kg，桂皮 0.1kg，小茴香粉 0.1kg。

② 鲜虾鱼板酱　棕榈油 35kg，虾皮粉 6kg，鲜虾精粉 2kg，鱼粉 2kg，一级酱油 5kg，稀黄酱 3kg，洋葱 6kg，食盐 14kg，白砂糖 3.4kg，味精 3kg，大蒜 2kg，酵母抽提物 1kg，水解植物蛋白粉 0.5kg，生姜 2kg，白胡椒粉 0.4kg，核苷酸二钠（I＋G）0.2kg，辣椒粉 0.4kg，虾味香精 0.3kg，糊精 3.8kg，水 10kg。

③ XO 调味酱　大豆油 20kg，棕榈油 15kg，干贝丝 8kg，虾米碎 7kg，鱼粉 2.4kg，一级酱油 5.4kg，稀黄酱 4kg，甜面酱 3kg，紫洋葱碎 5kg，泡椒碎 2kg，食盐 10kg，白砂糖 1.4kg，味精 2kg，大蒜 4kg，白胡椒粉 0.2kg，核苷酸二钠（I＋G）0.2kg，辣椒粉 0.4kg，水 10kg。

④ 红焖羊肉酱　棕榈油 20kg，羊油 10kg，羊肉膏 11kg，洋葱 3kg，生姜 1.5kg，食盐 13kg，白砂糖 1.5kg，味精 6kg，孜然粉 1kg，草果粉 0.1kg，核苷酸二钠（I＋G）0.2kg，小茴香粉 0.3kg，玉米淀粉 1.8kg，黑胡椒粉 0.6kg，辣椒粉 1.8kg，二级酱油 8.2kg，水 20kg。

⑤ 酱味拉面调味酱　豆酱 50.5kg，酱油 18kg，猪肉香味油脂 15.5kg，鸡精 3.5kg，味精 2kg，鲣鱼汁 1.5kg，精制盐 2kg，香油 1.5kg，白砂糖 5kg，洋葱粉 0.8kg，姜粉 0.7kg，蒜粉 0.5kg，黑胡椒粉 0.4kg，核苷酸二钠（I＋G）0.2kg，琥珀酸粉末 0.05kg，辣椒粉 0.1kg，水 10kg。

⑥ 浓缩骨汤调味酱　食盐 60.6kg，味精 40kg，核苷酸二钠（I＋G）2kg，猪骨油 20kg，黑胡椒粉 1.4kg，琥珀酸粉末 1kg，蒜汁 60kg，浓缩猪骨素 120kg，鸡精 70kg，鸡骨素 80kg，水 130kg，酒精 27kg。

⑦ 酱油汤面调味酱　酱油 330kg，食盐 2kg，味精 20kg，白砂糖 70kg，浓缩猪骨素 30kg，黄原胶 1kg，核苷酸二钠（I＋G）2kg，蒜泥 10kg，鸡精 30kg，猪骨油 20kg，豆瓣酱 10kg，白胡椒粉 2kg，鱼酱油 10kg，HVP 液 30kg，预糊化淀粉 30kg，红褐焦糖色 4kg，花椒粉 1kg，姜泥 20kg，水 315kg。

⑧ 酱味汤面调味酱　红米酱 240kg，浅色米酱 45kg，HVP 液 110kg，白砂糖 60kg，食盐 100kg，味精 69kg，红褐焦糖色 4.8kg，鸡精 3.8kg，核苷酸二钠（I＋G）3.5kg，琥珀酸 0.8kg，猪骨油 15kg，黑胡椒粉 1kg，辣椒粉 1kg，蒜泥 23.5kg，姜泥 2kg，红烧猪肉膏 13.5kg，蔬菜汁 8kg，鸡骨素 2.5kg，水 280kg，酒精 15kg。

**（2）工艺流程**

洋葱、大葱、大蒜、生姜→清洗、绞碎成泥

称量→油脂升温→油焖香辛料→加酱焖炒→加调味料→灭菌→加香料→灌装

**（3）操作要点**

① 原料预处理　将洋葱、大葱、大蒜、生姜清洗后，绞碎成泥状。

② 称量　按产品配方准确称量各种原料。

③ 油脂升温　将配方中的油脂升温至 160℃。

④ 油焖香辛料　先焖炒新鲜香辛料，然后加入香辛料粉末，焖炒出香气，注意不能煳锅。

⑤ 加酱焖炒　加入干黄酱进行焖炒，炒出香气，注意不要煳锅和黏底。

⑥ 加调味料　加其他调味料，同时要求保证溶解均匀。

⑦ 灭菌　加热至 95～100℃，保持 40min 灭菌。

⑧ 灌装　一般需要将酱料降温至凝固状态下，同时开启搅拌，保证物料的均一性，采用料包机进行灌装。一般需要根据配置的面条的重量选择灌装的重量，多数情况下为 10g/袋、25g/袋、50g/袋等。

## 5. 四川凉面酱

**（1）产品配方**　芝麻酱 15g，黑醋 60g，辣椒油 30g，香油 15g，大蒜 15g，米酒 10g，花生仁 15g，白醋 30g，糖 15g，冷开水 30g。

**（2）工艺流程**

原料准备→制酱→成品

**（3）操作要点**

① 原料准备　大蒜去皮洗净，捣成蒜泥，加水搅拌均匀。花生仁炒熟，去种皮磨成粉备用。

② 制酱　将芝麻酱加入黑醋，用冷开水拌开，把其他所有食材加入，搅拌均匀即可。

### 6. 方便面用麻辣酱

**(1) 原料配方** 棕榈油 120g，豆瓣酱 50g，辣椒 20g，花椒 10g，胡椒 2.5g，食盐 10g，蒜泥 5g，味精 3g，适量辣椒红色素和水。

**(2) 生产工艺流程**

棕榈油→加热→油炸→加热搅拌→煮沸→搅拌→停止加热→计量包装→成品

花椒等混合料←调味料←辣椒红色素

**(3) 操作要点**

① 原料选择及处理 豆瓣酱选用优质豆瓣酱；辣椒选用含水量在 8.0% 以下的鲜红色或紫红色干辣椒，把辣椒磨碎，要求辛辣味强，无杂质，无霉变；花椒和胡椒要求具有本品特有的辛香味；大蒜要求新鲜，饱满，无烂斑，磨成蒜泥。

② 棕榈油加热、油炸 棕榈油应加热至 120℃ 以上，加入辣椒同时进行搅拌，当显示黄褐色时，立即加入豆瓣酱，豆瓣酱经过高温油炸，可产生特有的酱香气。在油炸豆瓣酱时，应加强搅拌，避免豆瓣酱粘在锅底而焦煳，直接影响成品酱包的风味。

③ 加热搅拌煮沸、搅拌 将花椒、胡椒、食盐、蒜泥、水混合在一起，加入炸好的豆瓣酱中搅拌均匀，继续加热至沸腾，持续时间长些，可以浓缩排除水分，杀死酱体中的各种微生物，延长酱包的保藏时间。在加热快结束的时候加入味精；在加热结束后加入辣椒红色素，搅拌均匀即可把料放入储料罐中。添加适量的脂溶性辣椒红色素，可以改善酱体色泽，使油脂呈橙红色。在加水复原时，水面的红色油花可以增进食欲。

④ 计量包装 放在储料罐中的调味料保持温度在 80℃ 左右，不仅能抑制细菌，且流动性较好，易于输送到各包装机上进行包装。包装好的酱包经耐压试验后，封口良好的即可装箱作为成品。

## 三、肉类及海鲜风味酱

### 1. 牛肉香辣酱

**(1) 产品配方** 熟牛肉 20kg，糊精 18.8kg，大豆油 16kg，黄酱 15kg，芝麻酱 10kg，辣椒粉 8kg，面酱 5kg，食盐 2.5kg，芝麻 1kg，水解植物蛋白粉 1kg，味精 0.6kg，辣椒红色素 0.5kg，蔗糖脂肪酸酯 0.45kg，蒜泥 0.4kg，姜泥 0.4kg，葱泥 0.25kg，山梨酸钾 0.05kg，核苷酸二钠（I+G）0.05kg。

炖牛肉时加入各种香料 9.2kg。香料配比如下：葱 5kg（切段）、姜 2kg（切丝）、肉豆蔻 200g、丁香 200g、香叶 200g、小豆蔻 200g、花椒 200g、八角 400g、桂皮 400g、小茴香 200g、砂仁 200g。

**（2）工艺流程**

牛肉→炖熟→称量→绞碎

            ↓

炝锅→入料→熬制→配料→出锅→灌装→封口→杀菌→贴标→成品

**（3）操作要点**

① 炖牛肉 将香料捣碎，用纱布包好，与牛肉等其他调味料一起煮沸，要求每 100kg 鲜牛肉加水 300kg，煮至六七成熟后，加入 4kg 食盐，小火炖 2h 即可。

② 熬制 将油入锅烧热后，加入葱泥和姜泥，炸至黄色，出味后加入辣椒粉，然后将黄酱、面酱、芝麻酱和糊精加入，进行熬制。

③ 配料 分别将辅料用少量水溶化，在熬制后期加入，如增鲜剂、防腐剂、乳化剂、水解植物蛋白粉、食盐、味精可直接加入，同时加入绞碎的牛肉和部分牛肉汤，快出锅时加入蒜泥、芝麻和辣椒红色素。应注意的一点是，防腐剂（山梨酸钾）应用温水化开后，在开锅前加入，一定要混合均匀，否则达不到防霉的作用，另外也可加入少量抗氧化剂，使产品货架期更长。

④ 灌装 将瓶子洗净后，控干，利用 80～100℃的温度将瓶烘干，然后进行灌装。酱体温度在 85℃以上时趁热灌装，可不必进行杀菌，低于 80℃灌装，应在水中煮沸杀菌 40min。

## 2. 榨菜牛肉酱

**（1）产品配方** 榨菜 20kg，牛肉 15kg，植物油 10kg，糊精 30kg，鲜辣椒糊 15kg，花生酱 15kg，芝麻 1kg，食盐 2kg，番茄酱 8kg，水解植物蛋白粉 1kg，味精 150g，蔗糖脂肪酸酯 500g，单甘油酯 500g，胡椒粉 200g，核苷酸二钠（I＋G）10g，山梨酸钾 50g，蒜粉、姜粉、葱粉适量。

**（2）工艺流程**

      炒锅→入油→熬制

               ↓

牛肉→炖熟→称量→绞碎→配料→出锅→灌装→封口→杀菌→贴标→成品

**（3）操作要点**

① 炖牛肉 将牛肉切块，炖法与牛肉香辣酱相同。

② 熬制 在锅中放油，待油热后将所有的液体原料入锅熬制，边搅拌边加热。酱在熬制过程中，只能凭经验判断酱是否可以出锅，或用折光仪进行检测，待熬制酱的固形物含量小于 28%时即可。

③ 配料 待酱快熬制好时，加入粉状原料，量少的原料需先用水化开后加入。

④ 灌装 将瓶子洗净后控干，用 80～90℃的温度将瓶子烘干，然后进行灌装。

酱体温度在85℃以上热灌装，可不必进行杀菌，低于80℃灌装，应在水中煮沸加热杀菌40min。

### 3. 几种肉类辣酱

**（1）产品配方**

① 猪肉辣酱　黄豆酱100kg，辣椒酱20kg，辣椒粉2.4kg，白砂糖1.6kg，菜油9kg，黄酒2.6kg，五香粉1.2kg，味精0.87kg，糖精0.0173kg，猪肉7kg，苯甲酸钠0.087kg，山梨酸钾0.087kg，水30kg。

② 牛肉辣酱　黄豆酱100kg，辣椒酱20kg，辣椒粉2.4kg，白砂糖1.6kg，菜油9kg，黄酒2.6kg，五香粉1.2kg，味精0.87kg，糖精0.0173kg，牛肉7kg，苯甲酸钠0.087kg，山梨酸钾0.087kg，水30kg。

③ 鸡肉辣酱　黄豆酱100kg，辣椒酱20kg，辣椒粉2.4kg，白砂糖8kg，菜油9kg，黄酒2.6kg，五香粉1.2kg，味精0.87kg，糖精0.0173kg，鸡肉8.7kg，苯甲酸钠0.087kg，山梨酸钾0.087kg，水30kg。

④ 兔肉辣酱　黄豆酱100kg，甜面酱73.5kg，辣椒酱38kg，辣椒粉4.6kg，白砂糖9.2kg，菜油17kg，黄酒5kg，五香粉2.3kg，味精1.8kg，兔肉13kg，苯甲酸钠0.166kg，山梨酸钾0.166kg，水70kg。

⑤ 香肠辣酱　黄豆酱100kg，甜面酱200kg，辣椒酱83.5kg，辣椒粉10kg，白砂糖20kg，菜油37kg，黄酒11kg，五香粉5kg，味精4kg，香肠72kg，苯甲酸钠0.36kg，山梨酸钾0.36kg，水180kg。

⑥ 火腿辣酱　黄豆酱100kg，甜面酱200kg，辣椒酱83.5kg，辣椒粉10kg，白砂糖20kg，菜油37kg，黄酒11kg，五香粉5kg，味精4kg，火腿72kg，苯甲酸钠0.36kg，山梨酸钾0.36kg，水180kg。

**（2）工艺流程**

肉类→预处理

↓

黄豆酱、甜面酱、辣椒酱→磨碎→调配→灭菌→热灌装→成品

**（3）操作要点**

① 酱类处理　将黄豆酱、甜面酱、辣椒酱通过胶体磨磨细成泥状。

② 肉类预处理　包括猪肉、牛肉、鸡肉、兔肉、香肠、火腿等，要求选择新鲜的肉类或优良的腌制品。

A. 猪肉　将新鲜猪肉洗净；若用干肉，则浸泡发胀后洗净；若用咸肉则浸水，刮去盐渍及脏物，洗净。均切成大小约1cm见方的肉丁。最后按配方要求，加工成五香肉类。在加工中一定要讲究烹调技术，研究烹调工艺，使五香肉类质量优良，风味鲜美。

B. 兔肉　选择丰满无病的肉兔，将兔皮剥去，取出内脏，清洗干净，然后蒸

煮成熟，再切成大小约 1cm 见方的肉丁，最后烹调加工成五香肉类备用。

C. 鸡肉　鸡肉品种较多，其风味各不相同，为了保持产品的固有风味，应选用同一鸡种。将鸡去毛及去内脏，去头去脚后清洗干净，然后蒸煮成熟，再切成大小约 1cm 见方的肉丁，最后加工烹调成五香鸡肉丁备用。

D. 牛肉　将新鲜的牛肉清洗干净，切成大小约 1cm 见方的肉丁，然后蒸熟，再加工烹调成五香牛肉丁备用。

E. 火腿　将火腿洗净，先切成大块蒸熟，然后去骨，再切成大小约 1cm 见方的肉丁备用。

F. 香肠　将香肠洗净，蒸熟，切成薄片备用。

③ 调配　按配方要求加入其他调味原料。苯甲酸钠和山梨酸钾加入时需要用少量热水化开。同时边投料边开启搅拌，使物料充分混合均匀。

④ 灭菌　投料完成后，在 95～98℃下保持 30min 灭菌。

⑤ 热灌装　灭菌结束后，即可进行灌装。

### 4. 海鲜辣椒酱

**(1) 产品配方**　红辣椒 25kg，虾油 30kg，料酒 3kg，白醋 1kg，姜 1.5kg，味精 0.5kg，白砂糖 5kg，桂皮、花椒、八角、小茴香、丁香各 0.2kg，水 34kg，盐适量。

**(2) 工艺流程**

香辛料→粉碎
↓
红辣椒→盐腌→脱盐→磨糊→混合→搅拌→后熟→装袋灭菌→成品

**(3) 操作要点**

① 盐腌　将红辣椒的头部和尾部各用竹签扎一个孔，然后在水中漂洗几分钟，捞出沥干，然后放入大缸中加入盐水进行腌制，每隔 12h 要翻到 1 次，4～5 天后捞出。再将辣椒放入大缸中加入 25％的粗盐继续腌制，每天翻到 1 次，4 天后可进行静置腌制，40 天左右便可成为半成品备用。

② 磨糊　将辣椒半成品从缸中捞出，在清水中浸泡 5～6h，并洗去盐泥等杂物，把处理好的辣椒、姜片及少量盐水打碎磨糊。

③ 粉碎　按照配方要求将桂皮等香辛料、白砂糖、味精、料酒、白醋等原料与辣椒糊一起放入大缸中，搅拌均匀，封盖进行后熟。要求每天搅拌 1 次，将酱料上下翻动，15 天即可成熟。

④ 装袋灭菌　将酱料加热到 85℃，保持 10min，然后趁热灌装封口，经过冷却即为成品。

### 5. 鱼酱

**(1) 产品配方**　小鲜鱼 100kg，鲜红辣椒 500kg，米酒 40kg，生姜 5kg，食盐

25kg，花椒、茴香适量。

**（2）工艺流程**

鲜红辣椒→晾干→剁碎

小鲜鱼→腌制→配料→密封沉化→成品

**（3）操作要点**

① 腌制　先将小鲜鱼用清水喂养 1 天，使其排泄干净。然后按鱼重的 25％加入食盐，按鱼重的 40％加入米酒，米酒的酒精含量应为 35％，放入坛内浸渍 20 天以上。

② 剁碎　将去蒂洗净、晾干水分的鲜红辣椒、生姜均剁为碎块。

③ 配料　将辣椒块、生姜块放入盆中，加入适量花椒、茴香，把坛内的鱼和汁倒入盆中，拌匀，再装入坛内盖好，密封 2 个月即可食用。

### 6. 虾酱

**（1）产品配方**　小型虾 100kg，食盐 30～35kg，香料适量。

**（2）工艺流程**

原料处理→腌渍发酵→成熟酱缸→增香→包装→成品

**（3）操作要点**

① 原料处理　原料以小型虾类为主，常用的有小白虾、眼子虾、糠虾等。选用新鲜及体质结实的虾，用网筛筛去小鱼及杂物，洗净沥干。

② 腌渍发酵　加入虾质量 30％～35％的食盐，拌匀，渍入缸中。用盐量的大小根据气温及原料的鲜度而确定。气温高、原料鲜度差，适当多加盐；反之则少加盐。经 7 天后，虾体发红，表明已初步发酵，即可压去卤汁。然后把虾体磨成细酱状，盛入缸中。在阳光下任其自然发酵 7 天，此后每天搅拌 2 次，每次 20min。用木棒上下搅匀、捣碎，然后压紧抹平，以使发酵均匀、充分。

③ 成熟酱缸　置于室外，借助日光加温促进成熟。缸口必须加盖，不使日光直照原料，防止发生过热变黑。同时应避免雨水尘沙的混入。连续发酵 15～30 天后，虾酱发酵完成，色泽微红，可以随时出售。如要长时间保存，必须置于 10℃以下的环境中贮藏。得率为 70％～75％。

④ 增香　在加食盐时，同时加入茴香、花椒、桂皮等香料，混合均匀，以提高制品的风味。

⑤ 包装　定量装瓶，加盖封口即成。成品存放于阴凉处。

如要制成虾酱砖，可将原料小虾去杂洗净后，加 10％～15％的食盐，盐渍 12h，压取卤汁；经粉碎，日晒 1 天后倒入缸中，加白酒 0.2％和茴香、花椒、橘皮、桂皮、甘草等混合香料 0.5％，充分搅匀，压紧抹平表面，再洒酒一层，促进发酵。当表面逐渐形成一层厚 1cm 的硬膜时，晚上加盖。发酵成熟后，缸口打一小孔，使发酵渗出的虾卤流集孔中，取出即为浓厚的虾油成品。如不取出虾卤，时间长了又复渗回酱中。成熟后的虾酱首先除去表面硬膜，取出软酱，放入木制模匣中，制成长方砖形，去掉膜底，取出虾酱，风干 12~24h 即可包装销售。

### 7. 贝肉酱

**(1) 产品配方**　贝肉 85kg，面粉 15kg，酱油曲种适量，15°Bé 盐水 100kg。

**(2) 工艺流程**

原料处理→蒸煮→接种→发酵→后熟→成品

**(3) 操作要点**

① 原料处理　蛤肉、蚶肉等均可作为原料，充分脱沙洗净，然后绞碎。

② 蒸煮　以 85% 贝肉和 15% 面粉拌和均匀，入蒸笼上蒸 1h 左右。

③ 接种　蒸后放冷至 40℃ 左右，撕成小块，加入预先用少量面粉调好的酱油曲种拌和均匀，装入盘内。放在温度变化不大的室内，使之生霉发酵。

④ 发酵　盆内物料每天上下倒换 1 次，使其发酵均匀。经 3~5 天，贝肉上全部有白霉，并渗入内部。待其干燥，使温度由高温下降至室温时，即发酵完成。

⑤ 后熟　发酵半成品中加入其重量 1 倍的 15°Bé 的盐水，置室温内或阳光下使之进一步分解。每天早晚各拌 1 次至贝肉分解成糊状。

### 8. 蟹酱

**(1) 产品配方**　鲜海蟹 100kg，食盐 25~30kg。

**(2) 工艺流程**

原料处理→捣碎→腌渍发酵→贮藏→包装→成品

**(3) 操作要点**

① 原料处理　选择新鲜海蟹为原料，以 9 月份至翌年 1 月份的蟹为上等。捕捞后，及时加工处理。用清水洗净后，除去蟹壳和胃囊，沥去水分。

② 捣碎　将去壳的蟹置于桶中，捣碎蟹体，愈碎愈好，以便加速发酵成熟。

③ 腌渍发酵　加入 25%~30% 的食盐，搅拌混合均匀，倒入发酵容器，压紧抹平表面，以防酱色变黑。经 10~20 天，腥味逐渐减少，则发酵成熟。

④ 贮藏　蟹酱在腌渍发酵和贮藏过程中，不能加盖与出晒，以免引起变色，失去其原有的色泽。

⑤ 包装　每 300g 定量装瓶，真空封口，真空度为 50kPa。

### 9. 海鲜酱

**(1) 产品配方**　虾米 20kg，白芝麻 6kg，红椒、辣椒粉各 8kg，蒜、罗望子汁、柠檬汁、虾酱辣味酱、鱼露、糖各适量。

**(2) 工艺流程**

原料处理→混合→成品

**(3) 操作要点**

① 原料处理　红椒洗净、切段；虾米洗净、沥干；蒜去皮、切末；白芝麻可先炒熟，这样会更香。

② 混合　将虾米与糖、蒜末、白芝麻、红椒、辣椒粉、罗望子汁、柠檬汁、虾酱辣味酱、鱼露混合均匀即可。

## 10. 几种海鲜辣酱

**(1) 产品配方**

① 虾米辣酱　黄豆酱100kg，甜面酱60kg，辣椒酱45.5kg，芝麻酱15kg，鲜酱油30kg，五香粉0.33kg，辣椒粉4.6kg，白砂糖6kg，麻油15kg，黄酒5kg，味精1kg，虾米26kg，苯甲酸钠0.16kg，山梨酸钾0.16kg，水20kg。

② 鱿鱼辣酱　黄豆酱100kg，甜面酱60kg，辣椒酱45.5kg，芝麻酱15kg，鲜酱油30kg，五香粉0.33kg，辣椒粉4.6kg，白砂糖6kg，麻油15kg，黄酒5kg，味精1kg，鱿鱼26kg，苯甲酸钠0.16kg，山梨酸钾0.16kg，水20kg。

③ 目鱼辣酱　黄豆酱100kg，甜面酱60kg，辣椒酱45.5kg，芝麻酱15kg，鲜酱油30kg，五香粉0.33kg，辣椒粉4.6kg，白砂糖6kg，麻油15kg，黄酒5kg，味精1kg，目鱼26kg，苯甲酸钠0.16kg，山梨酸钾0.16kg，水20kg。

④ 淡菜辣酱　黄豆酱100kg，甜面酱110kg，辣椒酱75kg，芝麻酱50kg，鲜酱油100kg，五香粉0.54kg，辣椒粉7.5kg，白砂糖15kg，麻油25kg，黄酒8kg，味精1.6kg，淡菜22kg，苯甲酸钠0.27kg，山梨酸钾0.27kg，水25kg。

⑤ 海味辣酱　黄豆酱100kg，甜面酱60kg，辣椒酱45.5kg，芝麻酱15kg，鲜酱油30kg，五香粉0.33kg，辣椒粉4.6kg，白砂糖6kg，麻油15kg，黄酒5kg，味精1kg，虾米6kg，鱿鱼6kg，蚌肉6kg，蟹干6kg，苯甲酸钠0.16kg，山梨酸钾0.16kg，水15kg。

**(2) 工艺流程**

水产类→预处理

↓

黄豆酱、甜面酱、辣椒酱→磨碎→调配→灭菌→热灌装→成品

**(3) 操作要点**

① 磨碎　将黄豆酱、甜面酱、辣椒酱通过胶体磨磨细成泥状。

② 水产类预处理

A. 虾米　将小虾米用水淘洗，去掉散屑及皮壳，再浸泡在适量的温水中，使其吸收水分而发胀变软。如果采用大虾米或虾仁，则先在温水中浸泡至发胀软透后切成小段。如果采用新鲜较大的虾皮，则应淘洗清洁沥干，然后用油炒至酥香备用。

B. 淡菜　用清水浸泡至淡菜中心胀开，用剪刀将肚下的毛皮及杂质去掉，再

切成小块，然后冲洗干净，沥干水分，以 80kPa 蒸汽压力蒸煮 1h 出锅，然后再加入酱油浸泡 8～10h 备用。

C. 鱿鱼及目鱼　先除去头颈部分，再除去内壳、眼珠及嘴旁的软骨和杂质等，切成长 2cm、宽 0.8cm 的块状加水冲洗干净，然后浸泡 4～5h 后，以 80kPa 蒸汽压力蒸煮 40～45min 后出锅，最后加入酱油浸泡 4～5h 备用。

D. 蟹干　先将蟹干放在清水中浸泡 4～5h，然后沥干，加 2％碳酸钠，再加水至蟹干浸没为度，继续浸泡 4～5h，至蟹肉柔软而呈玉白色为度，取出沥干，以 80kPa 蒸汽压力蒸煮 40～45min 出锅，最后加入酱油浸泡 8～10h 备用。

E. 蚌肉　蚌肉用清水浸泡 2～3h，待稍为发软，取刀挖去肚内泥杂物，并切成小块，冲洗干净，加水浸泡直至软透，取出沥干，以 80kPa 蒸汽压力蒸煮 40～45min 出锅，最后加入酱油浸泡 8～10h 备用。

③ 调配　按配方要求加入其他调味原料。苯甲酸钠和山梨酸钾加入时需要用少量热水化开。同时边投料边开启搅拌，使物料充分混合均匀。

④ 灭菌　投料完成后，在 95～98℃下保持 30min 灭菌。

⑤ 热灌装　灭菌结束后，即可进行灌装。

### 11. XO 酱

**(1) 产品配方**　干贝 200g，淡菜 100g，金钩 100g，咸红鱼干 150g，银鱼干 75g，海螺干 100g，广式香肠 200g，广式腊肉 150g，牛里脊肉 250g，野山椒 2 小瓶，豆瓣 40g，蚝油 200g，草菇老抽 20g，生抽王 30g，美极鲜味汁 15g，食盐 2g，胡椒粉 5g，味精 5g，白糖粉 30g，花雕酒 50g，花生油 750g，姜、葱、洋葱头各 100g。

**(2) 工艺流程**

原料预处理→炒制→成品

**(3) 操作要点**

① 原料预处理　干贝要求粒大、色黄、形整、颗粒圆。制作时放入碗中加水蒸软后，沥干水，用刀剁成蓉。淡菜要粒大、色正、干燥，放碗中加水蒸软后，沥干水，用刀剁成蓉。金钩要求色黄、粒大、干燥，温水发开后剁成蓉。咸红鱼干要求肉色棕红、皮白、无腐烂、干燥，切厚片去皮，上笼蒸透，去刺后油炸至酥，剁成蓉。银鱼干要求色白、体大均匀、干燥，温水发透后剁成蓉。海螺干要求色浅黄、片大、干燥、厚薄均匀，加水上笼蒸透后，取出剁成蓉。广式香肠要求色红、饱满、新鲜，用水洗净后上笼蒸透，剁成蓉。广式腊肉要求色红、纯瘦、新鲜，用水洗净后上笼蒸透，剁成蓉。牛里脊肉要求新鲜，洗净剁成蓉。野山椒要求广东产，去蒂剁成蓉。豆瓣要求色红、水分少、剁成蓉。所有干货原料一定要要求发开，不能有硬心。

② 炒制　炒锅置火上，倒入花生油烧热，下入姜（拍破）、葱（切节）、洋葱

头（切小块），炸出香味后，捞去姜、葱、蒜头不用，将油倒入容器中晾凉。

炒锅置火上，倒入炼过的花生油烧热；先下牛肉蓉炒干水分，再下香肠、腊肉蓉炒干水分，然后加入干贝、淡菜、金钩、咸红鱼干、银鱼干、海螺干蓉，待炒至酥香后，加入野山椒、豆瓣蓉，掺入清水约150g，调入蚝油、草菇老抽、生抽王、美极鲜味汁、食盐、胡椒粉、味精、白糖粉、花雕酒等调料，改用小火将锅中水分收干，略凉后起锅装入容器中即成。

炒制时，所有原料一定要炒散。应避免结块现象。一定要将原料炒至酥香后，才能加清水和调料，最后收水分时不能收得太干。

## 四、果蔬复合调味酱

### 1. 西瓜豆瓣酱

**(1) 产品配方**　西瓜1个，大豆5kg，生姜1kg，花椒、八角、姜、面粉各适量。

**(2) 工艺流程**

① 制曲工艺流程

大豆→去杂清洗→浸泡→蒸煮淋干→拌入面粉→摊晾→制曲→成曲

② 制酱工艺流程

西瓜→切半→挖瓤→切块→配料→发酵→装瓶→成品

**(3) 操作要点**

① 大豆的预处理　挑除杂质、霉烂、破残豆，加水浸泡至豆粒表皮刚涨满、液面不出现泡沫为度。取出沥干水分，再用水反复冲洗，除净泥沙。浸泡后的大豆在常压下蒸煮，维持4h，豆粒基本软熟即可出甑。

② 制曲　出甑大豆拌入少量面粉，包裹豆粒即可，然后摊晾于干净的曲帘上，使其自然发酵，至菌丝密布、表面呈黄色时，即可出曲。搓散，储存备用。

③ 西瓜处理　挑选成熟的西瓜，利用清水洗净，洗净，切开挖出瓜瓤，不需去籽，切成5cm见方的丁字块，调整含糖量。

④ 配料、发酵　将西瓜瓤和豆曲以5∶1比例混合，香辛料以花椒、八角、姜为主，每50kg西瓜瓤约加入1kg香辛料。将上述原辅料充分混合均匀，使料温保持在45℃左右或直接装入大缸中在烈日在暴晒，发酵7天即可，经过装瓶、密封即为成品。

### 2. 西瓜皮酱

**(1) 产品配方**　绞碎西瓜皮40kg（若为冻西瓜皮则为33kg），白砂糖55kg，淀粉糖浆（按100%计）5kg，琼脂440g（若用冻西瓜皮则为500g），柠檬香精45mg，柠檬黄色素22g，柠檬酸287g。

**（2）工艺流程**

选料→切开去瓤→绞碎→取籽→加热浓缩→装罐→密封→杀菌→冷却→成品

**（3）操作要点**

① 选料　新鲜厚皮西瓜，洗净，刨尽青皮。瓜柄处硬质皮应切净。

② 切开去瓤　切6～8开，将瓜肉削下，黄肉瓜内皮可稍带瓜肉；红肉或橘黄肉者，则必须削尽至接近中果皮色，然后用水洗1次。

③ 绞碎　用绞板孔径9～11mm的绞肉机绞碎（速冻西瓜皮为7～9mm），绞出的皮成粒状，并及时浓缩。

④ 加热、浓缩　按配比规定，将白砂糖配成65%～70%的糖液，先取一半加入绞碎瓜皮中，在真空浓缩锅内加热软化20～30min，然后将剩余糖液及淀粉糖浆1次吸入，在真空度80.0kPa浓缩15～20min。待可溶性固形物达69%～70%时，将溶解过滤后的琼脂吸入锅内，继续浓缩5～10min，至可溶性固形物达67%～68%（瓜皮应为64%）时，关闭真空泵，破除真空。加热煮沸后，即加入柠檬酸、柠檬黄色素、柠檬香精，搅拌均匀后出锅，迅速装罐。琼脂按干琼脂1份，加水14～16份，经蒸汽加热溶化，再经离心机（内衬绒布袋）过滤后才能使用。

⑤ 装罐　趁热装罐，一般采用玻璃瓶。

⑥ 密封　酱体温度不低于85℃，装罐后停约2min再密封。

⑦ 杀菌、冷却　用排气箱蒸汽加热杀菌，并用温水洗净瓶外壁，分段淋水冷却。

### 3. 茄子酱

**（1）产品配方**　茄子150kg，胡萝卜35kg，油炸洋葱1.53kg，油炸芹菜、荷兰芹、茴香共600g，含固形物15%的番茄酱7.5kg，食盐6.5kg，白砂糖400g，胡椒粉25g，芹菜叶、荷兰芹叶、茴香叶共15g。

**（2）工艺流程**

原料验收→挑选→水洗→盐水浸泡→切片→蒸煮→打浆→小料油炸→配料绞碎→加番茄酱→搅拌→装罐→密封→杀菌→冷却→成品

**（3）操作要点**

① 原辅料质量要求　茄子：新鲜、成熟适度、紫色、无病虫害及腐烂现象。番茄：色泽呈红色或橙红色，含固形物15%，无霉变现象。荷兰芹：无霉烂变质，具有浓郁的香味。食盐：精细、洁白、干燥，含氯化钠99%以上。

② 挑选、水洗、盐水浸泡　剔除有病虫害、腐坏发霉的以及严重碰伤的茄子，用清水洗净，浸于10%盐水中约5min，然后捞出，冲洗表面附着的盐水。

③ 切片　用刀先去蒂把，然后切成厚1cm的片，厚薄要基本一致。

④ 小料处理　胡萝卜洗干净后用刀除去根茎部及表皮呈青色的部分，再用水洗净后切段，加热软化，洋葱洗净，切去根部，剥除表皮，切片。茴香洗净，择去

粗茎及枯萎部分。芹菜去根部，洗净，将茎切成长 4cm 的小段。荷兰芹洗净，修除腐坏部分及中心坚实的梗茎，切成薄片。

⑤ 蒸煮、打浆　将茄子、胡萝卜分别蒸煮后，打浆。

⑥ 小料油炸　所有小料除芹菜与荷兰芹一起炸外，其他要分别进行油炸，油温为 140～160℃，炸至微变黄色，控油备用。

⑦ 配料绞碎　将茄子浆、胡萝卜浆与油炸洋葱、油炸芹菜、油炸荷兰芹、油炸茴香放在一起绞碎，筛孔直径 1～3mm。

⑧ 搅拌　番茄酱与上述绞碎的诸料混合，加入食盐、白砂糖、胡椒粉和三种菜叶（芹菜叶、荷兰芹叶、茴香叶），混合搅拌。

⑨ 装罐　装罐用玻璃瓶（500g），热装。

⑩ 密封　用排气法密封。

⑪ 杀菌　116℃杀菌 15min。

⑫ 冷却　分段冷却至 38℃左右。

## 4. 番茄酱

**(1) 产品配方**　番茄 10kg。

**(2) 工艺流程**

原料验收→清洗→修整→破碎→加热→打浆→真空浓缩→预热→装罐→密封→杀菌→冷却→揩罐→成品

**(3) 操作要点**

① 原料验收　番茄原料采用一定要全红，符合规格要求。采收后的番茄按其色泽、成熟度、裂果等进行分级，分别装箱。

② 清洗　把符合生产要求的番茄倒入浮洗机内进行清洗，去除番茄表面的污物。

③ 修整　剔除不符合质量要求的番茄，去除番茄表面有深色斑点或青绿色果蒂部分，以保证番茄原料的质量。

④ 破碎　用螺旋输送机将精选后的番茄均匀地送入破碎机进行破碎和脱籽。

⑤ 加热（热处理）　通过管式加热器在 85℃左右加热果肉汁液，以便及时破坏胶质，提高黏稠度。

⑥ 打浆　经热处理后果肉汁液及时输入三道不同孔径、转速的打浆机进行打浆，第一道孔径为 1mm（转速为 820r/min），第二道孔径为 0.8mm（转速为 1000r/min），第三道孔径为 0.4～0.6mm（转速为 1000r/min）。

⑦ 真空浓缩　应用真空浓缩锅进行浓缩。浓缩前应对设备仪表进行全面检查，并对浓缩锅及附属管道进行清洗和消毒，然后进行浓缩。采用双效真空浓缩锅经过三个蒸发室，番茄酱浓度达到要求为止。

⑧ 预热　浓缩后的番茄酱，经检查符合成品标准规定即可通过管式加热器快

速预热，要求酱温度加热至 95℃后及时装罐。

⑨ 装罐、密封　番茄酱装罐后要及时密封，密封时封罐机真空度 26.7～40.0kPa。

⑩ 杀菌、冷却　已密封的罐头应尽快进行杀菌，间隔时间不超过 30min。灭菌公式：5min—25min—40min/100℃。沸水灭菌后的罐头应及时冷却至 40℃以下。

⑪ 揩罐　冷却后应及时将罐头揩干，堆装。

## 5. 木瓜酱

**(1) 产品配方**　木瓜 1kg，白砂糖适量。

**(2) 工艺流程**

原料验收→去皮→切半→去籽、蒂→脱涩→切块→软化→打浆→浓缩→装罐→密封→杀菌→冷却→成品

**(3) 操作要点**

① 原料验收、去皮　不适于生产木瓜罐头的小型果或加工罐头剩下的破碎不齐果块、肉瓢均可。采用人工或碱液去皮方法。

② 切半、去籽及蒂、脱涩　用不锈钢刀纵切对开，除掉籽、蒂。采用恒温温水浸泡方法脱涩。

③ 切块、软化　将果肉切成大小较均匀的碎果块，加入适量白砂糖加热软化。

④ 打浆、浓缩　泥状酱应采用孔径 0.7～1.5mm 的打浆机打浆后加糖浓缩，块状酱不用打浆可直接加砂糖浓缩，至可溶性固形物 50%左右为止。

⑤ 装罐、密封　采用 380g 四旋玻璃瓶，经洗净加热消毒后，罐温 40℃以上，酱温 80～90℃灌装。装罐后立即密封，旋紧罐盖。

⑥ 杀菌、冷却　杀菌公式 5min—20min—15min/100℃，分段冷却至罐温 38℃左右。

## 6. 甘薯酱

**(1) 产品配方**　甘薯 50kg，水 50kg，蔗糖 65kg，果胶 0.8kg，柠檬酸 0.3kg，果味香精 100mL，明矾 0.16kg。

**(2) 工艺流程**

甘薯→清洗→去皮→切块→磨浆→浓缩→滤渣→配料→灌装→成品

**(3) 操作要点**

① 清洗、去皮　采用人工去皮或碱液去皮。

② 切块　将去皮的甘薯切成小块，用清水浸泡，以防褐变。

③ 磨浆　将薯块与水一起用胶体磨磨浆，水的用量以水薯之比 1∶1 为宜。

④ 浓缩、配料　浆液于浓缩锅中加热到 71～82℃保持 20min，再继续升温至 88℃，逐渐得到浓缩浆液。将浓缩浆液滤掉残渣后加入蔗糖、果胶、明矾、柠檬酸，再继续加热到 99～100℃，逐渐浓缩至膏状，使固形物含量达到 68% 以上，最后加入果味香精，期间应注意不断搅拌，以防煳底。

⑤ 灌装　将上述膏状浓缩物趁热灌装，或散装冷却保存。

### 7. 鳄梨酱

**(1) 产品配方**　熟鳄梨 1 个，柠檬汁 5mL，辣酱油几滴，酸奶油 113mL，盐、胡椒粉各少许。

**(2) 工艺流程**

原料处理→捣烂→混合→成品

**(3) 操作要点**　鳄梨去皮、核后，放碗内用叉子捣烂，加柠檬汁、辣酱油、酸奶油、盐、胡椒粉，混合均匀，即成鳄梨酱。

### 8. 杏子果酱

**(1) 产品配方**　新鲜杏子、白砂糖各 2.5kg，开水 825g。

**(2) 工艺流程**

原料处理→制糖液→入锅熬制→密封→成品

**(3) 操作要点**

① 原料处理　将色黄、成熟而稍有硬度的新鲜杏子用清水洗净，再用刀一剖为二，挖去果核。

② 制糖液　将白砂糖 2.5kg 和开水 825g 放入锅煮沸熬制成糖液。

③ 入锅熬制　将处理加工好的杏子倒入锅内，加适量水和一半糖液用旺火煮沸，煮沸 20～30min，待果肉软化，果胶物质充分溶出后，加入另一半糖液，用中火继续熬制。在熬制时要不断翻动搅拌，并将杏子捣烂。待果酱浓缩到可以在筷子上挂成片状时即可。

④ 密封　最后将果酱装入消过毒的玻璃瓶密封，然后放入沸水中杀菌 15min 即可。

### 9. 杏仁酱

**(1) 产品配方**　杏仁 100kg，1% NaOH 300kg，琼脂、柠檬酸、防腐剂、浓糖液各适量。

**(2) 工艺流程**

选料→冲洗浸泡→去皮→磨浆→浓缩→灌装→封盖→杀菌→冷却→检验→成品

**(3) 操作要点**

① 选料　选取颗粒饱满、肉质乳白的干杏仁，剔除霉烂、虫蛀、氧化酸败及

异物污染的杏仁。

② 冲洗浸泡　将选好的杏仁用自来水冲洗干净，加入 2～3 倍的水，浸泡 12h，软化，预脱苦。

③ 去皮　将浸泡好的杏仁倒入含 1％ NaOH 的沸水中煮沸 2min，杏仁：NaOH 液为 1：3，然后迅速捞出，用自来水冲去残留碱液，搓去皮用自来水冲洗干净。

④ 磨浆　经护色的杏仁先用自来水漂洗 2～3 次，然后按杏仁质量加入 15 倍水磨浆，磨浆机筛孔的直径为 0.8mm。

⑤ 浓缩　在夹层锅中加入杏仁浆和浓糖液开始加热并不断搅拌以防煳锅，至可溶性固形物达 60％时，加入溶好的琼脂后继续浓缩，并不断搅拌。当可溶性固形物达 62％左右时，加入柠檬酸及防腐剂（预先溶解），继续加热浓缩至可溶性固形物达 65％以上，即可出锅。

⑥ 灌装、封盖、杀菌、冷却、检验　装瓶前用 60～70℃的热水烫洗玻璃瓶，装瓶时酱体温度不低于 85℃，之后立即封盖。采用（10min—20min—10min）/100℃公式杀菌，分段冷却至室温，检出不合格产品。

## 10. 芥末酱

**(1) 产品配方**　芥末粉 10kg，白醋 1kg，食盐 0.5～1kg，白糖 1kg，增稠剂 0.15～0.35kg。

**(2) 工艺流程**

原料选料→粉碎→调酸→发制→调配→装瓶→杀菌→成品

**(3) 操作要点**

① 原料选择　芥末粉应选择新鲜、色泽较深的原料。

② 粉碎　将芥末粗粉利用粉碎机进行粉碎，粒度要求在 80 目以上，越细越好。

③ 调酸　将 10kg 芥末细粉加 20～25kg 温水调成糊状，加入 1kg 白醋调 pH 值为 5～6。

④ 发制　将调好酸的芥末糊放入夹层锅中，盖上盖密封，开启蒸汽，使锅内糊状物升温到 80℃左右，在此温度下保温 2～3h。发制过程是非常重要的工序，在此期间芥子苷在芥子酶的作用下，水解出异硫氰酸丙烯酯等辛辣物质。这是评价芥末酱质量优劣的关键，因此必须严格控制发制条件。同时，发制过程应在密闭状态下进行，否则辛辣物质挥发。

⑤ 调配　首先将增稠剂溶化，配成浓度为 4％的胶状液。白糖、食盐用少量水溶化，与发制好的芥末糊混合，再加入增稠剂，搅拌均匀即为芥末酱。

⑥ 装瓶、杀菌　调配好的芥末酱装入清洗干净的玻璃瓶内，经 70～80℃、30min 灭菌消毒，冷却后即为成品。利用塑料铝箔软包装也可以。

# 五、火锅底料

## 1. 清汤锅底料

**(1) 产品配方** 大豆油 70kg，鸡油 14kg，鸡粉 20kg，味精 12kg，食盐 10kg，鸡骨抽提物 2.5kg，五香粉 2.5kg，白胡椒粉 5kg，水 25kg，大枣 6kg，枸杞 5kg，党参 6kg，黄芪 2kg。

**(2) 工艺流程**

五香粉、白胡椒粉→用水湿润

↓

原料验收→大豆油＋鸡油→加热→下香辛料→炸香辛料→投料→搅拌→加鸡粉调味料→灭菌→热包装→成品

↑

大枣、枸杞、党参、黄芪

**(3) 操作要点**

① 原料预处理 五香粉、白胡椒粉用少量水先湿润、润涨备用；大枣选用 1/4 破碎度的无籽大枣；党参选用 0.2cm×1cm 规格的薄片；黄芪选用 0.2cm 的薄片。

② 加热 将大豆油加入锅中，加入鸡油熔化，然后升温到 140℃。

③ 炸香辛料 加入已经润涨的香辛料，炸出香味，炸至温度到 105℃，注意别煳锅。

④ 投料 待香辛料炸好后，投入鸡骨抽提物、味精、食盐和热水。

⑤ 搅拌 边投料边搅拌，加入鸡粉调味料和大枣、枸杞、党参、黄芪。

⑥ 灭菌 升温至 95～98℃，保持 30min 灭菌。

⑦ 热包装 在物料温度高于 85℃时，采用料包机热灌装。按 180g/袋执行。

## 2. 辣汤锅底

**(1) 产品配方** 郫县豆瓣酱 140kg，大豆油 90kg，牛油 15kg，鸡粉调味料 60kg，牛肉粉 1kg，香浓鸡汤 4kg，食盐 20kg，白砂糖 10kg，五香粉 10kg，味精 10kg，水 13kg，42°白酒 7kg。

**(2) 工艺流程**

五香粉、白胡椒粉→用水湿润

↓

原料验收→大豆油＋牛油→加热→下香辛料→炸香辛料→加郫县豆瓣酱→炸酱→投料→搅拌均匀→加鸡粉调味料→灭菌→加白酒→热包装→成品

**(3) 操作要点**

① 原料预处理 五香粉用少量水先湿润、润涨备用。

② 加热 将大豆油加入锅中，加入牛油熔化，然后升温到 140℃。

③ 炸香辛料 加入已经润涨的香辛料，炸出香味，炸至温度到 110℃，注意别煳锅。

④ 炸酱　加入郫县豆瓣酱，炸至出红油，温度为 105℃，注意别煳锅。

⑤ 投料　待香辛料和郫县豆瓣酱炸好后，投入香浓鸡汤、味精、白砂糖、食盐和热水。

⑥ 搅拌　边投料边搅拌，加入鸡粉调味料。

⑦ 灭菌　升温至 95～98℃，保持 30min 灭菌。灭菌结束时加入白酒。

⑧ 热包装　在物料温度高于 85℃时，采用料包机热灌装。按 110g/袋执行。

### 3. 咖喱火锅底料

**(1) 产品配方**　洋葱泥 30kg，土豆泥 14kg，胡萝卜泥 10kg，大蒜泥 15kg，食盐 32kg，鸡粉调味料 20kg，白砂糖 24kg，味精 10kg，咖喱粉 20kg，酱油 7kg，牛油 16kg，姜黄粉 0.8kg，孜然粉 0.4kg，水 10.8kg。

**(2) 工艺流程**

洋葱、土豆、胡萝卜、大蒜→过切菜机切成泥状

牛油→加热→加姜黄粉、孜然粉、咖喱粉→炒香辛料→炒蔬菜→投料→灭菌→热包装→成品

**(3) 操作要点**

① 原料预处理　洋葱、土豆、胡萝卜、大蒜过切菜机切成泥状。

② 加热　将牛油加入锅中，熔化，然后升温到 120℃。

③ 炒香辛料　加入姜黄粉、孜然粉、咖喱粉，炒出香味和颜色，炸至温度到 95℃，注意别煳锅。

④ 炒蔬菜　加入上述洋葱、土豆、胡萝卜、大蒜的泥状物，炒至脱水发焦。

⑤ 投料　待香辛料和蔬菜炒好后，投入热水、食盐、鸡粉调味料、白砂糖、酱油、味精。

⑥ 灭菌　升温至 95～98℃，保持 30min 灭菌。灭菌结束时加入白酒。

⑦ 热包装　在物料温度高于 85℃时，采用料包机热灌装。按 70g/袋执行。

### 4. 菌汤火锅底料

**(1) 产品配方**　蘑菇提取液 60kg，香菇提取液 40kg，食盐 56kg，味精 22kg，干贝素 0.3kg，核苷酸二钠（I+G）1kg，牛肝菌提取粉 10kg，鸡粉调味料 35kg，洋葱粉 0.2kg，白胡椒粉 0.2kg，生姜粉 0.1kg，水 110kg，香菇香精 0.2kg。

**(2) 工艺流程**

原料称量→加水升温→投料→灭菌→加香精→热包装→成品

**(3) 操作要点**

① 原料称量　按配方要求准确称量原料备用。

② 加水升温　加水升温到 60℃。

③ 投料　依次投入蘑菇提取液、香菇提取液、食盐、味精、干贝素、核苷酸二钠（I＋G）、牛肝菌提取粉、鸡粉调味料、洋葱粉、白胡椒粉、生姜粉，边投料边搅拌。

④ 灭菌　待物料搅拌均匀，充分溶解，升温至 95～98℃，保持 30min 灭菌。灭菌结束时加入香菇香精。

⑤ 热包装　在物料温度高于 85℃时，采用料包机热灌装。按 50g/袋执行。

### 5. 番茄火锅底料

**(1) 产品配方**　番茄酱 50kg，泡姜 3kg，鲜番茄 20kg，洋葱 4kg，，大豆油 30kg，味精 6kg，食盐 12kg，白砂糖 8kg，鸡精 15kg，核苷酸二钠（I＋G）0.5kg，乳酸 4kg，白醋 1.5kg。

**(2) 工艺流程**

鲜番茄、泡姜、洋葱→粉碎成泥状

原料验收→大豆油→炒制→投料→搅拌均匀→灭菌→加乳酸、白醋→热包装→成品

**(3) 操作要点**

① 预处理　将新鲜番茄清洗干净后过胶体磨成浆状；将洋葱和泡姜过切菜机打成泥状。

② 炒制　将大豆油烧到 140℃，加入洋葱炒至嫩黄色，再加入泡姜，待洋葱和泡姜变黄为止，加入鲜番茄浆、番茄酱，炒制，升温至 95℃以后关火。

③ 投料　投入味精、食盐、白砂糖、鸡精、核苷酸二钠（I＋G），搅拌均匀。

④ 灭菌　继续升温至 95～98℃，保持 30min 灭菌，灭菌结束后投入乳酸和白醋，搅拌均匀。

⑤ 包装　在物料温度高于 85℃时，采用机械灌装，按照 60g/袋执行。

### 6. 味噌火锅底料

**(1) 产品配方**　大豆油 20kg，味噌 94kg，香油 1kg，泡椒 1kg，高盐稀态一级酱油 66kg，鲜姜 17kg，鲜大蒜 1kg，白砂糖 16kg，变性淀粉 1kg，味精 4kg，食盐 8kg，核苷酸二钠（I＋G）0.4kg。

**(2) 工艺流程**

生姜、鲜蒜→粉碎成泥状　粉碎成泥状←泡椒

原料验收→大豆油→炒制→投料→搅拌均匀→加变性淀粉→灭菌→香油→热包装→成品

**(3) 操作要点**

① 预处理　将泡椒清洗干净后过胶体磨；将生姜和鲜大蒜过切菜机打成泥状。

② 炒制　将大豆油烧到 140℃，加入大蒜泥和生姜炸至嫩黄色，至温度为 95℃时加入泡椒。

③ 投料　投入味噌、酱油、味精、食盐、白砂糖、核苷酸二钠（I＋G）搅拌均匀，加入变性淀粉。

④ 灭菌　继续升温至 95～98℃，保持 30min 灭菌，灭菌结束后投入香油，搅拌均匀。

⑤ 包装　在物料温度高于 85℃时，采用机械灌装，按照 50g/袋执行。

# 六、肉类风味膏

## 1. 牛肉调味膏

### (1) 产品配方

① 红烧牛肉膏　牛肉 1000kg，水 100kg，木瓜蛋白酶 2kg，鲜姜 13kg，鲜蒜 10kg，洋葱 73kg，料酒 60kg，酱油 100kg，酵母抽提物 20kg，小料 107kg，棕榈油 100kg，牛油 100kg，水解蛋白液（HVP 液）30kg，白砂糖 50kg，味精 100kg，核苷酸二钠（I＋G）10kg，淀粉 200kg，糊精 300kg，食盐 230kg，黄原胶 3kg，蔗糖脂肪酸酯 4kg，红烧牛肉香精 5kg。

其中小料为：十三香粉 9kg，葡萄糖 50kg，复合多聚磷酸盐 10kg，干贝素 3kg，甘氨酸 30kg，半胱氨酸 5kg，硫胺素（维生素 $B_1$）5kg，黑胡椒粉 5kg。

② 清炖牛肉膏　牛肉 1000kg，鲜姜 20kg，鲜蒜 10kg，洋葱 20kg，酱油 50kg，酵母抽提物 10kg，小料 46kg，牛骨清汤 50kg，牛骨白汤 30kg，水解蛋白液（HVP 液）60kg，白砂糖 50kg，味精 80kg，核苷酸二钠（I＋G）5kg，淀粉 200kg，糊精 150kg，食盐 200kg。

其中小料为：五香粉 8kg，葡萄糖 15kg，复合多聚磷酸盐 10kg，干贝素 3kg，甘氨酸 8kg，半胱氨酸 6kg，硫胺素 3kg，蛋氨酸 3kg。

### (2) 工艺流程

① 红烧牛肉膏工艺流程

葱姜蒜、白砂糖、食盐、HVP 液、棕榈油、牛油、味精、酵母抽提物、小料

牛肉→切细→煮开→绞肉机、胶体磨→升温酶解→热反应→

料酒、酱油

糊化→过胶体磨、均质机→灭菌→加香精→热包装→成品

淀粉、食盐、I＋G、
糊精、蔗糖脂肪酸酯

② 清炖牛肉膏工艺流程

　　　　　白砂糖、牛骨清汤、牛骨白汤、HVP液、味精、酵母抽提物、小料
　　　　　　　　　　　　　　　　　　　　　　　　　↓
牛肉→切细→煮开→绞肉机、胶体磨→升温酶解→热反应→
　　　　↑　　　↑
　　葱姜蒜　酱油
　　　糊化→过胶体磨、均质机→灭菌→热包装→成品
　　　　↑
　淀粉、食盐、
　I＋G、糊精

**(3) 操作要点**

① 称量　按配方要求领取并准确称量各种原辅料。

② 原料预处理　瘦牛肉切3cm细长条，洋葱、鲜姜、鲜蒜过切菜机绞成泥状。

A. 红烧牛肉膏　牛肉加水、料酒和酱油煮开保持沸腾20min。过绞肉机、胶体磨磨成泥状，泵入反应釜，然后升温至 62～66℃，酶解 40min，然后升温至90℃保持 10min 灭酶。

B. 清炖牛肉膏　肉和切细的香辛料加水投入到夹层锅中，煮开，添加酱油，再保持沸腾 20min，过绞肉机绞碎，过一遍胶体磨，泵入反应釜。

③ 投料　将工艺要求将物料投进反应釜，投料的同时开启搅拌。

④ 热反应　待物料混合均匀后，升温进行热反应。红烧牛肉膏要求反应温度和时间为：120～125℃，保持 60min。清炖牛肉膏要求反应温度和时间为：100～105℃，保持 120min。

⑤ 糊化　热反应结束，降温至70℃，添加 I＋G、淀粉、食盐、糊精、蔗糖脂肪酸酯，充分溶解，混合均匀后过胶体磨、均质机。

⑥ 灭菌　升温至 95～98℃，保持 15min 灭菌。灭菌结束后添加香精，搅拌均匀。

⑦ 热包装　在物料温度高于85℃时，采用机械灌装。因为产品多为工业用户使用，多采取大包装形式，为 10kg/袋或 20kg/桶。

**2. 鸡肉调味膏**

**(1) 产品配方**

① 葱香鸡肉膏　鸡胸肉 350kg，鸡骨白汤 100kg，洋葱泥 60kg，生姜 20kg，香葱 20kg，水 220kg，食盐 100kg，鸡骨清汤 50kg，酵母抽提物 40kg，水解蛋白调味液（HVP液）70kg，小料 32kg，白砂糖 40kg，味精 65kg，核苷酸二钠（I＋G）3kg，糊精 120kg，淀粉 40kg，蔗糖脂肪酸酯 2kg，葱油香精 5kg。

其中小料为：葡萄糖 16kg，半胱氨酸 3kg，丙氨酸 3kg，硫胺素（维生素 $B_1$）

3kg，姜黄粉 3kg，复合多聚磷酸盐 2kg，白胡椒粉 2kg。

② 原味鸡肉膏　鸡胸肉 185kg，鸡皮 167kg，鸡油 104kg，水 205kg，食盐 81kg，鸡骨清汤 30kg，酵母抽提物 35kg，料酒 40kg，酱油 30kg，水解蛋白调味液（HVP 液）40kg，小料 23.5kg，白砂糖 50kg，核苷酸二钠（I＋G）6.5kg，糊精 124kg，蔗糖脂肪酸酯 2kg。

其中小料为：葡萄糖 9kg，半胱氨酸 4kg，甘氨酸 2kg，丙氨酸 3kg，硫胺素 3kg，复合多聚磷酸盐 2kg，咖喱粉 0.5kg。

**(2) 工艺流程**

鸡骨清汤、鸡油、白砂糖、食盐、HVP 液、酵母抽提物、小料等

鸡胸肉（水、鸡皮、葱、姜）→煮开→细化→热反应→糊化→过胶体磨、均质机

（料酒、酱油）　I＋G、糊精、蔗糖脂肪酸酯　灭菌

成品←热包装←（加香精）

**(3) 操作要点**

① 称量　按配方要求领取并准确称量各种原辅料。

② 磨浆　鸡胸肉、鸡皮、香辛料加水投入到夹层锅中，煮开（添加料酒、酱油），再保持沸腾 20min，过绞肉机绞碎，过一遍胶体磨，泵入反应釜。

③ 投料　将鸡油、糊精、白砂糖、食盐、HVP 液、蔗糖脂肪酸酯、酵母抽提物、小料投进反应釜，投料的同时开启搅拌。

④ 热反应　待物料混合均匀后，升温进行热反应，升温至 103～106℃，保持 120min。

⑤ 糊化　热反应结束，降温至 70℃，添加 I＋G、糊精、蔗糖脂肪酸酯，充分溶解，混合均匀后过胶体磨、均质机。

⑥ 灭菌　升温至 95～98℃，保持 15min 灭菌。灭菌结束后添加香精，搅拌均匀。

⑦ 热包装　在物料温度高于 85℃时，采用机械灌装。因为产品多为工业用户使用，多采取大包装形式，为 10kg/袋或 20kg/桶。

### 3. 猪肉调味膏

**(1) 产品配方**

① 豉汁排骨膏　猪瘦肉 20kg，水 32kg，木瓜蛋白酶 0.04kg，酱油 5.8kg，酵母抽提物 2.9kg，猪油 8.7kg，味精 8.7kg，食盐 13.6kg，小料 2.4kg，豆豉 3kg，蔗糖脂肪酸酯 0.2kg，羧甲基纤维素钠（CMC-Na）0.5kg，糊精 3kg，白砂糖 6.2kg，核苷酸二钠（I＋G）0.2kg，豉汁排骨香精 1.5kg。

② 清蒸猪肉膏　猪瘦肉 1550kg，去皮洋葱 300kg，水 200kg，去籽甜椒

215kg，鲜茴香 100kg，香叶 10kg，白砂糖 100kg，味精 135kg，小料 66kg，酵母抽提物 20kg，水解蛋白液（HVP 液）27kg，糊精 300kg，食盐 250kg，核苷酸二钠（I+G）13.5kg，淀粉 170kg，蔗糖脂肪酸酯 6kg，瓜尔胶 5kg。

其中小料为：葡萄糖 35kg，白胡椒粉 10kg，甘氨酸 7kg，丙氨酸 7kg，蛋氨酸 3kg，硫胺素 2kg。

**（2）工艺流程**

① 豉汁排骨膏工艺流程

猪油、白砂糖、酱油、豆豉、味精、酵母抽提物、小料
↓
猪瘦肉→切细→煮开→绞肉机/胶体磨→升温酶解→热反应→

糊化→过胶体磨、均质机→灭菌→加香精→热包装→成品
↑
食盐、I+G、糊精、
CMC-Na、蔗糖
脂肪酸酯

② 清蒸猪肉膏工艺流程

白砂糖、牛骨清汤、牛骨白汤、HVP 液、味精、酵母抽提物、小料
↓
猪肉→切细→煮开→绞肉机、胶体磨→升温酶解→热反应→

新鲜香辛料
↑
糊化→过胶体磨、均质机→灭菌→热包装→成品
↑
蔗糖脂肪酸酯、
瓜尔胶、淀粉、
食盐、I+G、糊精

**（3）操作要点**

① 称量　按配方要求领取并准确称量各种原辅料。

② 原料预处理　瘦猪肉切成 3cm 细长条。

A. 豉汁排骨膏　猪肉切条后加水煮沸保持 20min。过绞肉机、胶体磨磨成泥状，泵入反应釜，然后升温至 62～66℃，酶解 60min，然后升温至 90℃ 保持 10min 灭酶。

B. 清蒸猪肉膏　去皮洋葱、去籽甜椒、鲜茴香、香叶通过切菜机磨成泥状，猪肉和切细的香辛料加水投入到夹层锅中，煮开，再保持沸腾 20min，过绞肉机绞碎，过一遍胶体磨，泵入反应釜。

③ 投料　将工艺要求将物料投进反应釜，投料的同时开启搅拌。

④ 热反应　待物料混合均匀后，升温进行热反应。豉汁排骨膏要求反应温度和时间为：120～125℃，保持 40min。清炖牛肉膏要求反应温度和时间为：100～105℃，保持 120min。

⑤ 糊化　热反应结束，降温至 70℃，添加 I＋G、淀粉、食盐、糊精、蔗糖脂肪酸酯，充分溶解，混合均匀后过胶体磨、均质机。

⑥ 灭菌　升温至 95～98℃，保持 15min 灭菌。灭菌结束后添加香精，搅拌均匀。

⑦ 热包装　在物料温度高于 85℃时，采用机械灌装。因为产品多为工业用户使用，多采取大包装形式，为 10kg/袋或 20kg/桶。

# 七、其他复合调味酱

## 1. 沙茶酱 I

**(1) 产品配方**　花生酱 14.6％，甜酱 8.52％，芝麻酱 6.15％，花生油 6.15％，猪油 2.38％，辣椒酱 13.67％，虾米 3.33％，蒜干 0.85％，葱干 0.85％，辣椒粉 13.67％，白砂糖 3.51％，糖精 0.03％，小茴香 0.24％，八角 0.24％，鱼露 7.52％，淡酱油 6.15％，味精 0.40％，苯甲酸钠 0.05％，山梨酸钾 0.05％，饮用水 11.64％。

**(2) 工艺流程**

水→加入助鲜剂（加热煮沸）→加辛辣原料（加热煮沸）→加助香剂（加热煮沸）→加增稠剂（加热煮沸）→加甜味剂（加热煮沸）→添加脂性料（加热煮沸）→加呈香鲜辣料（加热煮沸）→加助鲜剂（加热煮沸）→加防腐剂→混合、搅拌→冷却→检验→包装→成品

**(3) 操作要点**

① 原料选择　沙茶酱的原料比较广泛，为了保证质量，降低成本，有的原料可以直接应用，有的原料必须经过加工处理才能有效应用。

A. 芝麻酱　如无芝麻酱则可用芝麻代之，其比例为 3:2，即芝麻酱 3kg 用芝麻 2kg 代之。芝麻制成芝麻酱的处理方法：将芝麻漂洗除去杂质，沥干后用文火焙炒至发出香气，再研磨成芝麻酱备用。

B. 花生酱　如无花生酱则可用花生米代之，其比例是 1:1。花生米制成花生酱的处理方法：先拣去霉烂变质部分，然后用文火焙炒去皮，再磨碎成花生酱备用。

C. 虾米　如无虾米则用虾皮代之，其比例为 1:1。选用时应采用新鲜虾皮，严防发霉变质，其处理要求是用食用油炒至酥香备用。

D. 辣椒酱　如无辣椒酱则选用新鲜辣椒加盐腌制成熟，磨成酱状备用。如用干辣椒、咸辣椒代之也可以，其比例按质量优劣酌情掌握。

E. 猪油　一般都是采用板油煎熬而成，如无则可选用其他植物油。

F. 八角、小茴香　两者均有则比较理想，如无八角则以小茴香代之，其比例为 2∶1。用时需烘干，磨成粉状备用。熬汁也可以，但熬汁需要加大用量。

G. 蒜干　为干大蒜，如无则以鲜大蒜代之，其比例为 1∶3。用时需磨成粉末，新鲜大蒜可熬汁加入。有时还可以用冻大蒜代之，其比例为 1∶2.5。

H. 葱干　为洋葱干，如无则以鲜洋葱代之，其比例为 1∶6，用时需磨成粉末或熬汁加入。

I. 鱼露　其比例视质量情况灵活掌握。

J. 淡酱油　如无特制的淡酱油，则以相等的酱油代之。用时要检验质量与色泽。

② 混合、搅拌　在蒸汽夹层锅加入一定量的清水，煮沸后取出一部分，作为配料过程中调节蒸发及洗净桶之用，然后加入鱼露、酱油等，同时开动搅拌器不断翻动，煮沸后加入辛辣原料，再次煮沸后依次加入助香剂、增稠剂、甜味剂、脂性料（花生油、猪油）、呈香鲜辣料、助鲜剂和防腐剂，锅内呈现红褐色稠状，味香甜，要严格防结焦或喷出锅外，加入助鲜剂和防腐剂并煮沸后，立即停止加热并出锅冷却，一般每锅操作时间为 1～2h。

③ 包装　加工成熟的沙茶酱出锅后，应放在已经消毒的铝质、不锈钢或搪瓷容器中，安全地运送至干净、清洁、消毒的房间内，加盖冷却，此时可抽样检测质量。

## 2. 沙茶酱 Ⅱ

**(1) 产品配方**　鳊鱼干 35.7kg，虾米 18.8kg，辣油 19.3kg，味精 2.6kg，核苷酸二钠（I＋G）0.1kg，葱粉 5.1kg，胡椒粉 0.4kg，蒜粉 0.4kg，辣椒粉 9.6kg，色拉油及黄酒适量。

**(2) 工艺流程**

虾米→黄酒浸泡→沥干、油炸（鳊鱼干直接油炸）→粉碎→混合（加入味精、辣椒粉、蒜粉、胡椒粉、姜粉、葱干等)→加热保温→冷却包装→成品

**(3) 操作要点**

① 油炸　沙茶酱的主料鳊鱼和虾米都要预先经过油炸才能使用，油炸可使鱼及虾的口感酥松，同时突出鳊鱼的香味。油炸不足，风味不强烈；油炸过头，会出现焦味。油炸鳊鱼干要求温度 160℃，2～3min，以炸至金黄色为度。虾米是极易变腥的原料。采用黄酒浸泡后再油炸可以有效地去除虾臭、虾腥，同时可增强鳊鱼的香味。虾米以适量黄酒浸泡 30min 以上，然后沥干油炸，油炸要求与鳊鱼干相同。

② 辣油制作　选择色泽鲜红的辣椒制辣油为佳。辣油色泽要求呈明亮的红棕色，配比约为色拉油∶辣椒＝20∶1。也可以加入少量天然辣椒红色素。

③ 粉碎　研磨要求粉碎细度在 40 目左右。

④ 混合　用搅拌机将各种原料混合均匀。

⑤ 加热　保温加热保温具有杀菌作用，并可使物料间充分作用，风味达到稳定一致的效果。要求加热中心温度达到 85℃，保温 15～20min。时间过短，达不到稳定风味的作用；时间过长，浪费能源，还导致色泽、香味劣变。由于辅料中某些成分在高温受热时，风味被破坏，产生异臭，而且高温也会破坏营养成分，因此要严格控制杀菌温度。

由于各地饮食习惯不同，因此应有针对性地选择调味料来满足不同消费者的需求。如果添加海鲜、牛肉、鸡肉及高档的调味料就可以进一步提高产品的档次。

### 3. 韩式香辣酱

**(1) 产品配方**　日式红米酱 62g，干黄酱 210g，发酵调味液 41mL，果葡糖浆 2.8mL，白糖 6g，淀粉 3.6g，红辣椒粉 65g，红柿椒粉 18.4g，干朝天椒粗碎（去籽）4g，焦糖 0.4g，炒白芝麻 2g，韩式甜辣酱 220g，辣酱 183g，豆瓣辣酱 27g，牛肉精膏 4.8g，蒜泥 84g，辣椒油 48g，红柿椒油树脂 16g，加水 30mL。

**(2) 工艺流程**

原料→称量→混合→加热灭菌→热灌装→成品

**(3) 操作要点**

① 称量　按配方要求准确称量物料。

② 混合　将物料投入到加热罐中。淀粉用水溶解投入原料中。

③ 加热灭菌　将混合均匀的物料加热至 95℃，保温 30min。本品为半固态酱状，可常温包装。

④ 热灌装　在物料温度高于 85℃时，按规格要求包装。

### 4. 墨西哥烧烤酱

**(1) 产品配方**　水 400kg，番茄泥 800kg，葡萄浓缩糖浆 370kg，白醋 200kg，淀粉 23kg，柠檬酸 4kg，碎胡萝卜 20kg，碎洋葱 15kg，大蒜粉 1kg，洋葱粉 1kg，芥末粉 1kg，碎芹菜 15kg，碎辣椒 100kg，西班牙红椒 1kg，辣椒粉 0.5kg，黑胡椒粉 0.5kg，姜粉 0.5kg，小茴香粉 0.5kg，芫荽籽粉 0.5kg。

**(2) 工艺流程**

淀粉→加水溶化
↓
水、葡萄浓缩糖浆、柠檬酸、碎蔬菜、香辛料→混合配料→煮沸→加白醋
↓
成品←灌装←搅拌均匀

**(3) 操作要点**

① 混合配料　将水、葡萄浓缩糖浆、柠檬酸、碎蔬菜、香辛料等分别称重后放入蒸汽夹层锅内，搅拌均匀。

② 煮沸　将混合料加热至沸，徐徐加入水淀粉糊化 10min 后停止加热。

③ 加白醋、搅拌均匀、灌装　煮沸糊化的烧烤酱保温 20～30min 后加入白醋，在 85℃ 以上趁热进行灌装、旋盖。装瓶前应将空瓶刷洗干净、干燥灭菌。

# 八、番茄沙司

**1. 工艺流程**

原料选择→洗涤→修整去蒂心→烫煮→制浆（打浆或过筛）→熬浓→加入配料汁→回锅浓缩→装瓶密封→杀菌→冷却→成品

**2. 操作要点**

**(1) 原料选择及处理**　选用色泽鲜红、成熟度高的番茄为原料。原料选择后放在水池中进行洗涤。由于番茄表面有微生物和泥沙等，如不洗净会直接带入成品中，因此，洗涤时要用湿布轻轻抹擦，再用流动水冲洗。然后置于清洁的竹箩或竹筐放在修整台上，利用竹片将绿色部分蒂心挖掉，并削除腐烂及斑疤部分。

**(2) 烫煮**　在沸水中烫 6～10min，使肉质软化，这样就便于打浆，而且能提高浆的稠度。

**(3) 制浆**　烫煮后的番茄放在打浆机中进行打浆，其筛孔直径为 0.9～1.0mm。如无打浆机可在绢筛或马尾箩中用人工擦碎。

**(4) 熬浓**　番茄浆放在夹层锅中进行蒸煮，不停地进行搅拌，煮至为容积的 1/4～1/3 时，即行停止，加入配料汁，搅拌均匀。

**(5) 配料汁制备**　番茄酱浓缩后，每 100kg 应加入下列配料制成的配料汁。

原料配比：白砂糖 7.5kg，肉桂（磨碎）110g，丁香（去皮）66g，大蒜（切碎）146g，精盐 1.6kg，洋葱（切碎）1.4kg，醋酸 660g，八角粉 25g，洋姜干 15g，胡椒粉 15g，豆蔻粉 6g，清水 5.2kg。

配料汁的制备方法：先将清水和醋酸放入夹层锅中，再将配料（精盐、白砂糖除外）用洁净的布包好扎牢，投入水中，大火烧开后改小火焖煮 1.5～2h，然后加入规定量的精盐和白砂糖，继续加热，并不断搅拌，再焖 1h，倒出，利用数层纱布过滤即成。

**(6) 回锅浓缩**　配料后的酱仍放入夹层锅中进行加热浓缩，并不停地搅拌，经 5～10min，即可停止加热取出，装入事先洗净并用沸水消毒的瓶中。装瓶时，酱的温度不低于 90℃，然后进行密封。

**(7) 杀菌、冷却**　密封后进行杀菌。杀菌方法：250～500g 瓶装，在 100℃ 沸水中保持 8~10min，然后分段冷却，第一段 70℃，第二段 40℃，擦干后即为成品。

# 九、辣椒沙司

### 1. 产品配方

辣椒咸坯 50kg，苹果 10kg，洋葱 1.5kg，生姜 0.2kg，大蒜 0.2kg，白糖 2.5kg，味精 0.2kg，冰醋酸 0.15L，柠檬酸 0.4kg，增稠剂 0.2~0.5kg，香蕉香精 5g，山梨酸钾 0.1kg，肉桂 50g，肉豆蔻 25g，胡椒粉和丁香各 100g。

### 2. 工艺流程

鲜辣椒→洗涤→盐渍→咸坯→粉碎过滤

苹果→洗涤去皮→去心→预煮→打浆→混合→调味→细磨→煮→熟化→成品

洋葱、蒜、姜→去皮→切丝→煮制→捣碎

### 3. 操作要点

选用色泽红艳、肉质肥厚的鲜辣椒，最好选用既甜又辣的灯笼辣椒。

将辣椒洗净，沥干水分，摘去蒂把，用人工或机械把辣椒破碎成 1cm 左右的小块。每 100kg 辣椒用食盐 20~25kg 腌渍，并加入 0.05kg 明矾，要求一层辣椒一层盐，下少上多。前 3 天每天倒缸 1 次，后 3 天每天打耙 1 次，6 天即成，用时将辣椒盐坯磨成糊。

苹果洗净，去皮，挖去果心，放入 2% 食盐水中。然后放进沸水中煮软，连同煮水一同入打浆机打浆。洋葱、蒜、姜去掉外皮，切成丝，煮制，捣碎成糊状。

各种香辛料加水煮成汁备用。

先将辣椒与苹果浆充分混合搅拌，再加入各种调味料、调味汁及溶化好的增稠剂，最后加入香精及防腐剂。将配好的料经胶体磨使其微细化，成均匀半流体，放入密封罐中，贮存一段时间，使各原料进一步混合熟化。

# 十、辣根沙司

### 1. 产品配方

辣根 55kg，精盐 15kg，味精 2kg，鲜姜泥 1kg，大蒜泥 5kg，山梨糖醇 2kg，白醋 5kg，水溶性胶 0.2kg，砂糖 3kg，水 12kg

### 2. 工艺流程

辣根→挑选→清洗、去皮、绞碎→调配→搅拌→精磨→均质→灌装→杀菌→

成品

### 3. 操作要点

（1）清洗、去皮　除去杂草、土块、碎石等杂物，并将辣根清洗，去皮，并切成片。

（2）绞碎　用绞肉机将辣根片绞成碎末。

（3）调配　用水将食用胶化开，与其他原料一同加入配料罐中，搅匀。用胶体磨进行均质。

（4）灌装、杀菌　将均质后的稠状体灌入小袋中，封口。在沸水中杀菌10～15min。

# 十一、果蓉沙司

### 1. 产品配方

配方一　番茄酱20kg，苹果泥40kg，胡萝卜汁0.6kg，洋葱汁1kg，大蒜汁0.4kg，砂糖40kg，饴糖1.2kg，食盐20kg，味精0.4kg，辣椒0.6kg，黑胡椒0.6kg，肉豆蔻0.4kg，丁香0.4kg，洋苏叶0.2kg，百里香0.2kg，月桂0.2kg，增调剂适量，冰醋酸2L，焦糖色少量。

配方二　番茄酱6kg，苹果山楂汁20kg，胡萝卜汁2kg，枣汁2kg，洋葱汁2kg，砂糖24kg，味精0.1kg，食盐16kg，辣椒2.5kg，黑胡椒2kg，肉豆蔻2kg，丁香2kg，香叶0.5kg，小茴香0.5kg，桂皮1kg，生姜1kg，大蒜1kg，增稠剂适量，冰醋酸1.5L。

### 2. 工艺流程

香辛料→捣碎→煮沸→过滤→滤液→煮沸→增稠→冷却→贮藏熟化→成品

　　　　　　　　　　　↑

　　　　　　　　各种原料混合

### 3. 操作要点

将所有香辛料一同捣碎，并加入适量水加热至沸腾，沸腾后改用文火煮沸约1h，然后过滤，滤液备用。

将各种原料连同香辛料液一同加入锅内混合搅拌均匀，然后加热，文火煮沸，边煮边搅，使所有原料充分溶解，混合均匀。停止加热后加入增稠剂，搅拌均匀，冷却到室温，再加入冰醋酸。

将调配完成的果蓉沙司，封闭熟化15天，也可灌装后熟化15天。

## 十二、蛋黄酱

### 1. 原料配方

植物油 70kg，蛋黄 12kg，食醋 11kg，食盐 1.6kg，白砂糖 2kg，味精 0.8kg，八角油 0.8kg，花椒油 0.8kg，刺梨汁 1kg。

### 2. 生产工艺

选蛋→消毒、杀菌→加白砂糖、加食盐→搅拌→加调味料→搅拌→加醋和植物油→搅拌→装罐、封盖→杀菌、冷却→检验→成品

### 3. 操作要点

（1）选蛋 选用新鲜鸡蛋，蛋黄指数应大于 0.4。其他禽蛋亦可。清洗时用 1% 的高锰酸钾对鸡蛋消毒，打蛋后分离出蛋黄。

（2）消毒、杀菌 将蛋黄用容器装好，放在 60℃ 左右的热水中，水浴保温 3～5min 进行巴氏杀菌，以清除鸡蛋内的沙门菌等。

（3）加料混合 将蛋黄放在组织捣碎机内加入食盐先搅拌 1min 左右，再加入白砂糖搅拌至食盐和白砂糖溶解。

将味精、花椒油、八角油等调味料 1 次加入其中，搅拌 1min 左右。

将植物油和醋按量分次交替加入，搅拌数分钟，直至产生均匀细腻而稳定的蛋黄酱为止。

（4）装罐、封盖 将上述处理好的蛋黄酱倒出，分装于预先已清洗过的玻璃瓶中，每瓶 250g，封盖。

（5）杀菌、冷却 将装瓶后的酱放入立式灭菌锅中进行杀菌，温度为 120℃，时间 15～30min，然后采用反压冷却，其压力为 0.18～0.47MPa。杀菌结束后经过冷却，在 36℃ 左右的条件下存放 7 天，经过检验合格者即为成品。

## 十三、美式烤肉酱

### 1. 产品配方

配方一 水 550kg，果糖 350kg，洋葱粉 9.5kg，大蒜粉 6kg，食盐 23.5kg，水解植物蛋白 9kg，芥子粉 4kg，罗勒粉 1kg，丁香粉 500g，柠檬酸 10kg，匈牙利椒 1kg，烟熏香料 1.5kg，淀粉 45kg，醋 64kg，胡椒 500g，番茄酱香料 3kg，洋葱片 4kg。

配方二 水 500kg，番茄糊 175kg，果糖 15kg，玉米糖浆 30kg，淀粉 45kg，醋 115kg，洋葱粉 3kg，大蒜粉 1.5kg，食盐 20kg，水解植物蛋白 2.5kg，牛至粉

250g，丁香粉 250g，柠檬酸 3.5kg，烟熏香料 500g，匈牙利椒 250g，番茄酱香料500g，碎洋葱 2.5kg，洋葱片 2kg。

配方三　水 600kg，番茄糊 12.5kg，果糖 80kg，玉米糖浆 160kg，淀粉 50kg，醋 70kg，洋葱粉 3.5kg，大蒜粉 2kg，食盐 25kg，水解植物蛋白 3kg，芥子粉4kg，牛至粉 250g，丁香粉 250g，胡椒 250g，烟熏香料 500g，匈牙利椒 500g，番茄酱香料 500g，碎洋葱 2.5kg，洋葱片 2kg。

配方四　水 600kg，果糖 360kg，洋葱粉 10kg，大蒜粉 6kg，食盐 26kg，水解植物蛋白 10kg，芥子粉 4kg，罗勒粉 1kg，丁香粉 500g，柠檬酸 10kg，匈牙利椒1kg，烟熏香料 2kg，淀粉 50kg，醋 65kg，胡椒 1kg，番茄酱香料 2kg。

### 2. 工艺流程

水、果糖、食盐、水解植物蛋白、香辛料→配料、混合→加热糊化→降温、加料→搅拌均匀→灌瓶→成品

### 3. 操作要点

（1）配料、混合　将水、果糖、食盐、水解植物蛋白、香辛料、柠檬酸分别称重后放于蒸汽夹层锅内，搅拌均匀。

（2）加热糊化　混合料加热煮沸，徐徐加入水淀粉，使其糊化 10min 左右。淀粉用量多少，决定其黏稠度的大小，一般用黏度计来测量。烤肉酱黏度大，较易附着在肉类表面，但不能仅顾及黏稠度而加大淀粉用量，否则烤肉酱呈浆状，影响产品质量。如果提高番茄糊用量，比采用大量淀粉更合适。

（3）降温、加料　待糊化液温度冷却到 85℃时，再加入烟熏香料、番茄酱香料及醋，搅拌均匀，保温 20～30min。醋可提高烤肉酱的酸度，具有防腐作用，如用量超过 20% 会破坏其风味。若能采用苹果醋，其烤肉酱风味更佳。香料的使用是非常重要的，粉状或筛选过的香料，可配出不含任何颗粒的烤肉酱。碎黑胡椒或洋葱片，可配出带有一些颗粒的烤肉酱。辣椒粉的用量，可根据当地消费者对辣的偏爱程度做适当调整。

（4）灌瓶　将保温的烤肉酱趁热装瓶，封口。装前要将空瓶清洗干净、干燥灭菌。成品味道甜酸微辣，为烤肉专用调味料。

## 十四、墨西哥塔可酱

### 1. 产品配方

配方一　水 1000kg，番茄泥 600kg，碎大蒜 18kg，碎洋葱 28kg，食盐 18kg，辣椒粉 22kg，碎鲜红辣椒 8kg，小茴香粉 7kg。

配方二　碎鲜番茄 1720kg，番茄泥 600kg，碎鲜红辣椒 200kg，蜂蜜 50kg，

碎洋葱 50kg，辣椒粉 15kg。碎大蒜 10kg，小茴香粉 8kg，食盐 15kg。

### 2. 工艺流程

水、番茄泥、碎洋葱、碎大蒜、盐、辣椒粉、碎鲜红辣椒、小茴香粉、蜂蜜→
配料混合

↓

加热→保温 20～30min/85℃以上→灌装→成品

↑

瓶清洗→干燥灭菌

### 3. 操作要点

（1）混合　加热配方一是将所有原料分别称重后放于蒸汽夹层锅内，不断搅拌
均匀，加热煮沸，10min 后即可停止加热。

（2）加热　配方二是采用番茄鲜果通过高压蒸汽加热、软化后将果实破碎打成
浆状。再进行过滤，除尽籽、皮、果肉粗纤维等。所得番茄泥再与其他原料共同
配制。

（3）保温、装瓶　加热的酱液必须在 85℃以上温度保持 20～30min，然后在
85℃以上趁热装瓶。装瓶前应将空瓶刷洗干净，干燥灭菌。

## 十五、咖喱酱

### 1. 原料配方

袋装咖喱粉 500g，洋葱 200g，蒜仁 200g，生姜 100g，番茄 300g，花生酱
250g，椰蓉 100g，精盐 80g，鸡精 20g，味精 20g，色拉油 250g，香油 100g，清
水 5kg。

### 2. 制作方法

先将洋葱、蒜仁、生姜洗净切成小粒，番茄切成块。锅置火上，放入色拉油烧
热，下入洋葱粒、蒜仁粒、生姜粒爆炒后，再下咖喱粉慢慢炒出香味，然后倒入番
茄炒烂，掺入清水，下入椰蓉、花生酱、精盐，烧沸后改用小火熬制约 3h，至洋
葱、蒜仁、番茄软烂无渣时，即成咖喱酱。起锅盛入容器内，淋入香油封面（以防
香气散失），即可随时取用。

## 十六、烧烤酱

### 1. 产品配方

番茄酱 400g，白醋 160g，蜂蜜 120g，白糖 100g，淀粉 60g，食盐 60g，洋葱

60g，大蒜 40g，干辣椒 40g，丁香 10g。

## 2. 工艺流程

原料准备→制酱→成品

## 3. 操作要点

（1）原料准备　洋葱清洗干净，切碎。大蒜去皮捣碎。干辣椒清洗干净，沥干水分切碎备用。将丁香放入适量水中，加热煮沸，然后煮沸 30min，过滤，收集滤液备用。淀粉加水调匀备用。

（2）制酱　将番茄酱、蜂蜜、白糖、食盐和处理好的洋葱、大蒜、干辣椒碎放入干净的锅内，再倒入等量的水，加热煮沸。再倒入丁香滤液，煮沸后徐徐加入水淀粉勾芡，搅拌均匀，再加入白醋搅拌均匀，最后补充水分使成品量在 2kg 左右，加热至沸即可。

## 4. 注意事项

① 水和淀粉的用量比例决定烤肉酱黏度大小，烤肉酱一般要求黏度较大为好，较易附着在肉的表面。但淀粉用量过大会影响产品质量，因此可以适当提高番茄酱的用量，来提高酱的黏度。

② 醋可以提高酱的风味，同时具有防腐作用，但用量不宜过大，超过 15％ 就会影响产品风味。如采用果醋（如苹果醋），酱的风味更佳。

# 第四章
# 腐 乳

## 第一节 概 述

豆腐乳简称腐乳，是一类以霉菌为主要菌种的大豆发酵食品，是我国著名的具有民族传统特色的发酵调味品之一。它起源于民间，植根于民间，并以其独特的风味，细腻的品质，丰富的营养，鲜美的口味，不仅备受国内广大消费者的关注和喜爱，而且在国外亦有较大的消费市场。腐乳是一种富有营养的蛋白质发酵调味品之一，在世界发酵食品中独树一帜，西方人称其为"东方的植物奶酪"。

据史料记载，早在公元 5 世纪的古籍中，已有腐乳生产工艺的记载。到了明代有更多关于腐乳的加工制作，例如明代李晔的《蓬栊夜话》，就记有"黔（移）县人喜于夏秋间醢腐，令变色生毛随拭之，俟稍干"。清代的李化南《醒园录》中，则记载得更为详细。对腌制型和发霉型生产腐乳分别作了记述。

事实上，到了明代万历年间以来，我国的江浙一带已经成为腐乳的主要产地。自明、清以来腐乳的制造已进入兴旺时期，生产规模和技术水平也有了较大发展，并依据各地人民自己的口味，逐步形成了具有地方特色的各种腐乳，其中以江苏的苏州、无锡，浙江的绍兴以及广东、广西、四川、湖南等地最为著名。

## 一、腐乳的分类

我国的腐乳产地遍及全国，由于各地口味不同，制作方法各异，所以腐乳的种类很多。根据生产工艺和产品种类可以对腐乳进行如下分类。

### 1. 按生产工艺分类

根据豆腐坯是否有微生物繁殖而分为腌制型和发霉型两大类，后者又分为天然培菌和纯种接种发酵两种。

**(1) 腌制型腐乳** 腌制型腐乳的特点是豆腐坯不经前发酵，而直接装坛后进入后期发酵。其生产工艺流程如下：

食盐
↓
豆腐坯→煮沸→腌坯→装坛→成品
↑
各种辅料

这种腐乳生产的方法，由于没有微生物生长的前期发酵，缺少蛋白酶，风味的形成完全依赖于添加的辅料，后发酵的各种酶主要靠辅料中的红曲霉和米酒中的酵菌等所分泌的酶，所以蛋白酶源不足，发酵期长，产品不够细腻，氨基酸含量低。这类腐乳的典型品种是四川大邑县酿造厂生产的唐场豆腐乳、绍兴腐乳中的棋方等。

**(2) 毛霉型腐乳** 毛霉型腐乳的特点是，在腌制型腐乳生产工艺的基础上增加了前发酵。前发酵主要是在白坯上培养毛霉，采用自然接种或人工接种毛霉，再利用毛霉产生的蛋白酶将蛋白质分解成氨基酸，从而形成腐乳的特有风味。分为自然接种毛霉腐乳和人工接种毛霉腐乳两类。

自然接种生产腐乳又称自然发霉法，是生产腐乳的传统方法。

① 自然接种毛霉腐乳工艺流程

豆腐坯→装格→叠格→保温培养→凉花→搓毛→毛坯→腌坯→配料→装坯→包装→贮藏。

② 人工接种毛霉腐乳工艺流程

试管菌种→克氏瓶菌种→孢子悬液
↓
豆腐坯→接种→培养→凉花→搓毛→腌坯→装坯→加辅料→封口→贮藏

毛霉型腐乳是国内常见的一种腐乳，经过前发酵，酶量丰富，后发酵时期大为缩短。特别是蛋白酶，使豆腐坯经腌制和后期发酵，形成产品细腻、氨基酸含量高的腐乳。天然发霉型生产周期较长，受季节限制，不能常年生产。而人工接种毛霉生产腐乳，使腐乳可常年生产，大大提高了劳动生产率，目前应用较多，全国大部分的腐乳都是用这种方法生产的。

**(3) 根霉型腐乳** 其特点是采用耐高温的根霉菌接种进行前发酵，经纯菌培养，人工接种，克服了老法生产工艺需要低温前发酵、不能常年生产的缺点，在夏季高温季节也能生产腐乳，而且前发酵时间由 7 天缩短到 2～3 天。生产根霉型腐乳的前期发酵工序主要是培养根霉。根霉和毛霉作用近似，优点是能耐 37℃ 高温，它们都在腐乳坯上生长成茂密菌丝形成菌膜，包住坯乳，为保持腐乳形态起主导作用；菌丝分泌大量酶系，如蛋白酶、淀粉酶、肽酶等，以使腐乳的后发酵产生腐乳特有的色、香、味。利用根霉生产腐乳虽然可以做到四季均衡生产，但根霉菌丝稀疏，蛋白酶和肽酶活性低，生产的腐乳，其形状、色泽、风味及理化质量都不如毛霉型腐乳，现在有研究发现少孢根霉有耐高温和蛋白酶活力高两个优点，利用它酿制的腐乳品质优良。总体而言，这种生产工艺适于在南方制作腐乳，上海、南京一带一些厂家均用此法生产腐乳。

**(4) 细菌型腐乳**　细菌型腐乳的特点是利用纯细菌接种在腐乳坯上，让其生长繁殖，并产生大量的酶。生产工艺特点是：将豆腐坯先经煮制、盐腌后切洗，使盐分达 6.5%，再接入嗜盐小球菌进行 7～8 天前发酵，然后烘干，以排出水分和固定菌膜。烘干后的豆腐坯含水量为 45%，外面固定一层深红色的小球菌，再加辅料装坛后发酵。这种工艺生产出的产品成形较差，质地柔软，但色泽鲜艳，滑润细腻，入口即化，具有味道芳香，后味绵长的特点，为其他产品所不及。细菌型腐乳的典型代表是黑龙江的克东腐乳，这是我国唯一采用细菌进行前期培菌的腐乳。

### 2. 按腐乳的颜色和风味分类

根据颜色和风味不同，豆腐乳可分为白腐乳、红腐乳、花色腐乳、酱腐乳、青腐乳五类。

**(1) 白腐乳**　白腐乳是在腐乳后发酵过程中不添加任何着色剂，仅添白酒、黄酒或酒酿等酿制而成。这类腐乳并非都是白色，而是在发酵过程中自然形成的乳白色、淡黄色或青白色，故又称白方。其主要特点是醇香浓郁，鲜味突出，质地细腻，含盐量低，发酵期短，成熟较快，主要产区在南方。代表性产品有糟方、醉方、油方、小白方、霉香、桂花、五香等腐乳。

**(2) 红腐乳**　红腐乳是在腐乳的后发酵过程中，添加了红曲及黄酒酿制而成，发酵后装坛前以红曲涂抹于豆腐坯表面，外表呈酱红色，断面为杏黄色，故称红腐乳，又称红方，北方称酱豆腐。在酿制过程中因添加不同的调味辅料，使其呈现不同的风味特色。大块、红辣、玫瑰等腐乳均属此类。

**(3) 花色腐乳**　花色腐乳又称别味腐乳，该类产品因添加了各种不同风味的辅料而酿成了各具特色的腐乳。这些产品都是随着消费水平的不断提高和地区生活习惯的不同而制造的新型风味腐乳。其制作方法有两种：一种是同步发酵法，另一种是再制法。方法是在白腐乳及红腐乳的成品中，或后发酵期添加各种风味的调味料复制而成的一类腐乳。依风味的不同又有辣型腐乳、甜香型腐乳、咸鲜型腐乳及其他类型腐乳的区别。

**(4) 酱腐乳**　酱腐乳又称腌制腐乳。腐乳白坯不经过前期发酵，而是通过加入较多的酱曲进行腌制，在后期发酵中利用酱曲（大豆酱曲、蚕豆酱曲、面酱曲等）中的各种酶分解白坯中的蛋白质及碳水化合物，酿制而成的一类豆腐乳。这类腐乳表里颜色基本一致，具有自然生成的红褐色或棕褐色，酱香浓郁，质地细腻。在酿制过程中因添加不同的调味辅料，使其呈现出不同的风味特色。常见的有普通型酱腐乳、辣味型酱腐乳、甜香型酱腐乳、香料型酱腐乳和咸鲜型酱腐乳。

**(5) 青腐乳** 青腐乳又称青方，是在腐乳后期发酵中，在腌制过程中加入了苦浆水、低度食盐水作汤料酿制而成的腐乳，其表里颜色基本一致（呈青色或豆青色）。因生产过程中用盐较少，水分含量较大，有轻微的氨化作用，具有刺激性的臭味，但臭里透香，所以青腐乳又称臭豆腐，亦属于腐乳的一类产品。臭豆腐一般作副食品供有此嗜好的人食用，不作调味品使用。此类最具代表性的是北京王致和臭豆腐。

## 二、腐乳中色、香、味、体物质的形成

腐乳的酿造是利用在豆腐上培养出来的毛霉或根霉，培养及腌制期间由外界侵入并繁殖的微生物、配料中红曲含有的红曲霉、面糕曲中的米曲霉以及酒类中的酵母菌等所分泌的酶系，在发酵期间，使豆腐分解成相应风味物质的过程。

腐乳的发酵可分为前发酵和后发酵两个阶段。前发酵是一个培菌过程，是将毛霉菌或根霉菌接种于豆腐坯上，使之充分繁殖，菌丝生长旺盛，积累大量的酶类，如蛋白酶、淀粉酶、脂肪酶等，为后期发酵提供大量各种酶的同时也产生了各种代谢产物，如氨基酸、有机酸等，赋予腐乳鲜美的味道和细腻的组织。

后期发酵包括腌坯、配料、装坛和陈酿。其目的是利用食盐对蛋白酶的抑制作用，使蛋白质水解较为缓慢，有利于香气的形成；同时借助霉菌已分泌的各种酶系促使蛋白质水解成可溶性的氨基酸，并使淀粉糖化，糖分发酵成乙醇和其他醇类及形成有机酸；另外添加的辅料中的酒类及添加的各种香辛料也共同参与作用，合成复杂的酯类，这样通过装坛陈酿后复杂的生化反应，最后形成腐乳特有的色、香、味、体等。

### 1. 色

腐乳按颜色分类，可以分为白腐乳、红腐乳、青腐乳及酱腐乳四种，白腐乳呈黄白色或金黄色，红腐乳则呈紫红色，青腐乳为青灰色，酱腐乳为棕褐色。腐乳的鲜明色泽，主要来源于微生物及原辅料。

大豆含有可溶性黄酮类色素，生产豆腐坯的过程中，磨浆时，黄酮类色素溶解于水；点浆后，有部分黄酮类色素随同水分一起被包围在蛋白质的凝胶内，因此豆腐基本上是白色的，而豆腐水呈黄色，故称之为黄浆水。黄酮类色素是黄酮和异黄酮的衍生物，在后发酵时，由于毛霉（或根霉）以及细菌的氧化酶作用下，异黄酮氧化为黄豆素，使成熟的腐乳呈黄白色或金黄色。毛霉（或根霉）生长时间越长，氧化酶积累越多，腐乳的金黄色越深。因此欲制得金黄色的腐乳，则应延长培菌时间。

白豆腐乳离开汁液时即逐渐变黑，这是毛霉（或根霉）中的酪氨酸酶催化空气中的氧分子，氧化酪氨酸使其聚合成黑色素的结果。为了防止白腐乳变黑，应尽量

避免腐乳离开汁液而在空气中暴露。有的厂家在后发酵时，用纸盖在腐乳表面，腐乳汁液将腐乳浸没，后发酵结束时将纸取出，添加封面食用油脂，从而减少腐乳与空气接触的机会。

红腐乳的紫红色来自后发酵时添加的红曲色素，它仅覆盖在腐乳的表面和悬浮于腐乳汁中。由于红曲色素主要溶解于乙醇等溶剂，腐乳后发酵时配料中的酒精浓度低，色素溶解度不大，因此，只能使腐乳的表面染上红色，而内部还是淡黄色的。

酱色腐乳在后期发酵中添加酱曲（大豆酱曲、蚕豆酱曲、面酱曲）为主要辅料，由于物理吸附作用，豆腐坯吸收了酱曲中的酱色（以类黑色素为主），同时豆腐坯在发酵过程中发生酶褐变作用，从而使酱色腐乳具有红棕色或棕褐色。

青腐乳的发酵过程，蛋白质分解较其他品种彻底，使一部分蛋白质的巯基和氨基游离出来，产生 $H_2S$ 和 $NH_3$，同时使腐乳颜色呈青灰色。

### 2. 香

腐乳的香气成分以及形成机理很复杂，目前尚不明确。总体而言经微生物分泌的各种酶在后期发酵中分解原料的成分，在一系列复杂的生化过程中产生。它的香气成分的形成，主要有两种途径，一种是由各种参与发酵的微生物的协同作用形成，另一途径是后发酵添加的多种辅料及香辛料所带来的。腐乳的发酵主要借毛霉或根霉的蛋白酶作用，但生产各个环节都是在开放式的环境下进行的，在后发酵的添加配料中，也带进了其他微生物的菌体，使参与腐乳发酵作用的微生物较复杂，如霉菌，酵母菌、细菌等，产生复杂的酶系，它们的协同作用形成多种醇类、有机酸类、酯类、醛类和酮类等，与香辛料一起构成其特殊香气。

### 3. 味

**（1）鲜味** 鲜味主要来自于氨基酸和核酸类物质的钠盐。氨基酸主要由豆腐坯中的蛋白质经霉菌前期发酵产生的蛋白酶、肽酶作用水解而成，其中谷氨酸和天冬氨酸的钠盐赋予腐乳以鲜味。另外，霉菌、细菌和酵母菌中的核酸经核酸酶的作用，生成四种少量核苷酸，其中 $5'$ 鸟苷酸及 $5'$ 肌苷酸与谷氨酸钠盐具有协调作用，可以增加鲜味。

**（2）甜味** 甜味主要来自由淀粉水解而成的葡萄糖和麦芽糖，及脂肪酶水解生成的甘油，另外，丙氨酸带有微弱的甜味。大豆的淀粉含量很少，只有少量为大豆蛋白及凝胶所包含留在豆腐中，为 $0.4\% \sim 0.9\%$，因此，豆腐坯的糖分含量很低，还原糖含量约为 $0.2\%$，口感无甜味。而红腐乳由于在后发酵时添加的面曲和红曲，成品中的糖分含量较多，口尝较白腐乳甜。

**（3）酸味** 酸味主要来自发酵过程中生成的乳酸、琥珀酸等有机酸。豆腐除了水分之外，几乎全部由蛋白质组成，蛋白质是两性物质，缓冲能力很强，所以虽然在发酵过程中微生物产生各种有机酸，但是 pH 值不会下降，始终维持在 6.0 左右，口尝不会感到有酸味。

**（4）咸味** 腐乳的咸味来自加工过程中添加的食盐，其咸味程度与腌坯时的用盐量、腌制时间及后发酵时有无添加食盐等条件有关。

### 4. 体

腐乳在发酵过程中，氨基酸的生成率对体态起决定作用。氨基酸生成率高，腐乳蛋白质就分解得多，固形物的分解相应也多，使腐乳不易成型，不能保持一定的体态。由霉菌发酵的腐乳，块形比较整齐，这是由于腐乳外层包被着霉菌的菌丝体，质地嫩滑。前发酵时期，如果霉菌生长均匀则被膜完整，腐乳不易破碎，被膜里面腐乳体态柔嫩。反之腐乳容易破碎。如果腐乳的口感粗糙，则说明毛霉（或根霉）的活力过低，大豆蛋白质降解程度差。由细菌发酵的腐乳，由于无菌丝体的包被，外形不呈块状，质地较柔糯。

要使腐乳的体态达到适度，不软不硬，细腻可口，在前发酵中必须使毛霉生长均匀，形成完整坚韧的皮膜，并能产生适量的蛋白酶，这样才会使后发酵中蛋白质分解恰到好处。配料中的酒精、红曲、面糕曲等保证了豆腐坯在陈酿过程中蛋白质的分解，将酶解速度适当地控制，对豆腐乳体态的维持起到了不可忽视的作用。腐乳后发酵成熟的标志是酒味的消失，特有香气的形成。另外，合理控制腌坯用盐量及腌制时间，并根据气温调节后发酵的用酒量，这样可以保证成品腐乳体形完整，不会出现硬心等不良现象。

## 三、腐乳酿造过程中的主要微生物

豆腐乳的酿造过程是多种微生物协同作用的结果，涉及到的微生物主要有前期发酵过程中的毛霉、根霉、小球菌，后期发酵中的红曲霉、米曲霉、酵母、芽孢细菌、葡萄球菌等。目前国内酿造腐乳的微生物，除黑龙江克东豆腐乳采用的是藤黄小球菌（藤黄小球菌耐 6％ 左右的食盐。由于它能充分生长在豆腐坯内部，蛋白酶活性增高，腐乳滋味鲜美。但由于乳块表面不能形成皮膜，成形不好，易碎）之外，其余均用丝状真菌，如毛霉属、根霉属等，其中以毛霉菌酿造的腐乳占有很大的比例。

目前豆腐乳生产大多采用纯菌种，先将菌种接在豆腐坯上，然后敞开在自然条件下培养。在培养过程中难免有外界微生物入侵，而且发酵配料也可能带入其他菌种，因而成品豆腐乳在发酵过程中检出的微生物很多。根据以下条件来选择生产腐乳的优良菌种。

① 无毒，无异气味，不产生任何苦涩味。

② 菌丝体呈白色或淡黄色，外观好看。菌丝壁细软，菌丝体浓而厚，棉絮状，能在豆腐坯表面生成紧密的皮膜，以使腐乳块形整齐，外形美观。

③ 生长温度范围宽，不受季节限制。

④ 培养条件粗放，繁殖速度快，抵抗杂菌力强，便于管理，温度适应范围广。

⑤ 能产生蛋白酶、脂肪酶、肽酶及有益于腐乳质量的酶系。蛋白酶活性高，有较强的蛋白质分解能力，无酰胺酶（因酰胺酶能分解酰胺为氨）。另外淀粉酶、脂肪酶等有利于豆腐坯中大分子物质的分解，质地细腻易碎。

## 1. 毛霉属

毛霉的用途广泛，有糖化淀粉和发酵酒精的能力，也含有蛋白酶、脂肪酶、果胶酶、凝乳酶等，许多毛霉能产生草酸、乳酸、琥珀酸、甘油等，有的毛霉能产生3-羟基丁酮。毛霉菌能分泌多量的蛋白酶，使豆腐坯中蛋白质水解程度较高，腐乳质地柔糯，滋味鲜美，且毛霉菌丝高大而柔软，能包被在豆腐坯外面，以保持腐乳的块形整齐。毛霉菌的缺点是不耐高温，气温超过 37℃ 时很难生长，从而细菌大量繁殖，造成乳坯发黏，腐乳不成块，风味变差。用于豆腐乳生产的最常用的是总状毛霉、鲁氏毛霉、五通桥毛霉。

**(1) 总状毛霉**　总状毛霉是毛霉中分布最广的一种，几乎在各种土壤中，生霉的物质上，以及空气中均能找到。在培养基上培养，总状分枝，孢子囊球形，最初菌落为灰白色或浅褐色，成熟后为黄褐色、灰色或浅灰褐色，质地疏松，高度 5～20mm。孢子梗初期不分枝，后期则有单轴式不规则分枝，长短不一，直径为 8～12μm；孢子囊呈球形、褐色，直径为 20～100μm，孢子囊膜不溶于水，成熟后消解。接合孢子球形，有粗糙突起。能形成大量的厚垣孢子，在菌丝体、孢子囊柄甚至囊轴上都有，大小均一，光滑，无色或黄色。其生长适宜温度 23℃ 左右，4℃ 以下或 37℃ 以上均不生长。在豆腐坯和熟大豆粒上生长旺盛，适合于在含蛋白质丰富的物质上生长。

**(2) 五通桥毛霉**　五通桥毛霉是当前推广应用于腐乳生产的优良菌种之一，编号 As3.25。五通桥毛霉由四川乐山五通桥竹根镇德昌源酱园生产的腐乳中分离而得。该菌种的形态为菌丝高为 10～35mm，菌丝呈白色，衰老后稍黄；孢子梗不分枝，很少成串或假轴状分枝，宽 20～30μm；孢子囊呈圆形，直径 60～100μm，色淡，囊膜成熟后，多溶于水；厚垣孢子量很多，梗上都有孢囊，直径为 20～30μm。其适宜生长温度 10～25℃，4℃ 时勉强能生长，低于 4℃ 或高于 37℃ 均不生长。

**(3) 腐乳毛霉**　腐乳毛霉从浙江绍兴、江苏苏州等地生产的腐乳上分离得到。腐乳毛霉培养在大豆培养基上，菌丝体初期为白色，后期为灰黄色；孢子囊呈球形，灰黄色，直径为 1.46～28.4μm。孢子轴呈圆形，直径为 8.12～12.08μm。腐乳毛霉适宜生长温度为 29℃。

**(4) 雅致放射毛霉**　雅致放射毛霉是我国当前推广应用的优良菌种之一，编号 As3.2778。雅致放射毛霉菌丝呈棉絮状，菌落高约 10mm，呈白色或浅橙黄色，有匍匐菌丝和不发达的假根，色泽与菌丝相同，不如根霉的假根发达；孢子囊梗呈直立状，分枝多集中在顶端，主枝顶端有一较大的孢子囊，孢子囊梗直径约 $30\mu m$，上各有一横隔；孢子囊呈球形，主枝上的直径约 $30\mu m$，有时可达 $120\mu m$，分枝上较小，直径为 $20\sim50\mu m$；衰老后，呈深黄色，外壁粗糙，有草酸钙结晶；成熟后，孢子囊壁消解或裂开；在较大的孢子囊内的孢子轴呈卵形或梨形，大小为 $(50\sim72)$ $\mu m\times$ $(30\sim48)$ $\mu m$，在较小的孢子囊内的孢子轴呈球形或扁球形，直径为 $12\sim30\mu m$；孢子呈圆形，光滑或粗糙，壁厚，呈黄色，含油脂。最适生长温度 30℃。

**（5）鲁氏毛霉** 此菌种最初是从我国小曲中分离出来的，菌落在马铃薯培养基上呈黄色，在米饭上略带红色，孢子囊呈假轴状分枝，厚垣孢子数量较多，大小不一，黄色至褐色，接合孢子未见，生长适温 28℃。鲁氏毛霉能产生蛋白酶，有分解大豆的能力。

**（6）高大毛霉** 高大毛霉由四川忠县腐乳分离所得。在豆腐坯或熟大豆上培养，菌落初期白色，随培养时间的延长，逐渐变为淡黄色，有光泽，菌丝高达 3～12cm 或更高。孢子囊柄直立不分枝，孢子囊壁有草酸钙结晶，此菌能产生 3-羟基丁酮、脂肪酶。高大毛霉在豆芽汁、豆浆、豆腐坯培养基上生长速度快，在含有机氮素培养基上生长良好。适宜生长温度 18～20℃，相对湿度 90%～95%，最适 pH5～7。

### 2. 根霉属

根霉菌丝分枝，菌丝细胞内无横隔，根霉在培养基上生长时，由营养菌丝产生粗壮的匍匐枝，其末端生有特殊的假根，假根吸收营养。在有假根处的匍匐菌丝上着生成群的孢囊梗，不分枝，孢囊梗的顶端膨大，形成孢子囊，圆形，囊内生孢子囊孢子。

**（1）米根霉** 初期培养时，米根霉菌丝白色，成熟后变为灰褐色乃至黑褐色。匍匐枝无色、爬行，假根发达，指状或根状分枝，颜色呈褐色。孢子囊梗直立或稍弯曲，2～4 根，群生。有时膨大或分枝，囊托楔形，菌丝可以形成厚垣孢子。米根霉最适温度 37℃，41℃还能生长。此菌淀粉酶活力极强，多用作糖化菌，同时具有酒精发酵能力及蛋白质分解能力，还能生成乳酸、反丁烯二酸等。此菌大量存在于酒曲中，由于耐高温，特别为在夏季生产豆腐乳提供了方便条件，解决了豆腐乳旧法生产只能在冬季进行的困难。

**（2）华根霉** 华根霉在培养基上生长极为迅速，菌落疏松，有点脆弱。初期培养菌丝体为白色，后期变为褐色或黑褐色。假根不发达，短小，呈手指状。孢子囊梗多直立，光滑，浅褐色至黄褐色，无接合孢子。多数生厚垣孢子，为球形、椭圆形或短柱形。华根霉最适温度为 30℃，可耐 45℃的高温，因而解决了豆腐乳在夏季连续生产的问题，用它来代替毛霉用于腐乳发酵可以常年生产。此菌大量存在于酒曲中，对淀粉液化力强，有溶胶性，能产生酒精、芳香酯类、右旋乳酸及反丁烯二酸，是固态酿酒常用的主要霉菌。在腐乳的后熟中添加黄酒、糟酒或白酒，与华根霉所产生的物质构成腐乳的特殊风味有密切关系，但蛋白酶活力较差，蛋白质分解能力较低，致使腐乳鲜味及香味均不及毛霉发酵产品。

### 3. 红曲霉属

红曲霉是一种嗜酸菌，它特别喜爱生活在含醋酸的酸性环境中，生长最适 pH 值为 3.5～5，即使低于 pH2.5 时，它还能生存。生长温度范围为 26～42℃，最适温度 32～35℃。耐酒精，在含量为 10％的酒精中也可生存。红曲霉能分泌淀粉酶、麦芽糖酶、蛋白酶、柠檬酸、琥珀酸、乙醇等，能利用多种糖类和酸类为碳源，能同化硝酸钠、硝酸铵、硫酸铵。耐酸、耐高温、耐酒精为其突出特点。红曲霉主要用来制造红曲米（俗称红米）或红曲面，有些种还能产生鲜艳的红曲红素和红曲黄素，用于食品及饮料中的天然着色剂，如制玫瑰醋、红腐乳及红酒等，同时对食品还有防腐作用。

红曲霉属中常用的有紫红曲霉、红色红曲霉、变红红曲霉等菌种，在我国使用紫红曲霉为最多。紫红曲霉人工培养，在天然培养基麦芽汁琼脂培养基上生长良好。菌丝体初期为白色，逐渐蔓延成膜状，老熟后菌落表面有皱纹和气生菌丝，呈淡粉色、紫红色或灰黑色，有隔膜，分枝、多核，含橙红色颗粒，直径 3～7$\mu$m，红色素可溶于培养基中。分生孢子着生在菌丝及其分枝的顶端，单生或成链。在不规则分枝柄上产生单一的球形闭囊壳，壳内散生 10 多个球形的子囊，每个子囊内有 8 个光滑的卵圆形的无色或淡红色子囊孢子。成熟后子囊壁解体，孢子则留在薄壁的闭囊壳内。

红曲霉除产生红曲色素外，还产生 $\alpha$-淀粉酶、糖化酶、麦芽糖酶等，对腐乳的成熟有重要影响。

### 4. 米曲霉

米曲霉能分泌产生淀粉酶、蛋白酶、脂肪酶、氧化酶、转化酶以及果胶酶等，不仅能使原材料中的淀粉转化为糖，蛋白质分解为氨基酸，还可形成具有芳香气味的酯类。其最适培养温度为 37℃。米曲霉在察氏培养基上菌落形成较快，培养 10 天后菌落直径可达 5～6cm，质地疏松，初期为嫩黄色，后变为黄绿色直至褐色。在黄豆汁培养基上菌落形成更快，培养 24h 左右就能生出孢子，初为嫩黄色，继而逐渐变成黄绿色，到孢子衰老也只需培养 2～3 天时间，最后衰老时，孢子变为褐色。

### 5. 酵母菌

酵母主要分布在含糖质较多的偏酸性环境中，最适生长温度为 25～30℃，通常以出芽方式进行无性繁殖，细胞圆形、卵圆形、椭圆形、腊肠形等多种。某些酵母在特殊条件下，生成的芽体连接在一起，生成链状，称之为假菌丝。

**(1) 啤酒酵母** 啤酒酵母的应用范围十分广泛，常用于传统的发酵行业，如啤酒、白酒、酒精等，所以又称酿酒酵母。啤酒酵母在麦芽汁琼脂培养基上菌落为乳白色，有光泽，平坦，边缘整齐。无性繁殖以芽殖为主。能发酵葡萄糖、麦芽糖、半乳糖和蔗糖，不能发酵乳糖和蜜二糖。

**(2) 鲁氏酵母** 它是酱油酿造中的主要酵母菌，是常见的耐高渗透压酵母，能在高盐（18%）和含氮在 1.3% 以上的基质中繁殖。在发酵前期产生酒精、甘油、琥珀酸。鲁氏酵母生长最适温度为 28～30℃，在 38～40℃ 中也可生长，最适 pH4～5，在 5%～8% 的食盐溶液中生长良好，盐浓度高达 18% 时仍能生长。

### 6. 细菌

从豆腐坯上分离得到的细菌中，有的具有一定的产生蛋白酶的能力，有的则产生某种代谢产物，在豆腐乳的特色风味的形成过程中具有协同作用，其作用是不能低估的。

**(1) 嗜盐性小球菌** 革兰阳性球菌，好氧或兼性好氧。广泛分布于空气、水和不洁的容器、工具、人及动植物的体表。某些小球菌能产生黄色、粉红色的色素，如黄色小球菌、玫瑰色小球菌，感染食品后能使食品变色，该属菌具有较高耐盐性和耐热性，有些菌并能在低温环境中生长，引起冷藏食品的腐败变质。有少数地方腐乳发酵用嗜盐性小球菌（如黑龙江省克东腐乳厂），此菌耐 6% 左右的食盐。

**(2) 醋酸菌** 在自然界分布极广，在醋醅、水果、蔬菜表面就可以找到。菌落颜色有黑色、红色、无色等。有产生皮膜和不产生皮膜的；有周生鞭毛的和极生鞭毛的醋酸菌。醋酸菌已成为工业生产中的重要菌之一。根据醋酸菌发育时对温度的要求和特性，可将醋酸菌分为两类：一般发育适温在 30℃ 以下，氧化酒精后生成以醋酸为主的称为醋酸杆菌；另一类发育适温在 30℃ 以下，氧化葡萄糖为葡萄糖酸的称为葡萄糖氧化杆菌，为严格好氧菌。

**(3) 枯草芽孢杆菌** 为生芽孢的需氧杆菌，由于芽孢能抗高热，所以分布极广，常存在于枯草、土壤中，一般说来为腐败菌。在制曲时，如果水分含量过大，温度较高，就容易造成枯草芽孢杆菌迅速繁殖，从而消耗原料蛋白质和淀粉，丛曲发黏，并放出恶臭，使制曲失败，它是制曲中的有害菌，也是腐乳前期发酵的有害菌。由于它不耐盐，因此在发酵后期不表现活力。枯草芽孢杆菌生长适温为 30～39℃，但在 50～56℃ 时尚能生长，最适 pH 为 6.7～7.2。在固体培养基上为圆形或不规则状，较厚，乳白色，表面粗糙，不透明，边缘整齐。

**(4) 乳酸菌** 能发酵糖类，产物的 85% 以上为乳酸，厌氧或兼性厌氧。生长温度为 45～50℃。它们广泛地分布在自然界，如谷类、麦芽、曲子、水果、蔬菜和牛奶等。因它繁殖极快，所产生乳酸可抑制其他细菌的生长。利用这一特点在自然发酵和人工控制发酵的前期起控制作用。但是许多发酵调味品及食品的腐败也由乳酸菌引起。乳酸菌种类繁多，与调味品酿造有关的主要是德氏乳酸杆菌、嗜盐片球菌、酱油四联球菌等。

# 第二节　原辅料及处理

制造豆腐乳的主要原料是指制豆腐坯及腌坯所需的原料，配料中所用的原料因生产的品种不同而异，统称为辅助原料。制造腐乳的原辅料种类甚多，有大豆、糯米、红曲米、食盐、酒类、曲类、甜味剂、凝固剂和香辛料等，原辅料的优劣，直接关系到产品的品质，因此，选择优质原料是生产腐乳的基础。

## 一、主要原料

### 1. 蛋白质原料

酿造豆腐乳的蛋白质原料主要有大豆和冷榨豆饼。大豆中蛋白质和脂肪含量丰富，蛋白质很少变性，是制作豆腐乳的最佳原料。大豆用压榨法提取油脂后的产物，习惯上称为豆饼，将生大豆软化轧片后，直接榨油所制出的豆饼叫做冷榨豆饼。

**（1）大豆**　大豆未经提油处理，所以制成的腐乳柔、糯、细，口感好。

**（2）冷榨豆饼**　冷榨豆饼是大豆经水压机低温榨油后的豆饼，并轧碎成片粒状。在化学成分含量上与大豆有所不同，除脂肪含量显著减少外，蛋白质、糖分等所占比例都相对增加。蛋白质由于受外界物理和化学因素的影响，往往容易产生变性蛋白质。一般大豆中水溶性蛋白质占蛋白质总量的70%，非水溶性蛋白质约占30%，如果压榨时采用高压高热，则大部分成为不溶于水的蛋白质，用以制造豆腐产率低，质量差，因此，生产豆腐都采用冷榨豆饼，而不能用热榨豆饼。

**（3）豆粕**　大豆经软化轧片处理，用溶剂萃取脱脂的产物称为豆粕。豆粕的质量因所用溶剂的不同而异，用石油挥发油作溶剂时，因含有高沸点物质，在除溶剂时需使用过热蒸汽，从而使蛋白质发生变性，其豆粕不适于做豆腐，只适于做酱油。适于做豆腐类食品的豆粕可采用正己烷作溶剂，这是因为正己烷沸点低，是高纯度的疏水性溶剂，脱溶剂时用低温真空脱除溶剂短时间（80℃以下）即可，蛋白质变性较小，以便使豆粕中保留较高比例的水溶性蛋白质，从而提高原料的利用率和品质。

### 2. 水

水是豆腐乳生产中不可或缺的物质。原料大豆在磨制前需进行浸泡，然后进行磨浆，这两步工艺需水量均较大。制豆腐乳的水可就地取材，但对水的质量有一定要求：一是要符合饮用水的质量标准；二是要求水的硬度愈小愈好。

硬度大的水会使蛋白质沉降，影响豆腐的得率，所以豆腐乳的生产用水宜用清洁而含矿物质和有机质少的水，城市可用自来水。生产用水的卫生质量是影响食品卫生质量的关键因素，生产企业必须保证与食品接触的生产用水符合国家规定的要求。GB 14881—2013《食品安全国家标准　食品生产通用卫生规范》规定，生产用水必须符合 GB 5749—2006《生活饮用水卫生标准》。

### 3. 凝固剂

腐乳生产过程中，凝固剂是不可缺少的添加剂。由豆浆制成豆腐坯，主要是由于凝固剂的作用使加热过的蛋白质分散体凝结而形成胶状凝乳。常用的凝固剂有盐卤、石膏、葡萄糖酸内酯以及以硫酸钙为主的两种或两种以上的混合二价盐的复合型凝固剂。

所谓复合凝固剂是由两种或两种以上的成分加工而成的凝固剂，它是伴随豆制品生产的工业化、机械化和自动化的发展而产生的。如有种带有涂覆膜的有机酸颗粒凝固剂，常温下它不溶于豆浆，但是一旦经过加热涂覆膜就溶化，内部的有机酸就发挥凝固作用。常用的有机酸有柠檬酸、异柠檬酸、山梨酸、富马酸、乳酸、琥珀酸、葡萄糖酸及它们的内酯或酐。采用柠檬酸时，添加量为豆浆（固形物含量10%）的 0.05%～0.50%。涂覆剂要满足常温下完全呈固态，而稍经加热就完全熔化的条件，因此其熔点一般在 40～70℃ 之间。符合这些条件的涂覆剂有动物脂肪、植物油、各种甘油酯、山梨糖醇酐酯。

## 二、辅助原料

### 1. 糯米

糯米宜选用品质纯、颗粒均匀、质地柔软、产酒率高、粳性少、残渣少的优质糯米。一般 100kg 糯米可出酒酿 130kg 以上，酒酿糟 28kg 左右。习惯上多用江浙和安庆的品种，特别是江苏金坛糯米久负盛名，它的主要特点是产酿率高，糖分高，浓度厚，澄清度好等。近年来，各企业为了降低成本，使用大米生产米酒，每500kg 大米能生产米酒 1300kg。

### 2. 酒类

豆腐乳生产时在腌坯时添加酒类，有利于腌坯过程中酯类物质形成，增加香气成分，同时也可把酒的风味物质引入豆腐乳。酿造过程中主要添加的是黄酒、白酒或米酒。

### 3. 曲类

**(1) 面曲**　面曲也称面糕曲,是制面酱的半成品,用面粉经米曲霉培养而成。操作方法是用面粉量 36% 的冷水将面粉搅匀,蒸熟后趁热将块压碎,摊晾至 40℃ 后接种曲种,接种量为面粉的 0.4%,培养 2~3 天即可。但做豆腐乳的面曲要经过晒干后备用,以减少水分,加上发酵中的损失,每 100kg 面粉制成面曲约为 80kg。面曲中有大量酶系存在,豆腐乳酿造时使用面曲是给后期发酵增加酶源,使成品中糖分含量增加,加到腐乳中后也可以提高香气和鲜味。面曲的用量为每万块腐乳用面曲 7.5~10kg。

**(2) 红曲**　红曲也称红米,是以籼米为主要原料,经红曲霉菌发酵而成的曲米,是制造红豆腐乳所必需的原料。它不仅用于肉、鸡、鸭、鱼等食品的着色,还用于红酒、红肉、红肠衣、红糕点、红糖果、红蜜饯、红花生等食品的着色。

**(3) 米曲**　用糯米制作而成,将糯米除去碎粒用冷水浸泡 24h,沥干蒸熟,再用 25~30℃ 的温水冲淋,当品温达到 30℃ 时,送入曲房,接入 0.1% 米曲霉,使孢子发芽。待温度上升至 35℃ 时,翻料一次,当品温再上升至 35℃ 时,过筛分盘,每盘厚度为 1cm。待孢子尚未大量着生,立即通风降温,2 天后即可出曲,晒干后备用。

**(4) 糟米**　糟米是做糟方加入坛内的酒酿糟,制造方法与制造甜酒酿基本相仿,不同的是浸米时间短,蒸饭时间也短。发酵一天后酒酿醪不到半坛时,即加烧酒,抑制发酵并使其冷却,一般是 100kg 糯米加 50% 烧酒 40~45kg,在使用时加入适量的酒酿醪。糟方豆腐乳外形美观、饱满,风味别致,糟香扑鼻,促进食欲。

### 4. 甜味剂

腐乳中使用的甜味剂主要是蔗糖、葡萄糖和果糖等,它们的甜度以蔗糖为标准,其甜度之比为 1∶0.75∶(1.14~1.75)。还有一类,它们不是糖类,但具有甜味,可作甜味剂,常用的有糖精钠、甘草、甜叶菊苷、天冬氨酰苯丙氨酸甲酯等。

### 5. 香辛料

香辛料是指能增加菜肴的色、香、味,促进食欲,有益于人体健康的辅助食品。香辛料种类很多,使用最广的有八角、小茴香、胡椒、花椒、芥末、桂皮、五香粉、咖喱粉、辣椒、姜等。豆腐乳中的香辛料使用根据地区生活习惯配制,多则二十余种,少则有五种,最少的仅有一种。

### 6. 防腐剂

豆腐乳生产过程中,防腐剂不能乱加,更不允许违反使用标准。加错了地方,不仅达不到要求,反而影响腐乳质量。为了预防腐乳变质,有的将防腐剂添加在菌种悬浮液内，以防止毛霉培菌（前期发酵）中杂菌生长，这是错误的用法，虽然防止了杂菌生长，但更伤害了毛霉的发芽与生长。也有在后期发酵时添加，以防霉变，这也是错误的。腐乳后发酵中主要依靠酶系和米酒、面曲、红曲带入的有益微生物协同发酵来形成鲜味和风味，若加入防腐剂，势必会影响腐乳的发酵成熟与风味和质量。

豆腐乳的发酵过程中，在不开封的情况下，它含有酒精、还原糖、食盐、氨基酸及蛋白质等，有一定渗透压作用，基本上已具有防腐能力，不必添加防腐剂。不过，为了增加花式品种，产品在第二次再加工过程中，为了预防操作中可能发生杂菌交叉污染，配料卤汤内适量添加一些防腐剂是有效的，但应按 GB 2760—2014 规定的最大添加量添加。值得注意的是，防腐剂并不是保险剂，在操作中若杂菌感染过多，特别是生醭酵母和产气杆菌等污染严重，杂菌完全超过防腐剂的功能范围，就失去防腐作用。

### 7. 消泡剂

在煮浆时，豆浆沸腾产生很多泡沫，这种泡沫是由于水变成蒸汽，鼓起蛋白质而形成的。它是蛋白质溶液形成的膜，气体包在里边，由于蛋白质膜表面张力大，很难因里面的气体膨胀而把泡沫冲破。泡沫的存在影响操作，特别是煮浆时由于大量泡沫翻起，会造成假沸现象，点浆时必须将泡沫去掉，否则会影响凝固质量。由于蛋白质泡沫表面张力大，必须用消泡剂去除。目前常用的消泡剂有以下几种。

**(1) 油脚**　油脚是油炸食品后剩下的废油，含杂质较多，色黑，不卫生，但价格便宜。

**(2) 油角膏**　它是酸败油脂添加氢氧化钙，搅拌成的膏状物，配比为 10∶1，使用量为 1%。

**(3) 酸化油**　也称氧化油，是脂肪酸氧化后酸性增加的油，是榨油厂精炼食用油时分离的废物。经酸化处理或发酵氧化而成，其主要成分是磷脂，磷脂是一种乳化剂，有消泡作用。

**(4) 硅有机酸树脂**　允许使用量为 0.05g/kg 食品，是目前较好的消泡剂，对豆浆的 pH 值与凝固反应影响不大，使用时预先按规定量加入到大豆的磨碎物中，使其充分分散，可达到消泡的目的。

**(5) 脂肪酸甘油单酯**　此物质属于表面活性剂，使用量为 1%，使用时均匀地加到豆糊中，一并加热即可。

### 8. 其他辅料

其他外加辅料品种也很多，有砂糖、玫瑰花、桂花、陈皮、香菇和人参等，它们都是用于各种风味和特色腐乳的，虽用量不多，但对其质量要求高。腐乳中加入各种辅料后，使腐乳各具特色。

# 第三节　豆腐乳的发酵

习惯上把豆腐乳生产中在豆腐坯上培养微生物的过程，统称为发酵，因而豆腐乳发酵包括前期发酵与后期发酵。所谓前期发酵就是在豆腐坯上培养毛霉或根霉，其菌丝布满豆腐坯表面，形成一层柔韧而细致的皮膜，保持豆腐乳的方块外形，而内部则是乳白色或略黄的细泥状，类似乳酪，故欧美称之为"东方的植物乳酪"。后期发酵则是将毛坯盐腌，再根据不同品种的要求予以配料，然后装坛嫌气发酵直至成熟。

## 一、前期发酵

前期发酵也称为前期培菌，由接种与培养两阶段组成。前期发酵是发霉过程，即豆腐坯培养毛霉或根霉的过程，发酵的结果是使豆腐坯长满菌丝，形成柔软、细密而坚韧的皮膜并积累大量的蛋白酶，以便在后期发酵中将蛋白质慢慢水解。除了选用优良菌种外，还要掌握毛霉的生长规律，控制好培养温度、湿度及时间等条件。

前期发酵毛霉生长发育变化大致分为三个阶段，即孢子发芽阶段、菌丝生长阶段、孢子形成阶段。当豆腐坯表面开始长有菌丝时，即长有毛绒状的菌丝后，要进行翻笼，一般三次左右。

前期发酵工艺流程如下：

毛霉菌或扩大根霉菌

　　　↓

豆腐坯→接种→摆块→培养（又称发花）→凉花→搓毛

豆腐乳的前期发酵过程可通过自然发霉与纯种接种发酵两种方式完成。

### 1. 自然发霉

利用自然界中所存在的毛霉进行腐乳生产，是我国的传统方法，现在小的作坊或者家庭仍在采用这种方法，但要求要有一间干净的、温度比较稳定和便于控制的自然培养室。

**(1) 摆块**　将加工好的豆腐坯摆入蒸笼内蒸熟，适当排除水分，然后将豆腐坯摆入铺有水稻秸秆的蒸笼内，或者使用几层蒸笼，将豆腐块摆入笼内，侧面立放，每层笼屉盛80余块，中间四行，两侧各两行，中间与左右两侧的行距要大一些，以保证通风良好。排匀后，摊晾一夜，然后将笼屉叠起，约100cm高。一般笼屉的规格为直径55cm、高15cm。

**(2) 自然发霉**　将蒸笼放在15～18℃的阴凉地方令其生霉。由于气温较低，其他微生物，如细菌、酵母或曲霉等不易生长，而某些毛霉或某些低温生长的根霉在这样温度下会慢慢生长。豆腐坯入霉房，2天后毛霉开始发育；3～4天后菌丝生长旺盛；5天全面布满菌丝；6天菌丝生长如丝棉；7天毛霉顶端开始着生淡黄色孢子，是成熟的象征，将笼打开放晾1天即可。

**（3）其他发霉方式**　有的地方将蔺草铺在竹子编成的圆形浅筐内进行发霉，所用草经日晒可用数次。这种自然发霉的方法成功与否，主要取决于发霉的温度和豆腐坯的水分，一般水分不宜过大。有的将豆腐先用盐水浸渍片刻，晾干，蒸干后再发霉。有的采用醋酸与石膏并用的方法，使豆腐坯的pH值保持在4.5～5.0，不仅可以防止杂菌污染，促进毛霉生长，而且制成的腐乳硬度较大。还有的将豆腐坯浸入25℃的6％食盐和2.5％柠檬酸混合液中1h，然后用100℃热风干燥15min。这样浸渍的豆腐含盐量1.7％，柠檬酸含量0.3％，这种弱酸对毛霉生长也有利。这些改进方法是根据毛霉习性以及抑制细菌原理提出来的。

**2. 纯种接种发酵**

制备菌种的好坏是前期培菌的主要关键，用于制作腐乳的菌种很多。由于毛霉的菌落高，能包住豆腐块以保持豆腐坯的形状，所以大多使用毛霉，这些菌种不产生毒素，菌丝茂密，呈柔软棉絮状，具有繁殖快、抗杂菌能力强、生长温度范围大、能分泌大量的蛋白酶和一些脂肪酶等优点。

**（1）试管菌种的制备**

① 试管菌种的培养基　试管菌种是纯种培养的基础。试管需传代移接才能在生产中使用。试管的移接传代首先需要制作培养基，提供菌种生长的条件，可以采用以下几种培养基。

A. 豆汁培养基　将大豆用清水浸泡后，加水3倍，煮沸4h，滤出豆汁，加2.5％饴糖和2.5％琼脂，灌装试管约是试管高的1/5，高压灭菌，摆斜面，冷凉凝固成斜面培养基，备用。

B. 察氏培养基配方　蔗糖30g，硝酸钠2g，磷酸氢二钾1g，硫酸镁0.5g，硫酸亚铁0.01g，琼脂2.5g，用蒸馏水稀释至1000mL，加热至沸，分装于试管中，高压灭菌，摆斜面，冷凉待用。

C. 纯种的斜面培养基　麦芽糖（饴糖）用水稀释到7～8°Bé 100mL，蛋白胨1.5g，琼脂2～2.5g，调pH5～5.5，待培养基融化后，分装试管，包扎就绪，以0.1MPa灭菌30min，取出摆成斜面，空白培养（28～30℃）48～72h，证明无杂菌存在，即可接种原纯菌种，28～30℃培养48～72h，备用。

② 试管菌种的培养　习惯用以上之一培养基接入毛霉菌种，于20～22℃培养箱中培养一周，待长出白色菌丝即为毛霉试管菌种，或称一代毛霉菌种。

**（2）菌种扩大培养**

生产需要的菌种，需将试管菌种进行扩大培养，扩大培养的培养基有以下几种。

① 豆汁培养基　将大豆用清水洗净，浸泡，加 3 倍水煮沸 4h，过滤出 2 倍的豆汁水，加饴糖 2.5%煮沸，分散于三角瓶或克氏瓶中灭菌待用。

② 察氏培养基　配方同试管培养基，分散于三角瓶或克氏瓶中灭菌待用。

③ 固体培养基　常用的固体培养基多用于扩大培养，做成菌粉供生产接种用。其方法为：取豆腐渣与大米粉混合，其质量比为 1∶1。装入克氏瓶或不锈钢饭盒中，量不能过多，以 20～30mm 厚度为宜，每瓶约装 250g。加塞、灭菌，冷却至室温接种，于 20～25℃培养 6～7 天，风干后粉碎，与大米粉以 1∶（2～2.5）混合，即成生产用菌粉，也称二代菌种，可直接用于生产中。

④ 扩大培养基　小麦麸皮 25g，水 35mL，拌匀后，装入 800mL 的克氏瓶，0.1MPa 灭菌 45min，待凉后，即可接种，然后于 28～30℃培养 48～72h。培养好的种子，外观白色，菌丝粗壮、紧密，瓶内长满菌丝，无倒毛现象，底板菌丝均匀，无杂菌斑点出现，开启瓶塞有清香味。

⑤ 孢子悬液制备　将培养好的种子瓶加入适量的灭菌冷水，做成菌液，通过灭菌滤布即成菌种（孢子）悬浮液。通常 50kg 大豆制成的豆腐坯需用一个种子瓶做成的菌悬浮液（1000mL）。

**(3) 接种**　由于毛霉的菌落高，能包住豆腐块以保持豆腐坯的形状，所以大多使用毛霉纯种接种。这里重点介绍毛霉纯种接种发酵。

① 菌种使用方法　腐乳生产厂家使用菌种的方法一般分为三种。

A. 固体培养固体使用　目前使用比较广泛的一种，即固体三角瓶或克氏瓶培养，使用时将其菌块破碎成细粉，按一定比例扩大到一些载体上，如大米粉或玉米粉，再将扩大后的菌粉均匀地撒到豆腐坯上，进行前期培菌。

B. 固体培养液体使用　也是固体培养的菌种，同样将其粉碎，再用无菌水稀释后喷洒在豆腐坯上，这种方法有些厂家也用，但不易掌握，尤其在夏季容易感染杂菌，影响前期培菌的质量。

C. 液体培养液体使用　这种方法是目前国内较先进的，即液体培养液体使用。北京王致和食品有限公司即用此法，它是将毛霉菌种在种子罐中进行无菌通风的纯粹培养，培养出来的种子不含杂菌，菌丝健壮，孢子数多，酶活力强。生产车间使用的菌液要通过检验部门的严格检查，孢子悬浮液的浓度要达到一定的标准。使用时用高压喷枪喷洒在豆腐坯上。使用这样的菌液，前期培菌阶段培养的毛坯才是高质量的。这种方法科技含量很高，但投资大，管理难度也大。

② 接菌方法　当白坯品温降至 35℃时，即可进行接菌。豆腐坯的降温可以采用自然冷凉或强制通风降温的方法，一般自然冷凉最好，但夏天时间长，气温高，不易降温；强制通风降温则会吹干坯子表面水分并使豆腐坯收缩变形，有时上表面已凉而下表面还很热，对接菌是十分不利的。特别是坯子内热外冷，摆屉之后坯子出现浮水，极容易感染杂菌。如用固体菌粉，可筛至码放的豆腐白坯上，要求接菌

均匀，六面都要沾上菌粉。如为液体种子，要采用喷雾法接种，即用喷枪或喷筒把孢子悬液喷雾到豆腐坯上，使豆腐坯的前、后、左、右、上五面喷洒均匀。喷洒时要掌握适度，以接上菌为准，也可将豆腐坯浸沾菌液，浸后立即取出，如菌液量过大，就会增加豆腐坯表面的含水量，在天热的季节非常容易感染杂菌，使坯子发黏，影响毛霉菌的正常生长。生产厂家一般称这种现象为"臭笼"。臭笼的豆腐坯就只能作为不合格品处理了，所以高温季节，可在菌液中加入少许食醋，使菌液变酸（pH=4），抑制杂菌生长。

③ 摆块　接好种的豆腐坯要均匀地用小面方向立着码放在笼屉内，笼屉内用木条分成格，把豆腐坯码放在空格中，豆腐坯之间每行之间都应留有空隙，还要防止在搬动时豆腐坯倒下不利通风调节温度。摆好块后，将豆腐屉码放起来，笼屉堆码的层数要根据季节与室温变化而定，一般上面的屉要用苫布盖严，以便保温、保湿，防止坯子风干，影响豆腐坯发霉效果。

**(4) 培养与凉花**　摆好块的豆腐坯送进发酵室要在一定的温湿度下进行培养（也称发花）。培养所需时间与室温、品温、含水量、接种量，以及装笼、堆笼的条件有关。温度高、接种量大，生长较快，反之较慢。发酵室的温度要控制在 $20\sim25℃$，最高不能超过 $28℃$，干湿度温差保持 $1℃$ 左右。夏季气温高，可利用通风降温设备进行降温。为了调节各发酵屉的品温，保持均匀一致，发酵过程中间要进行倒笼、错笼。

春秋季节室温一般在 $20℃$ 左右，豆腐坯接种后 14h 左右开始生长，至 22h 左右菌丝全面生长，产生大量热量（呼吸热），此时需要第一次上下翻蒸笼一次，以散发热量，调节上下品温差距，补给新鲜空气（氧气），使根霉菌正常繁殖。到 28h，已进入生长旺盛期，品温增长很快，这时需要第二次翻蒸笼。36h 左右，菌丝大部分已近成熟，此时可以将屉错开，摆成品字形，以促使毛坯的水分挥发和降低品温（这一过程也叫凉花），帮助霉菌完成前期培菌阶段。在正常情况下，到 45h 进行搭蒸笼凉花，一般称为二天花。一般 48h 菌丝开始发黄，生长成熟的菌丝长度可达 $6\sim10mm$，如棉絮状，一般称它为毛坯。

冬季室温一般保持 $26℃$（但晚上温度较低，室温一般在 $8\sim16℃$，故生长缓慢）。在 20h 后才见菌丝生长，但菌丝还是较短，44h 进行第三次翻蒸笼，菌丝生长才较长较浓，到 52h 基本长足，开始适当凉花，68h 搭蒸笼凉花。一般称为三天花。

夏天室温一般为 $30\sim32℃$，最高达 $35℃$，故菌种生长较快，但不易发好，容易发泡脱皮。豆腐坯接种后，表面水分要吹干后，才好进入培养室，入室后要稍停息，让水分再度挥发才好盖布。10h 后已见菌丝生长，13h 第一次翻蒸笼，20h 菌丝已全面生长，进行第二次翻蒸笼，25h 菌丝已较长，进行第三次翻蒸笼，28h 菌丝已基本长足，开始适当凉花，并趋向老化，32h 搭蒸笼凉花，前期发酵结束。一般称为一天半花。

凉花时间应该在菌种全面生长情况下进行。过早影响菌的生长繁殖，过晚因温度升高而影响质量。

在前期培菌阶段，主要控制好品温，这一过程是通过调整室温和湿度来实现的，特别是室内湿度的控制。因为毛霉菌的气生菌丝是十分娇嫩的，只有湿度达到95%以上，毛霉菌丝才正常生长。使用毛霉菌，品温不要超过30℃。如果使用根霉菌，品温不能超过35℃。因为品温过高，会影响霉菌的生长及蛋白酶的分泌，最终会影响腐乳的质量。培菌期间，还要随时检查菌丝生长情况，如发现起黏现象，应及时采取通风降温措施。当菌丝生长成熟、略带黄褐色时，应尽快转入搓毛工序。前期培菌所需时间由室温及菌丝生长情况决定。室温在20℃以下，培菌时间需72h，在20℃以上，约48h可完成。长好菌丝的毛坯应及时腌制。

生产青腐乳（臭豆腐）时，时间要稍短些，当菌丝长成白色棉絮状即可搓毛腌制，因为这时的蛋白酶活力尚未达到最高峰，蛋白分解力也不太高，可以保证在盐度偏低的青腐乳的后期发酵过程中，蛋白质分解作用不会太旺盛，否则，会导致出现腐乳碎块。另外青腐乳发酵时产生硫化氢气体，会因为老熟的毛霉菌而产生黑色斑块，造成青腐乳外观质量不好。而生产红腐乳时，前期培菌时间可以长些，菌丝稍老一些则酶系统完全，对促进红腐乳发酵是非常必要的，同时由于发酵食盐含量高不会产生硫的化合物形成的黑色斑点。

**(5) 搓毛** 搓毛要紧紧配合凉花过程，待前期培菌阶段生长好的毛坯呈微黄或淡黄色，毛坯凉透之后，即可搓毛。搓毛是将长在豆腐坯表面的菌丝用手搓倒，并将每块之间粘连的菌丝搓断，把豆腐坯一块块分开，整齐排列在容器内待腌，使棉絮状的菌丝将豆腐坯紧紧包住，成为豆腐坯的外衣，要求毛坯六个面都长好菌丝并都包住豆腐坯，毛坯不黏不臭算正常。这一操作与成品块状外形有着十分密切的关系。

## 二、后期发酵

后期发酵，是利用豆腐坯上生长的毛霉以及配料中各种微生物的作用下以及辅料的配合下进行后熟，形成色、香、味的过程，包括腌坯、装坛、灌汤、封口、贮藏等几道工序。

后期发酵工艺流程如下：

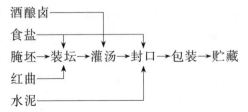

## 1. 腌坯

前期发酵的腐乳坯，已长满白色菌丝，经过凉花一方面使菌丝老化，增长酶的作用；另一方面使迅速冷却，并将发酵中的霉气散发。当菌丝开始变成淡黄色，并有大量灰褐色孢子形成时，即可散笼，开窗通风，降温凉花，停止发霉，促进毛霉产生蛋白酶。8～10h 后结束前期发酵，立即搓毛腌制。毛坯经搓毛之后，即行盐腌，要求搓完毛的毛坯要整齐地码入特制的腌制盒内进行腌制，将毛坯变为盐坯。使坯的食盐含量达 16％，一般腌 5～10 天。

**(1) 腌制的目的**

① 渗透盐分，析出水分。腌制后，菌丝与腐乳坯都收缩，坯体变得发硬，菌丝在坯体外围形成一层被膜，经后发酵之后菌丝也不松散。腌制后的盐坯水分含量从豆腐坯的 72％左右下降为 56.4％左右，使其在后发酵期间也不至过快地糟烂。

② 食盐有防腐能力，可以防止后发酵期间感染杂菌引起腐败。

③ 高浓度食盐对蛋白酶有抑制作用，使蛋白酶作用缓慢，不至在未形成香气之前腐乳就糟烂。

④ 使腐乳有一定的咸味，并容易吸附辅料的香味。

**(2) 腌坯的用盐量** 腌坯的用盐量有一定的标准，腌坯一般要求 NaCl 含量为 12％～14％，食盐用量过多，腌制时间过长，不但成品过咸，而且后发酵期要延长；食盐用量过少，腌制时间虽然可以缩短，但易引起腐败，同时由于盐少，各种酶的活动旺盛，还会使毛坯在腌制过程中就发生糟烂，不能保住块型。特别是已经被细菌感染较严重的毛坯，在夏季腌制时盐要多些而腌制时间要短些，才能保住块型。采用分层加盐法腌坯，用盐量分层加大，最后撒一层盖面盐。一般每千块坯，春、秋季用盐 6kg，冬季用盐 5.7kg，夏季用盐 6.2kg。

**(3) 腌制时间** 腌制时间各地区有所不同，有的地区冬季 13 天左右，春秋季 11 天左右，夏季 8 天左右；有的地区冬季 7 天左右，春、秋、夏季 5 天左右。

**(4) 腌坯方法** 腌坯有缸腌、箩腌和池腌三种。缸腌是先把相互依连的菌丝分开，并用手抹倒毛头，使其包住豆腐坯，放入大缸中。大缸下面离缸底 18～20cm 铺圆形木板一块，中间有直径约 15cm 的孔，把腐乳坯列于木板假底上顺缸沿缸壁排至中心，排成圆形，要相互排紧，立直腌入，并将毛坯在蒸笼内未长菌丝的一面（贴于竹块上的一面）靠边，不能朝下，以免腌时变形。分层加盐，逐层增加，腌坯后盐水逐渐自缸内圆孔中浸出，腌渍期间还要在坯面淋加盐水，使上层毛坯含盐均匀。由于缸内食盐的溶化，浸渍都是下层为最早，而且浸渍时间最长。因此，操作时采用分层加盐与逐层增加的办法，并在缸面铺盐要厚些，达到防腐的目的。腌坯要求平均达到含氯化物 16％。腌坯 3～4 天后要压坯，即再加入食盐水（或好的毛花卤），超过腌坯面，以便上层增加咸度。腌渍 10 天左右，从中间圆孔抽出盐水或打开缸底通口，放出盐水放置过夜，使每块腐乳坯干燥收缩，利于配料。

笋腌是将毛坯平放于竹笋中，分层加盐，腌坯盐随化随淋，腌两天即可供装坛用。笋腌因是两面平放，腌坯受盐面积大，所以腌坯时间短，毛花卤淋掉，口味好，但手续繁杂，用盐量较多，用酒量也有增加。目前从机械化方向考虑，也有用池腌的方法。

腌制设备有大缸、竹筐和水泥池，现在有些厂家使用塑料方盒。操作时，先在容器底部撒食盐，再采取分层与逐层增加的方法，即码一层毛坯，撒一层盐，盐量逐渐增大。最后到缸面时撒盐应稍厚，原因是腌制过程中食盐逐渐被溶化而流向下层，致使下层盐量增大，因而下层盐坯含盐高而上层含盐低。当上层豆腐坯下面的食盐全部溶化时，再延长 1 天即可打开缸的下放水口，放出咸汤，或把盒内盐汤倒去即成盐坯。

腌豆腐坯用大缸或水泥池虽然投资少，生产速度快，但占地面积大，劳动强度大、卫生条件差。目前国内已经有用塑料盒代替大缸和水泥池进行腌制工作，虽然造价稍高些，但是盒子小、质量轻，使用方便，劳动强度明显降低，工作环境明显改善。使用塑料盒时腌制与搓毛工序一同进行，边搓边腌。搓毛操作人员将腌制盒放在身边，码放一层毛坯，按标准撒一层盐。这样干净、卫生，占地面积也不大，充分体现了食品工厂的文明生产。

### 2. 装坛、灌汤、封口、包装、贮藏

**(1) 装坛**　配料前先把缸内腌坯取出，将盐水沥干，块块搓开，装入坛前先过数，再点数装入干燥的坛内或瓶内，装时不能过紧，以免影响后期发酵，使发酵不完全，中间有夹心。也不能装歪，如果装歪，直接影响产品外观。将腌坯依次排列，立着码入坛内，用手压平。

**(2) 灌汤**　将每块坯子的各面沾上预先配好的汤料，如少许红曲、面曲、红椒粉等，装满后将配好的汤料灌入坛内或瓶内，要淹没坯子 1.5～2cm，再加上浮头盐封坛进行发酵，但不宜过满，以免发酵汤料涌出坛或瓶外。将配好的汤料灌入坛内，灌料的多少视所需要的品种而定，豆腐乳汤料的配制，各地区不同，各品种也不相同。

**(3) 封口**　封口是一个关键性工序。封口时，豆腐乳按品种配料装入坛内，擦净坛口，先选好合适的坛盖加盖，坛盖周围撒些食盐，再用水泥浆或猪血封口；也可用猪血拌和石灰粉末，搅拌成糊状物，刷纸盖一层，十分牢固。另外需要标记品种和生产日期。封口时要严密防止漏气，漏气使酒精蒸发，易染杂菌，使腐乳发霉变质。水泥浆封口也不可过薄，避免落入水泥浆水于坛内，造成腐乳发霉变酸。

**(4) 包装**　腐乳是一种发酵性豆制食品，成品一般都色泽鲜艳，气味芳香，后味绵长，质地柔软，比较容易破碎，因此在选择包装材料时应优先考虑耐压、成形效果好的包装材料。同时，对其包装时应充分考虑气密性、霉变、外界微生物和细菌的侵入及脱水等情况。目前，腐乳采用的包装材料基本上是玻璃瓶，并配以金属

瓶盖，陶瓷罐也可用于腐乳的包装。腐乳保存时也应该避免光线的照射。另外，包装坛罐一定要洗净擦干；装入玻璃罐的腐乳应灌满腐乳汤，排除空气，内外加塑料盖拧紧。

**(5) 贮藏**　豆腐乳的后期发酵主要是在贮藏期间进行的，参与该过程的有腐乳坯上的微生物及其酶，主料和辅料上的微生物和它们的酶系，在贮藏期内会引起复杂的生化作用，促使豆腐乳成熟。

## 三、腐乳生产中常见的几种质量问题

### 1. 杂菌污染及预防

**(1) 沙雷菌污染**　在前期培菌（前发酵）阶段，因操作不慎，管理不当，可能使沙雷菌发酵 8h 之后，豆腐坯上出现细小的红色污染物，这种污染物由少到多，颜色由浅到深，有异味，发黏，产生恶臭。坯上的紫红色素实际上是沙雷菌产生的灵菌素。污染此菌多由工具、容器消毒不严所致。

**(2) 嗜温性芽孢杆菌污染**　豆腐坯接种入房后，经 4～6h 培养，坯身逐渐变黄，俗称"黄衣"或"黄身"，发亮，有刺鼻味，6h 后，杂菌已占绝对优势，从而抑制了毛霉菌的繁殖，坯身发黏。嗜温性芽孢菌有极强的分解蛋白能力，结果使室内充满了氨气，随时间延长，pH 值上升至 9～10 以上，大幅度偏离毛霉生长的适宜 pH4.7，所以毛霉的繁殖受到抑制。

**(3) 防止杂菌污染措施**

① 保持发酵室和木格（笼）的卫生　发酵容器的反复使用，难免在边角缝隙处有不洁污染物，容易招致杂菌繁殖，如不经常清洗，消毒杀菌，杂菌愈来愈多，致使杂菌占优势，发酵失败。因此，发酵室及工具清洁卫生极为重要，有效的杀菌方法包括甲醛熏蒸法和硫黄熏蒸法。

A. 甲醛熏蒸法　按甲醛 $15mL/m^3$ 量，置发酵室的搪瓷器中，加热至甲醛蒸发完毕，密封 20～24h，然后开门窗除味，或用氨水中和除味。

B. 硫黄熏蒸法　按硫黄 $25g/m^3$ 置旧锅中，点火燃烧尽，密封 20～24h。硫黄熏蒸应保持室内的大湿度，否则无效。

② 发酵容器消毒　在清洗的基础上，用 2%漂白粉液消毒。晴天可将洗净的容器于阳光下晒晾 1 天。

③ 前期发酵要专人管理　及时翻格（笼），调温，保持一定温度等工作，为毛霉生长创造良好环境。

④ 降温入发酵室　入发酵室前豆腐坯必须降温到 30℃ 以下。接种时腐坯的 5 个面应均匀接种，不留空白。

⑤ 菌种选择　毛霉菌种要纯且新鲜，选菌丝生长旺盛、孢子多的菌种。孢子悬液 pH 值调至 4～4.7。

### 2. 腌煞坯

这是用盐量过大或腌制时间太长引起的，这样会使坯子含盐太高，造成咸苦感。由于盐浓度大，腐乳坯过度脱水，收缩变硬，既不利于酶解作用，又使坯变硬（即称腌煞坯），结果腐乳粗硬，咸苦不鲜。

所以腌制过程中，要规范操作，严格工艺要求。腌期控制在8天，咸坯氯化钠含量控制在17%～18%。

### 3. 白腐乳的褐变

褐变常见于白腐乳，离开液汁的腐乳暴露在空气中便逐渐褐变，颜色从褐到黑逐步加深。这是因为毛霉分泌的儿茶酚氧化酶在游离氧存在下催化了各种酚类氧化成醌，聚合为黑色素所致。

隔绝氧气就可防止这些变化。可见腐乳容器的密封是很重要的，有的企业在后发酵成熟后，揭去其上的纸盖，添加食用油封面，以防腐乳褐变和黑色素的形成是有道理的。

## 第四节　腐乳生产实例

## 一、王致和腐乳

### 1. 工艺流程

原料→筛选→浸泡→磨豆→滤浆→煮浆→点浆→蹲脑→上榨→划块→豆腐坯→降温→接种→发酵（长毛阶段）→搓毛→腌制→咸坯→装瓶→灌汤→封口→后期发酵（陈酿）→清理→贴标→装箱→成品

### 2. 操作方法

**（1）原料**　选用优质大豆为原料，并要求其原料新鲜，颗粒饱满，无虫蛀，无霉变，水分≤13%，粗蛋白≥32%，杂质≤1%，黄曲霉毒素 $B_1$≤5μg/kg。

**（2）筛选**　采用密度选料设备，将原料中的石块等异物去除；风选去杂设备去除尘土、草梗等异物；强磁去铁器将原料中的铁磁物去除；通过水洗设备及流槽过滤沉淀的方法，将原料中剩余异物去除。

**（3）浸泡**　经过精选后的原料送入泡料槽内浸泡。浸泡后的大豆皮不易脱落，子叶饱满，无凹心。浸泡时间依季节而定，一般冬季14～16h，春秋季10～14h，夏季气温、水温较高，浸泡6～8h。另外，还要根据原料存放时间、产地等因素而定。经浸泡后，大豆的体积是原来体积的 2～2.2 倍。

**（4）磨豆** 浸泡好的大豆即可上磨磨制成糊状，其目的是破坏大豆组织，使大豆蛋白质随水溶出。目前，磨豆设备大多用砂轮磨，它转速高，产量大，可缩小大豆粉碎工序所占用的面积和磨碎时间，避免因磨片之间摩擦时间长，产生热量，而使蛋白质过度变性。磨豆的粗细度以手捻成片状为宜。制出的豆腐要求不粗、不糙，均匀洁白，质地细嫩，柔软有劲。

**（5）滤浆** 利用离心机将豆浆与豆渣分离，为提高原料蛋白质的利用率，一般滤出的豆渣要反复地加水洗涤 3 次。要求滤出的豆渣标准如下：蛋白质为 1.59% 左右，脂肪为 0.4% 左右，粗纤维为 5% 左右，碳水化合物为 6% 左右，含水量为 90% 左右。豆腐渣的质量为大豆的 110% 左右。

**（6）煮浆** 煮浆的目的是通过加热使蛋白质适度变性，并可消除生豆浆中那些对人体有害的物质。煮浆设备很多，无论采取哪种设备都必须将豆浆加热到 95～100℃。

**（7）点浆** 点浆是豆腐加工中重要的环节。点浆所用的凝固剂以盐卤为主。盐卤的用量依品种而定。盐卤的浓度一般掌握在 16～18°Bé。点浆的方法如下：下卤流量要均匀一致，并注意观察凝聚状态。在即将成脑时，划动的速度要适当减慢，下半部形成凝胶状态时，方可停止划动，而后用些盐卤在豆脑表面，以便更好地凝固。从点浆到全部成形，时间为 5min 左右。

**（8）蹲脑** 又称养脑，即豆浆凝固后必须有一段充足的静置时间。养脑时间与豆腐的品质和出品率有一定的关系。当点浆工序结束后，蛋白质的联结仍在进行着，所以需要一段静置时间，凝固才能完成。如果养脑时间短，蛋白质的组织结构不牢固，未凝固的蛋白质随水流失，从而影响出品率。

**（9）上榨** 上榨是将凝固好的豆腐脑上箱压榨，并根据其品种、规格和水分的要求成形。上榨前应做好设备和用具的卫生工作，避免因用具不洁而造成产品污染。压榨后的豆腐按规格切成小块，便于后期加工制作。

**（10）降温** 刚榨出的豆腐坯品温较高，均在 40℃以上，此时若接种，则不利于菌种生长，也易污染杂菌，故接种之前先将品温降至 40℃以下，方可接种。

**（11）接种** 过去做腐乳是自然发酵，没有接种程序。现在是纯菌种发酵（即长毛），先将菌种扩大培养后，制成固体菌或液体菌，然后将菌种均匀地撒在或喷在豆腐坯上。

**（12）发酵（长毛）** 接种后的坯子上附有毛霉菌的孢子，此时要在一个特定的环境下培养。在长毛阶段除了需要一定的温度、湿度外，还需有一定的空间。豆腐坯入室后，将其摆放在笼屉内。一般为方形屉，块与块之间相距 4～5cm，便于毛霉生长。培养的室温为 28～30℃，时间为 26～48h，视季节而定，可长年生产。

**（13）腌制** 长满毛的豆腐坯，经人工搓开，将毛抹倒后，入池腌制。腌制方法是：码一层毛坯，撒一层盐，用盐量根据品种不同而各异。当码满一池后，上面撒一层封口盐，用石块压住，防止豆腐中的水分析出后，豆腐漂起，易出现碎块，从而影响产品质量。一般用盐量为 100 块豆腐加 400g 盐，腌制时间为 5～7 天，腌制后的盐坯含盐量为 13％～17％。腌制完成后，放毛花卤，将豆腐捞起、淋干、装瓶。

**（14）灌汤** 按品种不同，汤料的配制方法各异。其主要的配料有面黄、红曲和酒类，辅之各种香辛料。汤料配制完毕后灌入已装好盐坯的瓶内。封口，入后期发酵室。

**（15）后期发酵（陈酿阶段）** 豆腐完成上述工序后，进入发酵室，直至产品成熟，后期陈酿需 1～2 个月的时间。在此期间，各种微生物及其酶进行着一系列复杂的生化变化，也是色、香、味、体的形成阶段。此时，室内需要有一定的温度。如果温度低，微生物活动减弱，酶活力低，发酵期长；如果温度高，易出现焦化现象，也不利于后期的酵解。室内温度一般控制在 25～38℃。春、夏、秋三个季节，室内一般为自然温度，在冬季，为了缩短生产周期，加速腐乳成熟，则以通入暖气来提高室温，室内温度一般控制在 25℃ 左右。

**（16）清理** 产品在陈酿期间，灰尘和部分霉菌依附在瓶体表面，这既影响卫生，又易污染产品，故需用清水清理瓶体表面的污物。

**（17）成品** 经过清洗、灭菌后，瓶体贴标、装箱、入库。

## 二、绍兴腐乳

### 1. 工艺流程

```
            水                     苦卤  黄泔水                      毛霉菌
            ↓                       ↓    ↓                          ↓
大豆→浸泡→磨豆→煮浆→滤浆→点浆→压榨→划块→豆腐坯→接种→培养→
出笼→腌缸→装坛→后熟→成品
        ↑    ↑
      食盐  辅料
```

### 2. 操作要点

**（1）浸豆** 浸豆与豆性、气温、水温关系较密切，也与摆缸方向有关。因此，必须根据气温和水温掌握浸豆时间。浸豆程度一般冬季掌握"豆板平"，夏季以"豆板间出现指甲形小槽"为宜，严格防止浸豆时间过长或过短现象（一般 50kg 大豆浸泡后，其质量为 105～115kg 较理想）。

**（2）磨豆** 磨豆过去以石磨为主。石磨的特点是磨碎出来的豆浆在显微镜下检验呈片状，过滤时容易浆渣分离。其次是由于上磨片压在下磨片上，二磨片之间距离可自行调节。进料多，上磨片会随着大豆的进入而自动抬高，所以大豆在磨片内所受压力只有上磨片的自重，这样，大豆在磨碾过程中不会因挤压太厉害而发热，保证了碾碎质量。但石磨存在的问题是磨碎速度慢，磨片大而笨重，清洁上费工时，占地面积也大。现改用砂轮磨磨浆。磨浆时要注意加水量一般控制在100kg浸泡好的大豆可制豆浆1100kg，浓度为5.5～6°Bé。磨浆一定要匀、细，边磨边加水。

**（3）煮浆**  可采用常压和加压两种。但加压锅点浆不宜连续化，锅壁易产生焦块，因此采用常压较好。点浆温度宜控制在95～100℃，防止煳锅，开煮后2～3min用划浆扬浆，切勿放冷水，消泡剂用量以0.29%以下为宜。

**（4）滤浆**  滤浆时应首先检查袱布是否破裂，然后把袱布摊在浆篮上，把袱布一角搭在淘锅边。出锅越快越好，浆水必须出净。洗淘时，第1次原浆必须滤干。用三锅水或冷水洗浆，第1次用水45kg，榨干后，第2次用水45kg，第3次用水30kg，然后打渣包压。如果采用摇包滤浆，用水和匀操作，以干净为原则，滤得越干净越好。

**（5）点浆**  点浆温度控制在85～87℃。用苦卤点浆时先加部分黄泔水并掌握苦卤的浓度。加入时细水长流并注意蹲脑3～4min。一般来讲，冬天点浆品温控制在80～90℃，夏天控制在70～80℃。若点浆温度在70℃以下，加入卤水后凝沉速度缓慢，黄泔水容易浑浊，包坯成型也较差，白坯进入笼房后，容易产生发黏、发滑等弊病。

**（6）压榨**  经压榨而成的豆腐坯，其含水量为70%～73%，力求厚薄均匀，富有弹性，无气泡及麻皮现象。

**（7）划块**  划块根据品种规格划块。豆腐坯翻至板上时必须做到轻手、迅速，防止破碎。机械刀片划块要先拉，使劲划，旋板要平、快，然后再划。边皮应及时处理，以防霉变。

**（8）接种、培养**  按规定在干净的竹笼或抽屉里均匀摆好乳坯，用喷雾器均匀喷洒0.3%经扩大培养成的毛霉菌悬浮液，然后放置笼房进行培养。一般堆叠放置（即堆笼），按季节层数不等。室温控制在25～28℃，接种22h后应转笼一次，以调节上下温度，使毛霉成熟。乳坯发酵的最佳质量是出现"羊毛花"；其次为"棉团花"，一般在室温略高的春秋季出现；再次为"小鸡花"，长短不齐；最次为"牛毛花"，发花稀少。为保证发酵质量必须要加强笼房管理。笼房管理的成败关键是掌握和调节笼温。管理人员要密切注意温度变化，尤其是夜间温度落差大，特别要小心。同时还要注意堆笼桩，冬季笼桩以16～18屉为宜，春秋中间须加一屉腰笼（空笼）。夏季为4～12屉，注意及时转笼，夏季一日一夜至少要转1～2次。同时要管好竹笼，对一年不用或新的竹笼要用黄泔水洗淋3～4次；常用者每使用一次要用黄泔水洗一次。如若出现"异味""烂底"现象，必须及时换下，严格消毒。一般掌握红腐乳宜生，白腐乳宜熟的原则。

**（9）出笼及腌缸**  出笼要做到迅速整齐，每块乳花必须扯断。腌缸工作：堆叠坯要平正。用盐宜缸底少，缸面多。一般缸底投盐85%，中间100%，缸面 115%。

**(10) 装坛、后熟** 腌缸结束后将腌坯装入，当天叠好，须做到不侧不斜，四平八稳。同时注意封口，以防蛆虫产生。在 25～30℃ 环境下，经 5～6 个月后熟即可。

## 三、克东腐乳

### 1. 工艺流程

大豆的选择与除杂→浸泡→磨豆→滤浆→煮浆→点浆→压榨→切块→汽蒸→冷却→腌制→倒坯→清洗→改块→摆盘→接菌→前发酵→倒垛→干燥→装缸→后发酵→成品

### 2. 工艺要点

**(1) 大豆的选择与除杂** 豆腐坯的质量优劣，首先取决于大豆的品质。一般选择粒大、皮薄、含蛋白质高的本地大豆，含蛋白质约 40%，这有利于制造质量好的豆腐坯。大豆在浸泡前务必除尽泥土及杂质。

**(2) 浸泡** 首先浸泡大豆，使大豆组织中的蛋白质能吸水而膨胀，使干豆中的凝胶状态的蛋白质转变为溶胶状态，这样浸泡后便于磨浆。可根据季节和大豆品种调整水温，冬季需加温至 15℃ 左右，浸泡时间近 24h，如果浸泡时起白沫，应立即换水，以免酸败。当大豆浸泡后重量增加至 2.2～2.3 倍时，即可用手掰开豆瓣，两片子叶内侧呈平板状，豆瓣无硬心即为浸泡适宜。最忌浸渍不透，因浸不透蛋白质不易溶出，混杂于豆腐渣中降低蛋白质利用率。

**(3) 磨豆** 磨豆浆要保证粉碎细度和均匀度，磨下的豆汁应呈鱼鳞状下滑。取 1000mL 豆汁，用 70 目铜网过滤 10min，干物质不应高于 30%。要求磨细是为了破坏大豆细胞壁组织，使蛋白质能很好地游离于水中。加水量应是大豆的 10 倍，这样可溶出 80% 蛋白质。

**(4) 滤浆** 采用三级过滤工艺。将磨糊通过三次离心、一次筛选来完成浆渣分离。头浆与二浆合并为豆浆，三浆水与筛选过的滤渣混合加入磨糊，豆浆浓度 5～6°Bé，豆浆内含渣量低于 10%，豆渣残蛋白质含量低于 2.5%。

**(5) 煮浆** 煮浆温度要达到 100℃，并保持 5～10min，一定要少用油脚等消沫剂。点浆温度必须达到 95℃ 以上，如果温度低于 90℃ 就会残留豆臭，凝固不好，抽出量也少。

**(6) 点浆** 熟浆根据品种的要求冷却至 80～90℃，先用小木板轻轻划动豆浆使其上下翻动，边划豆浆边加卤水。盐卤放入速度要缓，使豆浆逐渐凝结成豆腐为止。因此，点浆操作要求为：细倒卤汁，慢打耙，微见清沟，凝结块如黄豆粒大小。

**（7）压榨**　豆脑经养花、开浆、撇去部分黄浆水后，即可压榨。榨格内先垫豆腐包布再上脑，每板上脑量要均匀，薄厚一致，四角用板列好。拢包不要太过分，以免出现秃角，上完后送入液压机成型。

**（8）切块**　成型后的豆腐板，经翻板机翻板后切成 10cm×10cm×2cm 的方块，经检验合格后，再捡入铁屉中送入蒸汽高压锅内蒸 20min 后取出，冷却后进入下道工序。

**（9）前发酵**　将冷却至 30℃ 以下的豆坯块一层层地码入腌池内进行腌制。腌时摆一层豆腐块，均匀撒一次盐，腌 24h 后，将豆腐坯上下倒一次，每层再撒少量盐，腌 48h，使其含盐量为 6.5%～7%。腌后，用温水洗净浮盐及杂质（水），水温冬季 40℃ 左右，夏季 20℃ 左右。切块，放入前发酵室，将豆腐坯串空摆在盘子里，要排紧，以防倒，然后喷洒菌液。菌液的制法是：将发酵好的风味正常的豆腐坯上的菌膜刮下，用凉水稀释过滤。接种后的豆腐坯置于温度为 28～30℃ 的发酵室内培养，使品温在 36～38℃ 之间。发酵 3～4 天后，坯上的菌呈黄色后倒垛一次；发酵 7～8 天后，豆腐坯呈红黄色，菌衣厚而致密即为成熟。将成熟的菌坯送入干燥室，在不超过 60℃ 的高温下干燥 12h 左右。坯子的软硬适度，有弹性，水分收缩率在 20% 左右。

**（10）装缸**　将红黄色的豆腐坯在 50～60℃ 条件下干燥 12h，使其软硬适度，有弹性，无裂纹，含水量在 45%～48% 之间，含盐分 8%～9%，即可装缸，将辅料配成汤料加入缸内。装缸时，加一层汤料装一层坯子，装上层要装紧，坯子间隙为 1cm。装完后，坯子距缸口 9～12cm。然后将缸放在装缸室内，坯子在缸内浸泡 12h，再进入后发酵库内，垫平缸，再加两遍汤，其深度为 5cm，然后用纸封严，绝不可透气。

**（11）后发酵**　大坛加入第二遍汤后，送入后发酵室，封盖、码垛、封库后在 30℃ 的温度下发酵，装满库后经 50～60 天，要上下倒一次，再经 30 天即可食用。

# 第五章
# 天然香辛料

## 第一节 芳香类调味料

### 一、月桂叶

月桂叶又名桂叶、香桂叶、香叶。其味芳香文雅，香气清凉带辛香和苦味。月桂为常绿乔木或灌木，高 10～12m，幼枝绿色，老枝褐色。开黄色小花，小浆果成熟时暗紫色，果期 3～4 个月。月桂叶一年四季均可采收，宜清晨人工采取。摘时注意保护母株，忌整株砍伐。主要产地为江苏、福建。叶采后，应摊开晾干，至浅黄带褐色。

月桂叶在食品中起增香矫味作用，因含有柠檬烯等成分，具有杀菌和防腐的功效，广泛用于肉汤类、烧烤、腌渍品等。法式、地中海和印度风味中少不了它的点缀。作为法式料理的基本香料之一，煮汤时会加入月桂叶，如洋葱汤里用月桂叶来提香。在印度菜式中，月桂叶则通常出现在比尔亚尼菜饭里。泰国咖喱那百转千回的多层滋味，无不归功于月桂叶、香茅等香料。月桂叶挥发油中主要成分是桉油精、丁香油酚、蒎烯等。

另外，由于月桂叶对咸、甜的料理都适合，所以它也会被用来制作牛奶布丁或者甜蛋黄奶油。虽然月桂叶可以开胃助消化、舒缓紧张，但是对孕妇或者喂食母乳的妈妈却并不适合。

### 二、花椒

花椒又名秦椒、川椒、红椒、蜀椒，产于我国北部和西南部。其味芳香，微甜，辛温麻辣。花椒树为落叶灌木或小乔木，株高 3～6m，枝、叶、干和果均具芳香味，果实为蓇葖蒴果，圆球形，成熟时呈红色至紫红色，立秋前后为采收季节。

花椒果成熟后，宜在天气晴朗时用手摘。采后果实忌堆放，应随即推开晾晒，当天内晒干，除净枝叶杂质，分出种子，取用果皮，花椒果皮中含挥发油，油中含有异茴香醚及牻牛儿醇，具有特殊的强烈芳香气。果实精油含量一般为4%～7%。花椒精油的主要成分为花椒油素、柠檬烯、枯茗醇、花椒烯、水芹烯、香叶醇、香茅醇以及植物甾醇和不饱和有机酸等。花椒具有强烈的芳香气，味辛麻而持久，是很好的调味佐料。同时也能与其他原料配制成调味品，如五香粉、花椒盐、葱椒盐等，用途极广。

花椒的再加工调味品主要有以下几种。

**(1) 花椒油**　将植物油烧至四五成热，放入适量花椒果皮，慢火熬炼数分钟，滤去残渣可制得花椒油。其油与花椒比例全国无定论，一般由厨师或生产厂家自定标准。使用量亦随菜品、口味和爱好有异。多用于炝制凉菜、炒、烧、烩、炖等菜肴，尤以烹制腥味较浓的水产品时较为常用。

**(2) 花椒盐**　亦称椒盐，是将花椒与盐按适当比例混合后，用炒勺炒香，取出碾细制成。或先炒花椒，碾细后与适当数量盐混合制成。也有用生花椒粉加盐配制者。其盐与花椒比例全国不一，有1∶1或1∶2或1∶3者，还有其他比例。多用于味碟，在食用炸类菜肴时蘸用，如香酥鸡、炸虾仁、炸鱼排等。

**(3) 花椒粉**　亦称花椒面，一般是将生干花椒果实粉碎制成。多用于调配馅料、码味等。

**(4) 花椒水**　是将花椒放入开水中浸泡或煮开后浸泡制成。水与花椒比例全国不一。多用于调配动物性馅料、汤菜及部分以咸味为主的菜肴。

**(5) 花椒叶**　鲜花椒叶可做蔬菜，兼为调味，可炸食、炒食或制馅。干品亦作调料，但味不及果实。

**(6) 花椒与辣味香辛调料的综合应用**　花椒在烹调中应用，除单独使用外，还可与其他香辛调料复合使用，应注意的是，香辛调料复合使用一般均需与咸味调料配合。

# 三、丁香

丁香又名丁子香。其气味强烈芳香、浓郁，味辛辣麻。丁香为桃金娘科植物。丁香是常绿乔木，花紫色，有浓烈香味。花期在6～7月，在花蕾含苞欲放、由白转绿并带有红色、花瓣尚未开放时采收。采后把花蕾和花柄分开，经日晒4～5天至花蕾呈浅紫褐色，脆、干而不皱缩，所得产品即为公丁香，也叫"公丁"。果实在花后1～2个月，即7～8月果熟，浆果为红棕色，稍有光泽，椭圆形，其成熟果实为母丁香，也叫"母丁"。公丁香呈短棒状，上端为花苞，呈圆球形，下部呈圆柱形，略扁，基部渐狭小，表面呈红棕色或紫棕色，有较细的皱纹，质坚实而有油性。母丁香呈倒卵或短圆形，顶端有齿状萼片4片，表面呈棕色，粒糙。我国广东、广西等地均有生产。

丁香花蕾含 14%～21% 精油，其性辛、温，有较强的芳香味，可调味，制香精，并可入药。丁香由于具有特殊而温和的芳香气味，是人们普遍欢迎的一种食品调味料。

丁香入肴调味，可除臭解异，赋香增味，烹调中应用广泛，常在酱、卤、烧、蒸、煮、炖等技法中使用。同时，也是许多复合香辛料的组成部分。因丁香香味浓烈，故在使用时投量不宜过大，否则会严重影响成品口味。

## 四、小茴香

小茴香又名茴香、小茴、小香、角茴香（浙江）、刺梦（江苏）、香丝菜、谷香、谷茴香等。其气味香辛、温和，带有樟脑般气味，微甜，又略有苦味和有炙舌之感。小茴香为伞形花科植物，花黄色，果实为双悬果，卵状长圆形，两端略尖，黄绿色或淡黄色。9～10 月为果熟期。我国各地均有栽培。

小茴香的加工是收割全株晒干、脱粒，打下果实，去除杂质。干燥果实呈小柱形，两端稍尖，外表呈黄绿色，以颗粒均匀、饱满、黄绿色、味浓甜香为佳。置干燥通风处保存。小茴香味辛，性温，气芳香，有调味、温肾散寒、和胃理气等作用。作为天然香辛料的茴香，在烹调鱼、肉时可除去异味，并是五香粉调料的主要原料之一。另外在面包、糕点、汤类、腌制品和鱼类海鲜品加工制作中广为应用。茴香油在食品中不但有调香作用，还有良好的防腐作用。

## 五、砂仁

砂仁又名缩砂仁、阳春砂仁。其干果气味芳香而浓烈，味辛凉，微苦，砂仁的叶长圆形，色亮绿，花白色，蒴果近球形，熟时棕红色。种子多枚，黑褐色，芳香。花期 3～6 月，果期 6～9 月。主要栽培或野生于广东、广西、云南和福建的亚热带地区。

砂仁果实适宜的采收期是初花后 100～110 天，因成熟度不一致，一般是边成熟边采收，晒干或用文火焙干，去果皮，将种子仁晒干，即为砂仁。以个大、坚实、仁饱满、气味浓者为佳。其叶可加工砂仁叶油，油中含乙酸龙脑酯、柠檬烯、茨烯、蒎烯等。砂仁味辛，性温，能加香调味，增强食欲。砂仁可在肉食加工中去异味，增加香味，使肉味美可口；另外还可作造酒、腌渍蔬菜、制作糕点饮料等食品的调料。

## 六、百里香

百里香又名五助百里香、山胡椒，为唇形科多年生草本，茎红色，匍匐在地。叶对生，椭圆状披针形，两面无毛。花紫红，密集成头状。草叶长 2～5cm，可见油腺。小坚果为椭圆形，将茎直接干制或再加工成粉状，用水蒸气蒸馏可得 1％～2％精油。干草为绿褐色，有独特的叶臭和麻舌样口味，带甜味，芳香强烈。用于鱼类加工烹饪以及汤类的调味增香。

百里香全草均含挥发油，以花盛时含量最高。其主要成分为香荆芥酚、百里香酚、对-聚伞花素、芳樟醇等多种化合物。

## 七、安息茴香

安息茴香又名孜然。伞形科，1 年或多年生草本，高约 30～80cm，全体无毛。直根圆柱状，肉质，叶矩圆形，长 6～15cm，宽 2～3 回羽状深裂，白色或粉红色。覆伞形花序顶生或侧生，花白色或粉红色。双悬果矩圆卵形，弯曲，一端稍尖，表面有带黄色的纵向隆起。果实有黄绿色与暗褐色之分，前者色泽新鲜，子粒饱满，含挥发油 3％～7％，具有独特的薄荷、水果状香味，还带适口的苦味，咀嚼时有收敛作用。果实干燥后加工成粉状，可用于糕点、洋酒、泡菜等的增香，也可用于肉食品的解腥。

## 八、肉桂

肉桂也称中国肉桂、玉桂等，是樟科樟属植物。烹调中取其树皮（桂皮）、桂叶、果实、桂枝作调味品。国内多以使用桂皮、桂枝、桂叶为主。肉桂具有强烈的肉桂醛香气和先甜后辛辣味，主要呈味物质为肉桂醛、丁香酚、香兰素等。桂皮性甘、辛、大热，有温中补阳、散寒止痛的作用。桂枝性甘、辛、温，有发汗解肌、温经通阳的作用。桂子（未成熟干燥果实）性甘、辛、温，有温中散寒的作用。

肉桂为常绿乔木，高达 8～17m，茎干内皮红棕色，具有肉桂特有的芳香和辛甜味，整个树皮厚约 1.3cm，作为香辛料主要使用桂皮、桂枝等。肉桂主要产于我国广东、广西、海南，云南也有生产。桂皮一般是在 7～8 月间剥取，剥取 10 年生树体的树皮或粗枝皮，晒 1～2 天后卷成筒状，阴干即成。也可做环状切割取皮，在离老树干 30cm 处做环状切割，将切口以下的树皮剥离、晒干。桂枝的加工是在 3～7 月间剪下枝条，切成圆斜薄片晒干或阴干，或剪取嫩枝，切成 30～60cm 的短枝晒干。

肉桂（包括桂皮）入肴调味具有悠久历史，是我国广为使用的调味品。其气芳香，可增香、矫味，去腥解毒，增进食欲，对痢疾杆菌有抑制作用。多用于酱、卤、烧、炖、煮等技法。同时，又是五香粉、十三香、咖喱粉等复合香辛料的主料之一。

## 九、欧芹

欧芹又称荷兰芹、洋芫荽等。它可分为皱叶种和光叶种两类。皱叶种叶缘缺刻深，卷缩褶皱；光叶种叶缘缺刻不卷缩，叶面平坦；栽培上一般采用皱叶种。

欧芹的根系较浅，伞形花序，着生许多淡绿色或白色小花，种子千粒重 0.4g。根、叶均有香气。香气主体为蒎烯、肉豆蔻醚等，主要用来增香、加味。

## 十、草果

草果又叫草果仁、草果子。味辛辣，具特异香气，微苦。为多年生草本，全株辛辣味。花期 5～6 月，蒴果密集，长圆形或卵状椭圆形，长 2.4～4.5cm，直径约 2cm，顶端渐狭而成一厚缘不开裂。熟时呈紫红色，采期 9～11 月。果实内有种子 8～11 粒，种子为圆锥状多面体，棕红色，表面有白色的假种皮，产于云南、广西、贵州等地，栽培或野生于树林中。10～11 月果实开始成熟，变成红褐色，尚未开裂时采收晒干或微火烘干，或用沸水烫 2～3min 后晒干，置干燥通风处保存。品质以个大、饱满、表面红棕色的为好。

草果用来烹调菜肴，可去腥除膻，增进菜肴味道，烹制鱼类和肉类时，用了草果其味更佳。炖煮牛羊肉时，放点草果，既能使牛羊肉清香可口，又能去除牛羊肉膻味。

## 十一、莳萝

莳萝又名土茴香，为 1 年生伞形科草本植物，茎绿色，长可达 3～4m，叶为羽状全裂，果实细小，椭圆形，略扁。以干燥植株作香辛料，具有强烈的似茴香气味，但味较清香、温和，无刺激感。我国有少量栽培。

莳萝子大部分用于食品腌渍。叶经磨细后，加进汤、凉拌菜、色拉的一些水产品的菜肴中，有提高食物风味，增进食欲的作用。莳萝干是腌制黄瓜不可缺少的调味香料，也是配制咖喱粉的主料之一。

## 十二、山柰

山柰也称沙姜、山辣等，是姜科山柰属植物。烹调中取其根状茎作调味品。其味辛辣，但有别于姜味；气芳香似樟脑。主要呈味物质为龙脑、桉油精、山柰酚、山柰素等。

山柰干燥根茎为圆形或近圆形的厚片，直径 1.5～2cm，厚 2～6mm。外表皮红棕色，皱缩，有时可见根痕、鳞叶残痕及环纹。断面灰白色，富粉质，光滑而细腻，略凸起。质脆，易折断。以色白、粉性足、饱满、气浓厚而辣味强者为佳。主产于广西、云南、广东、台湾等地，每年 11 月苗枯时采挖根状茎，用硫黄熏后、晒干供用。

山柰入肴调味，可增香添辛，除腥解异，增进食欲。国内外多用其调配五香粉、咖喱粉等复合香辛料。常用于酱、卤、烧、熏等长时间加热的菜品中。

## 十三、八角茴香

八角茴香北方称大料，南方叫唛角；也称大茴香、八角，有强烈的山楂花香气，味甜，性辛温。八角树为亚热带常绿乔木，八角为八角树之果实，为辐射状的蓇葖果，呈八角形，故名八角。鲜果绿色，成熟果深紫色，暗而无光。干燥果呈棕红色并具光泽。

八角树每年 2～3 月和 8～9 月结果 2 次，秋季果是全年的主要收成，八角属中有 4 个品种，其中有 2 种极毒，即莽草和厚皮香八角，不可食用，产于我国长江下游一些地区。其形状类似食用八角，角细瘦而顶端尖，一般称为"野八角"，果实小，色泽浅，土黄色，入口后味苦，口舌发麻，角形不规格，呈多角形，每朵都在 8 个角以上，有的多达 13 只角。所以八角在食用时，一定要鉴别真伪，切勿混淆误食。

八角的果实由青转黄时即可采摘，过熟时为紫色，加工后变黑色。由于不能同时成熟，故不宜一次性采收。采收的鲜果倒入沸水中，煮 5～10min 后迅速取出，沥干水分，放竹席上晒 5～6 天，中间应不断翻动。晒干后呈棕红色，鲜艳，有光泽。也可用文火烘干，果呈紫红色，暗淡，无光泽，香味浓。

## 十四、芫荽

芫荽又称香菜、胡荽、香菜子，具有温和的芳香，带有鼠尾草和柠檬混合的味道。为 1 年或 2 年生草本，全株光滑无毛，有强烈气味。株高 20～100cm，茎直立，多侧枝，根直系多侧根。4～5 月为花期，开小白花或浅紫色花。6～7 月为果熟期，果为双悬果圆球形，表面淡黄棕色；成熟果实坚硬，气芳香，味微辣。全株和种子均可食用，全国各地广为种植。

芫荽种子成熟时为芳香气味。过度成熟芳樟醇含量降低，香气差。当种子开始变硬时，即花序中部分种呈褐色时采收，脱粒晒干。芫荽果味辛，性温、平，气芳香，有调味、疏风散寒、开胃的功能。芫荽是人类历史上药用和用作调味品的最古老的一种芳香蔬菜，常用较大的幼苗作芳香菜食用。芫荽干是配制咖喱粉等调味品的原料之一。

## 十五、葫芦巴

葫芦巴又称卢巴子、苦豆，全草干后香气浓郁，略带苦味，性温。为 1 年生草本植物，全株具香气，高 30～90cm，茎多直立，丛生，叶互生，小叶呈长卵形。果为荚果，细长扁圆筒状，稍弯曲。果内种子 10～20 粒，棕色至浅棕黄色。各地均有栽培。秋播的次年 5～6 月，春播的当年 8～9 月，当下部果荚转为黄色时，即可整株割取晒干，搓下种子，磨碎后可用作食品调料。茎、叶洗净晒干，磨碎后也可作调料。

# 十六、陈皮

陈皮是用柑、橘等成熟果实的皮干制而成的调味品，其品质以色正光亮、身干无霉烂、香气浓郁者为佳。贮存时应置于通风干燥处，防止因潮湿而发生霉变现象。

陈皮属于苦香类调味品。苦味本身并不是令人愉快的味感，但当与甜、酸或其他味感恰当组合时能形成一些食品的特殊风味。陈皮的苦味呈味物质是柚皮苷和新橙皮苷。它在烹调中常用作烧、炖、炒、炸等菜肴的调味。陈皮入肴调味，可增香添味，去腥解腻。国内使用普遍，多用于调配卤料、复合香辛料等。

# 十七、姜黄

姜黄又名郁金、黄姜，是姜科姜黄属植物。有近似甜橙与姜、良姜之混合香气，略有辣味和苦味。为多年生宿根草本植物，主根基呈卵圆形或长圆形，断面深黄色，长 3～4cm，直径 2～3cm。外表皮鲜黄色，多皱缩，有明显的环节。侧生根呈圆柱形或稍扁，略弯曲，常有指状分支，两端钝尖，长 2.5～5.5cm，直径 1cm 左右。主产于四川、福建、浙江以及江西、湖北、陕西、云南、台湾等地。

姜黄在种植后 8～10 月当枯萎时即可采收。用水洗净，置太阳光下晒 10 天左右，即为成品。姜黄性温，味苦辛，在调味品中作增香剂，是天然食用色素，是配制咖喱粉的主要原料之一，国外用于布丁、汤类、肉类、腌渍品等食物中，国内则用于烤、炖、烧、卤、酱制等食品中。

# 十八、迷迭香

迷迭香具有清香凉爽气味和樟脑气，略带甘和苦味。为常绿灌木或多年生草本植物，株高 40～60cm，最高可达 160cm。茎木质，叶线形，多枝，边缘反卷，花小，呈浅蓝色或淡灰白色，6～7 月开花，茎、叶、花均可食用。原产于地中海沿岸，目前在我国各地花圃中偶有零星栽培。采收可在花期或茎叶生长盛期，除此之外可视植株生势而定，1 年中一般可采收 2 次。加工时把采收下来的叶片嫩枝用大竹筛或其他大托盘等晾晒工具，置于通风阴凉处干燥。

迷迭香具有醒脑、镇静安神作用，对消化不良和胃痛均有一定疗效。在国外主要用于食品调味，通常在羊肉、烤鸡鸭、肉汤和烧制马铃薯等菜肴上加点迷迭香粉或其叶片共煮，可增加食品的清香味。另外，在复合调料、糖果、饮料、冰激凌、焙烤食品中均有应用。以迷迭香叶提制的浸提物，对油脂和其他食品有良好的稳定作用。

# 第二节　辛辣味调料

## 一、辣根

辣根也称马萝卜，属十字花科多年生宿根草本植物，植株高 70cm 左右。供食用的肉质根呈圆柱形，似甘薯，外皮较厚，全部入土，长 30～50cm，横径 5cm 左右；根皮浅黄色，肉白色，侧根多。到了冬天，地上部分全部枯死，春天萌芽长叶，开出小白花。

辣根是制造辣酱油、咖喱粉和鲜酱油的原料之一，是制作食品罐头不可缺少的一种辛香料。鲜辣根的水分含量为 75%，切片磨糊后可作调味料，还可加工成粉状。有强烈的辛辣味，主要成分为烯丙基芥子油、异芥苷等，具有增香防腐作用，炼制后其味还可变浓，加醋后可以保持辛辣味，有利尿、兴奋神经的功能。

## 二、芥菜

芥菜又名大芥，十字花科，开黄花，花茎叶有叶柄，不包围花茎。种子分为黑芥子和白芥子，略作圆形，直径为 1～1.5mm，种皮外面呈赤棕色的为黑芥子，淡黄色的为白芥子。芥菜直接作蔬菜食用，腌后有特殊鲜味和香味。种子可加工成粉末或制成糊状，也可提取芥子油。辛辣的主要成分为芥子苷，可用作酸菜、蛋黄酱、色拉、咖喱粉等的调味品。

## 三、辣椒

辣椒又名番椒，其味辛温，辣味重，有刺激性。辣椒为 1 年生草本植物，可食部位为果实，浆果成熟后变成红色或橙黄色。其品种有几十种，产地几乎遍布全国。

当辣椒果实由青转红熟时即可采收，因成熟期不一致，应分次采收，红一批收一批，最后采收即整株拔起，除去青果。熟果晒干或挂于通风向阳的房屋或墙上干燥，或用热风干燥法干燥。辣椒的辣味主要是辣椒素和挥发油的作用。辣椒性辛、热、辣，能调味，在食品烹饪加工中是不可少的调味佳品。

## 四、胡椒

胡椒成品因加工的不同而分白胡椒、黑胡椒。胡椒气味芳香，有刺激性及强烈的辛辣味。黑胡椒气味比白胡椒浓。

胡椒为木质常绿攀缘植物，浆果小，球形，直径约 3.5m，无果柄，为密集的圆柱状的穗状果序。幼果绿色，成熟时橙红色，干后外皮皱纹变为黑色，种皮坚硬，内为白色，有强烈芳香辛辣味。使用部位为胡椒的浆果。成熟期为每年的3～5月和7～9月，1年采收2次。胡椒在我国海南、广东、广西、福建、云南和台湾等省区均有栽培。

黑胡椒和白胡椒加工方法是不同的。黑胡椒是把刚成熟而未完全成熟的果实或自行脱落下的果实经堆积发酵1～2天（或以开水泡数分钟，使表皮变黑）后脱粒，晒3～4天，直到颜色变黑褐色，干燥后即成黑胡椒产品。或经发酵脱粒后，蒸5～10min，摊晒5～7天，再放进60℃烘箱中干燥。1kg鲜果，一般可制得0.185kg黑胡椒。黑胡椒气味芳香，有刺激性，味辛辣，以粒大饱满、色黑皮皱、气味强烈者为佳。

白胡椒的加工是把颜色呈青黄而有点变红的成熟浆果采收下来，装入布袋，浸在流动的清水中7～8天，使其外果皮易剥下，搓去果皮后装进多目小孔的聚乙烯袋内，用流水冲洗3天左右，除净果皮，使种子变白，随后摊在竹席上晒3天左右，再放于60℃的烘箱中干燥，或晒干即成。1kg鲜胡椒般可制0.125kg白胡椒。白胡椒以个大、粒圆、坚实、色白、气味强烈者为佳。

胡椒是当今世界食用香料中消耗最多、最为人们喜爱的一种辛香调味料，在食品工业中被广为使用。胡椒有粉状、碎粒状和整粒三种使用形式，依各地区人们的饮食习惯而定。一般在肉类、汤类、鱼类及腌渍类等食品的调味和防腐中，都用整粒胡椒。在蛋类、沙拉、肉类、汤类等调味汁和蔬菜上用粉状多。粉状胡椒的香辛气味易挥发掉，因此，保存时间不宜太长。

## 五、姜

姜又称生姜、白姜。为姜科植物的鲜根茎，为多年生草本。须根不发达，根状茎肉质，肥厚呈不规则块状，有芳香及辛辣味。全国各地均有种植。

鲜姜采收后，应稍晾晒一下，使姜失去部分水分，及时下窖贮存。下窖后，在种姜上面铺6～10m厚的稻草，然后把窖封好。不经窖存的姜，姜皮色泽浅淡，肉质松散，辛辣味淡薄略有生青气，缺乏醇厚味。姜经窖存到第二年春天，肉质由松散变坚实，生青气逐渐消失，而挥发性油、姜醇、姜烯等则逐渐形成并增多，伴之出现姜所特有的味道，鲜香异常，辣味增加。

姜味辛，性微温，不但能调味，还有发汗解表、止呕、解毒的功能。姜具有植物杀菌素，其杀菌作用不亚于葱和蒜。姜可用于各种调味粉、调味酱和复合调料中。

## 六、洋葱

洋葱又名葱头、圆葱。其味辛、辣、温，味强烈。洋葱为2年生草本植物，叶似大葱，浓绿色，管状长形，中空，叶鞘肥厚，最后形成肥大的球状鳞茎。洋葱适宜于热带、亚热带、温带广大地区生长，在我国很多省区均有栽培。

洋葱由于有独特的辛辣味，除供作蔬菜生食或熟食外，还用于调味、增香，促进食欲，是家庭烹饪和制作熟肉类食品、罐头、沙拉酱及中西式调味料的常用调味香辛料之一。

洋葱的质量以葱头肥大，外皮有光泽，无损伤，辛辣味利甜味浓者为佳。洋葱做菜，适于煎、炒、爆等烹调法，多作配料使用。它还是西餐的主要蔬菜之一，可做汤、做配料、调料和冷菜。西方人做汤不用黄酒等解除鱼肉的腥味，而是在煎锅中将洋葱煎至焦黄，然后连油倒入汤中，作为除腥和调味的重要手段。另外，西班牙人炒鸡蛋，美国人制果汁肉皮冻时，洋葱都是不可缺少的。至于法式煨葱头汤、炸葱头环、葱头烹猪排；俄式的葱头烩肉片；比利时的葱头鸡块；印度的咖喱土豆；意大利的三色面条等没有葱头作为配料，就会失去其特有风味。我国在配制咖喱味型和西式汁味型调料时，也必须配以洋葱。

# 七、大蒜

大蒜又叫胡蒜，相传是汉代张骞出使西域时带回国的，原产地为吉尔吉斯斯坦。由于它比我国的野蒜个头大，人们一直称它为大蒜。大蒜具有特殊的强烈辛辣香味，所以它既是很好的食用蔬菜，又是不可缺少的常用调味料。

大蒜可以和饺子等食物一起食用，以提高饺子的风味，也可与其他原料一起做菜，适于炒、爆、烧、炸等烹调方法。蒜头也可腌渍成腌蒜、糖醋蒜、泡蒜等。生吃大蒜香辣可口，开胃提神。

作为调味料，大蒜可用来配制鱼香味型、怪味型、糊辣味型、蒜泥味型和蒜香味型等调味料。现将蒜泥味型和蒜香味型调味料的配制方法列举如下。

**(1) 蒜泥味型** 由蒜泥、酱油、辣椒油、麻油调制而成。本味型特点是咸鲜微辣，蒜香味浓。

**(2) 蒜香味型** 由盐、酱油、熟蒜为主要调料组成，根据菜肴的需要，还可以加胡椒粉、白糖、葱、姜、鲜汤等。蒜可以是蒜末或蒜瓣，用底油炒香后，再加主料和其他调料制成熟蒜。蒜的用量是主料的1/10。此味型的特点为咸鲜，蒜香味浓。

# 八、大葱

大葱是我国北方民众日常生活离不开的食品。大葱蘸酱卷烙饼是典型的大葱食品。山东是我国大葱的主要产区。不仅在吃卷烙饼时，而且在许多场合，如闻名中外的北京烤鸭，山东名菜清炸大肠、锅贴肘子，北京人吃烙饼夹酱肉等场合都是离不开大葱蘸酱的。另外，在八大菜系中，以葱为主烹制的菜肴也比比皆是，如葱爆羊肉、葱烧海参、葱扒鱼唇、葱烧蹄筋、北葱明虾等。烧鱼做肉，荤炒素烧都离不开葱的调味。

# 第六章
# 固态复合调味料

## 第一节　固态复合调味品的特点和应用

固态复合调味品是以两种或两种以上天然食品为原料，配以各种食品及调味辅料加工而成。根据加工产品的形态可分为粉状、颗粒状和块状。

### 一、粉状复合调味品

粉状复合调味品在食品中的用途很多，如速食方便面中的调料、膨化食品用的调味粉、速食汤料及各种粉状香辛料等，产品便于保存、携带，使用方便。粉状香辛调味料加工分为粗粉碎加工型、提取香辛成分吸附型、提取香辛成分喷雾干燥型。粗粉碎是我国最古老的加工方法，它是将香辛料精选、干燥后，进行粉碎、过筛即可。这种加工方法植物利用率高，香辛成分损失少，加工成本低，但粉末不够细，加工时易氧化，易受微生物污染。另外，可根据各香辛料呈味特点和主要有效成分，采取溶剂萃取、水溶性抽提、热油抽提等各种提取方式处理香辛料，在提出有效成分后进行分离，选择包埋剂将香辛精油及有效成分进行包埋，然后喷雾干燥。

粉状复配调味粉可采用粉末的简单混合，也可在提取后熬制混合，经浓缩后喷雾干燥。其产品呈现出醇厚复杂的口感，可有效地调整和改善食品的品质和风味，产品卫生、安全。采用简单混合方法加工的粉状调味品不易混匀，在加工时要严格按混合原则加工。混合的均匀度与各物质的比例、相对密度、粉碎度、颗粒大小与形状及混合时间等均有关。

如果配方中各原料的比例是等量的或相差不太悬殊的，则容易混匀；若比例相差悬殊时，则应采用"等量稀释法"进行逐步混合。其方法是将色深、质重、量少的物质首先加入，然后加入其等量的量大的原料共同混合，再逐渐加入其等量的量大的原料共同混合，直到加完混匀为止。最后过筛，经检查达到均匀即可。一般说来，混合时间越长，越易达到均匀，但所需的混合时间应由混合原料量的多少及使用机械来决定。

## 二、颗粒状复合调味品

颗粒状复合调味品在食品中的应用非常广泛，如分别用在速食方便面中的调味料和速食汤料等，颗粒状调味品包括规则颗粒和不规则颗粒。粉状复合调味料可调整载体通过制粒成为颗粒状，如颗粒状鸡精、牛肉粉。颗粒状香辛料加工方法通常为粗粉碎加工。

## 三、块状复合调味品

块状复合调味品又称为汤块，按口味不同可分为鸡精味、牛肉味、鱼味、虾味、洋葱味、番茄味、胡椒味、咖喱味等。块状调味品通常选用新鲜鸡肉、牛肉、海鲜经高温高压提取、浓缩、生物酶解、美拉德反应等现代食品加工技术精制而成。由于消费习惯的不同，块状调味品重点消费地区为欧洲、中东、非洲，而在我国尚处于起步阶段，预期将会有较广阔的市场前景。块状复配调味品相对于粉状和颗粒状复配调味品来说，具有携带、使用更为方便，真实感更强等优点，但使用时用量的确定有难度。

块状复配调味品风味的好坏，很大程度上取决于所选用的原辅材料品质及其用量，选择适合不同风味的原辅材料和确定最佳用量基本包括三个方面的工作，即原辅材料的选择，调味原理的灵活运用和掌握，不同风格风味的确定、试制、调制和生产。

## 第二节　粉状复合调味料生产实例

## 一、五香粉

### 1. 配方

砂仁 50g、丁香 12g、山奈 12g、豆蔻 7g、肉桂 7g。

### 2. 工艺流程

香辛料→粉碎→过筛→混合→包装→成品

**3. 操作要点**

**(1) 粉碎、过筛** 将各种香辛料干燥后分别用磨粉机粉碎，过60目筛网。

**(2) 混合** 按照配方准确称量各香辛料粉，投入混合机，混合均匀。

**(3) 包装** 采用塑料袋包装，每袋50g，用封口机封口，谨防吸潮。

# 二、十三香

**1. 配方**

八角50g、小茴香9g、肉桂8g、花椒7g、砂仁4g、高良姜4g、肉豆蔻3g、生姜4g、丁香3g、云木香2g、陈皮2g、山奈2g、草豆蔻2g。

**2. 工艺流程**

香辛料→粉碎→过筛→混合→包装→成品

**3. 操作要点**

**(1) 粉碎、过筛** 将各种香辛料干燥后分别用磨粉机粉碎，过60目筛网。

**(2) 混合** 按照配方准确称量各香辛料粉，投入混合机，混合均匀。

**(3) 包装** 采用塑料袋包装，每袋50g，用封口机封口，谨防吸潮。

# 三、辣椒味调味盐

**1. 配方**

食盐990g、辣椒100g、瓜尔胶15g、乙醇150g、丙二醇150g。

**2. 工艺流程**

辣椒提取液制备
↓
食盐→溶解→混合→干燥→调味→成品

**3. 操作要点**

**(1) 溶解** 将食盐完全溶解于3kg水中。

**(2) 混合** 在食盐溶液中添加瓜尔胶，充分搅拌至完全溶解，经加热达到70℃，保持呈均匀的溶解状态。

**(3) 干燥** 在热风中进行喷雾干燥，制成精制盐。

**(4) 辣椒提取液制备** 将辣椒用乙醇和丙二醇制成的混合液进行提取，制成辣椒提取液。

**（5）调味**　将辣椒提取液以喷雾的形式添加到精制盐中，使其均匀吸附。

## 四、咖喱粉

### 1. 配方

姜黄20g、芫荽子37g、枯茗8g、葫芦巴4g、肉豆蔻2g、多香果4g、肉桂4g、小豆蔻5g、辣椒4g、小茴香2g、丁香2g、姜4g、芥菜子4g。

### 2. 工艺流程

原料→烘干→粉碎→混合→过筛→熟化→包装→成品

### 3. 操作要点

**（1）烘干**　各原料都应适当烘干，以控制水分。

**（2）粉碎**　将各原料用磨粉机进行粉碎，有些原料粉碎后可炒一下，以达到增加香味的目的，然后过60目或80目的筛网。

**（3）混合**　按配方称取各种原料放入搅拌混合机中，搅拌的同时洒入液体调味料。

**（4）熟化**　将混合好的咖喱粉放在密封容器中，在100℃以下的温度烘干，烘干冷却后，放入熟化罐中约6个月，使之产生浓郁的芳香，使风味柔和、均匀。

**（5）包装**　包装前再将咖喱粉搅拌混合过筛，对于含液体调味料较多的产品，还应进行再烘干，然后包装即为成品。

## 五、柠檬风味调味盐

### 1. 配方

食盐946g、罗望子种子多糖提取物20g、丁基羟基茴香醚0.4g、谷氨酸钠30g、柠檬酸2g、柠檬油30g、水3kg。

### 2. 工艺流程

食盐→溶解→混合→干燥→调味→成品

### 3. 操作要点

**（1）溶解**　将食盐完全溶解于3kg水中。

**（2）混合**　在食盐水溶液中添加罗望子种子多糖提取物20g，丁基羟基茴香醚0.4g，谷氨酸钠30g，柠檬酸2g，经充分搅拌使之完全溶解，制成混合液。

**(3) 干燥** 在 150～160℃的热风中进行喷雾干燥，制成精制盐 960g，其容量为 0.63g/cm³。

**(4) 调味** 在上述精制盐 120g 中，喷雾添加经充分脱水的柠檬油 30g，并使之均匀吸附，制成 150g 具有柠檬风味的粉末状调味盐。

# 六、孜然调料粉

### 1. 配方

孜然粉 70kg、精盐 20kg、味精 2kg、洋葱粉 3kg、辣椒粉 2kg、姜粉 1kg、大蒜 0.5kg、胡椒 0.5kg、水解植物蛋白粉 0.5kg、肉豆蔻 0.2kg、肉桂 0.1kg、丁香 0.1kg、月桂叶 0.1kg。

### 2. 工艺流程

香辛料→粉碎→混合→过筛→包装→成品

### 3. 操作要点

**(1) 粉碎** 将各种香辛料分别用粉碎机粉碎，过 60 目筛网。若原料含水量较高，必须先将原料干燥后再粉碎。

**(2) 混合** 按配方准确称量，倒入混料机中搅拌，混合均匀。

**(3) 过筛、包装** 将混合粉过 40 目筛，采用铝箔袋包装，用封口机封口，谨防吸潮。

# 七、洋葱复合调味粉

### 1. 配方

**(1) 肉香风味洋葱汤料** 食盐 45g、洋葱粉 15g、砂糖 15g、麦芽糊精 10g、味精 7g、猪肉纯粉 5g、五香粉 1.4g、I＋G 0.3g、猪肉香精 0.2g、洋葱香精 0.2g。

**(2) 海鲜风味洋葱汤料** 食盐 48g、砂糖 15g、味精 12g、洋葱粉 10g、麦芽糊精 9g、海鲜抽提粉 3g、五香粉 2g、琥珀酸钠 0.5g、I＋G 0.2g、海鲜香精 0.2g。

### 2. 工艺流程

原料→预处理→称量→配料→混合→包装→成品

### 3. 操作要点

**(1) 预处理** 将各种原料分别用粉碎机粉碎，过 60 目筛网。

**(2) 称量、配料、混合** 将原料分别按配方称量，将香精现与食盐粉混合，然后将其他物料混料机中搅拌，混合均匀即可。

**（3）包装** 按产品预定规格要求对产品进行包装，因含香精，建议采用铝箔袋装。

## 八、酱油粉末

### 1. 配方

酱油 70kg、$\beta$-环状糊精 10kg、桃胶 1.5kg、变性淀粉 15kg、饴糖 5kg。

### 2. 工艺流程

桃胶　　变性淀粉、饴糖
↓　　　　↓
酱油、$\beta$-环状糊精→溶解→微胶囊化→均质→灭菌→喷雾干燥→过筛→成品

### 3. 操作要点

**（1）酱油选择** 选用酱香味浓、颜色深的酱油，无盐固形物越高越好，最好无盐固形物含量在 30％以上。

**（2）溶解** 将 $\beta$-环状糊精溶解在酱油里，要求溶解均匀，静置一段时间，目的是使酱油风味封闭。溶解环状糊精时要加热，并高速搅拌，再慢速搅拌冷却。

**（3）微胶囊化** 将溶化好的桃胶加入酱油中，搅拌均匀，静置 2h，然后通过胶体磨，使其微胶囊化。

**（4）均质** 将所有原料加入配料罐，溶解搅拌均匀，加热至 80℃左右，稍冷却，利用均质机进行均质。

**（5）灭菌** 将调配液加热至 85～90℃，保持 40min 灭菌。

**（6）喷雾干燥**

① 压力喷雾干燥法 将过滤的空气经加热器加热到 130～160℃，由鼓风机送入干燥室。同时将 60℃左右的酱油调配液用高压喷成微细雾滴与热风迅速接触。酱油蒸发后的水汽由排风管通过排风机排出。

② 离心喷雾干燥法 将过滤的空气加热至 130～160℃，送入喷雾塔。把酱油装入喷雾室顶部的保温缸中，加热到 60℃时，酱油流到干燥室中的离心喷雾机转盘上，高速旋转的离心盘将料液迅速分散成雾点，与进入喷雾室的热空气瞬间接触，料液因水分被蒸发而变成粉末。

## 九、酱粉

### 1. 配方

酱 80g、白糖 6g、$\beta$-环状糊精 2g、麦精粉 10g、羧甲基淀粉钠 2g、水适量。

## 2. 工艺流程

$$白糖、羧甲基淀粉钠$$
$$\downarrow$$
$$\beta\text{-环状糊精、酱}\rightarrow溶化\rightarrow调配\rightarrow细化\rightarrow灭菌\rightarrow喷雾干燥\rightarrow包装\rightarrow成品$$

## 3. 操作要点

**(1) 溶化** 用适量水先将 $\beta$-环状糊精溶化后加入酱中，边搅拌，边加入，搅拌半小时，使其溶化分散充分。

**(2) 调配、细化** 向酱中加入溶化好的羧甲基淀粉钠和白糖，搅拌均匀，通过胶体磨微细化。

**(3) 灭菌** 将调配液加热至 95～98℃，保持 40min 进行灭菌。

**(4) 喷雾干燥** 将酱料通过泵送入喷雾干燥塔，要求塔的进风温度为 135～140℃，出口温度 80～85℃，掌握好进料量。

**(5) 包装** 最好在相对湿度 50％左右、温度 25℃左右的条件下进行包装，以防受潮。

# 十、饺馅调味粉

## 1. 配方

食盐 30kg、白砂糖 20kg、干虾仁 20kg、酱油粉 10kg、味精 6kg、水解蛋白粉 6kg、大葱粉 5kg、生姜粉 4kg。

## 2. 工艺流程

$$干虾仁\rightarrow粉碎$$
$$\downarrow$$
$$葱、姜\rightarrow烘干\rightarrow粉碎\rightarrow称量\rightarrow混合\rightarrow过筛\rightarrow包装$$
$$\uparrow$$
$$其他调味料$$

## 3. 操作要点

**(1) 烘干、粉碎** 葱、姜在 60℃左右烘干，使水分达到 5％以下，粉碎过 60 目筛网。干虾仁粉碎过 60 目筛网。食盐、白砂糖、味精粉碎过 60 目筛网。

**(2) 称量、混合** 准确称量各种原料，在混合机中混合均匀。

**(3) 过筛** 将混合好的物料过 40 目振动筛。

**(4) 包装** 包装为 50g/袋，可调 1500g 馅。本产品还适用于包子馅、馄饨馅等。

## 十一、麻辣鲜汤料

### 1. 配方

食盐 40kg、味精 30kg、白砂糖 10kg、酱油粉 8kg、辣椒粉 3kg、花椒 2.7kg、水解植物蛋白粉 2kg、鸡肉精粉 1kg、姜粉 0.5kg、葱粉 0.5kg、胡椒 0.5kg、小茴香 0.5kg、八角 0.2kg、琥珀酸二钠 0.2kg、桂皮 0.2kg、I＋G 0.15kg、丁香 0.05kg。

### 2. 工艺流程

天然香辛料→洗净→烘干→粉碎→称量→混合→过筛→包装

### 3. 操作要点

(1) **原料处理** 天然香辛料检出杂质，洗净，在 55～60℃烘干，使水分达到 5％以下，粉碎过 60 目筛网。食盐、味精、白砂糖粉碎，过 60 目筛网。

(2) **称量** 准确称量各种物料。

(3) **混合** 用混合机把物料混合均匀。

(4) **过筛** 将混合物料过 40 目振动筛。

(5) **包装** 包装成 5g/袋，可冲成 200mL 鲜汤。

## 十二、方便面调味粉

### 1. 配方

(1) **红烧牛肉味调味粉** 食盐 55kg、味精 12.8kg、白砂糖 10.3kg、辣椒粉 5.8kg、大蒜粉 3.5kg、红烧牛肉精粉 3kg、HVP 粉 3kg、香葱粉 3kg、胡椒粉 1.9kg、酵母精粉 1kg、八角粉 0.6kg、I＋G 0.1kg。

(2) **麻辣牛肉味调味粉** 食盐 58kg、味精 10.5kg、白砂糖 12kg、花椒粉 5.5kg、牛肉粉 3kg、辣椒粉 3kg、水解蛋白粉 3kg、牛肉香精粉 2.4kg、八角粉 1.5kg、生姜粉 0.5kg、胡椒粉 0.5kg、I＋G 0.1kg。

(3) **香菇味调味粉** 食盐 55.5kg、味精 12kg、白砂糖 10kg、香菇粉 8.5kg、麻油 8kg、洋葱粉 3kg、香葱段 2.4kg 大蒜粉 0.5kg、I＋G 0.1kg。

(4) **鲜鸡味调味粉** 食盐 54.5kg、白砂糖 19.5kg、味精 13.4kg、水解蛋白粉 3.5kg、大蒜粉 3kg、鸡肉香精 2.4kg、生姜粉 2kg、胡椒粉 1.5kg、I＋G 0.2kg。

(5) **日式海鲜味调味粉** 食盐 50kg、味精 10kg、洋葱粉 7.5kg、海鲜粉 5kg、白砂糖 5kg、肉粉汁 4kg、酱油粉 3kg、粉末油脂 2kg、水解蛋白粉 2kg、酵母粉 1.2kg、牛肉香精粉 1kg、胡椒粉 0.5kg、大蒜粉 0.3kg、生姜粉 0.5kg、I＋G

0.1kg、辣椒粉 0.1kg、咖喱粉 0.1kg、琥珀酸钠 0.1kg。

### 2. 工艺流程

原料→粉碎→混合→过筛→包装→成品

### 3. 操作要点

**(1) 粉碎** 将食盐、白砂糖、味精等颗粒状物料粉碎过 40 目筛网，香辛料粉碎过 40 目筛网。

**(2) 混合、过筛** 准确称量各原料，并在混合机中混合均匀，混合完成后过 20 目筛网。

**(3) 包装** 用包装机包装，10g/袋。

## 十三、七味辣椒粉

### 1. 配方

干红辣椒 50g、山椒 15g、陈皮 15g、芝麻 5g、麻子 4g、芥子 3g、油菜子 3g、绿紫菜 2g、紫苏子 2g。

### 2. 工艺流程

香辛料→粉碎→过筛→混合→包装→成品

### 3. 操作要点

**(1) 粉碎、过筛** 干红辣椒皮与籽分开，辣椒皮粗粉碎，辣椒籽粉碎过 40 目筛。 陈皮和山椒粉碎过 60 目筛。

**(2) 混合** 将粉碎后的原料与芝麻、麻子、芥子、油菜子等按配方准确称量，混合均匀。

**(3) 包装** 一般采用彩色食品塑料袋分量密封包装，有条件的采用真空铝箔袋包装更好。

## 十四、风味汤料

### 1. 配方

**(1) 口蘑风味** 口蘑粉 10g、味精 50g、食盐 200g、砂糖粉 50g、白胡椒粉 10g、葱粉 15g、姜粉 15g。

**(2) 番茄风味** 番茄粉 100g、食盐 150g、味精 50g、砂糖粉 70g、葱粉 10g、酱油粉 10g、花椒粉 10g、糊精 100g、香料油 20g。

**(3) 海鲜风味** 干虾仁粉 75g、蒜粉 10g、姜粉 15g、洋葱粉 20g、胡椒粉 12.5g、砂糖粉 50g、食盐 250g、味精 60g、虾子香精 7.5g。

**(4) 鸡肉风味** 鸡肉粉 80g、食盐 210g、味精 60g、砂糖 50g、洋葱粉 25g、生姜粉 15g、咖喱粉 15g、胡椒粉 12.5g、蒜粉 10g、酱油粉 10g、鸡精 7.5g。

**(5) 牛肉风味** 牛肉粉 50g、食盐 25g、洋葱粉 9g、胡萝卜粉 23g、芹菜粉 11g、丁香粉 45g、大蒜粉 40g、酱油粉 20g、砂糖粉 27g。

**2. 工艺流程**

其他原料→制粉

↓

口蘑/番茄/干虾仁/鸡肉/牛肉→预处理→称量→混合→过筛→包装→成品

**3. 操作要点**

**(1) 预处理** 肥大的口蘑清水洗净，60℃恒温下烘干，然后碾成粉末，过 100 目筛网；八成熟的番茄清洗干净，用切片机切成 2～3mm 的薄片，在 60～70℃ 的真空干燥箱中烘干，冷却后粉碎，过 60 目筛网；虾仁烘干后粉碎，过 40 目筛网；鸡肉去皮、去骨，牛肉去筋、去腱，切成小块，加盐煮熟，用绞肉机绞碎后在 60℃ 下烘干，粉碎，过 40 目筛网。

**(2) 其他原料制粉** 将调味蔬菜洗净，切成片状，绞碎，60℃ 烘干，粉碎，过 60 目筛网；将其它香辛料、调味料粉碎，过 60 目筛网。

**(3) 称量、混合、过筛** 准确称量各原料，并在混合机中混合均匀，搅拌速度控制在 35～40r/min 之间。混合完成后，粉料过 20 目筛。

**(4) 包装** 按规格用粉料包装机包装。

# 十五、几种膨化粉

**1. 配方**

**(1) 鸡肉风味膨化粉** 食盐 25kg、糊精 22kg、玉米淀粉 15kg、白砂糖 10kg、味精 9kg、葡萄糖 8kg、鸡肉粉 5kg、洋葱粉 3.5kg、鸡肉香精 1.5kg、I＋G 0.35kg、生姜粉 0.3kg、琥珀酸钠 0.2kg、辣椒粉 0.2kg、辣椒精 0.025kg。

**(2) 牛肉风味膨化粉** 食盐 26kg、糊精 25kg、玉米淀粉 15kg、白砂糖 10kg、味精 9kg、牛肉粉 6kg、葡萄糖 5kg、蒜粉 2kg、牛肉香精 1.4kg、I＋G 0.3kg、琥珀酸钠 0.15kg、八角粉 0.1kg、辣椒精 0.05kg。

**(3) 海虾风味膨化粉** 食盐 32kg、糊精 18.5kg、白砂糖 18kg、味精 12kg、粉末香精 10kg、酵母粉 4kg、五香粉 3kg、酱油粉 2kg、I＋G 0.7kg、抗结剂 0.05kg、抗氧化剂 0.01kg。

**（4）麻辣风味膨化粉**　食盐 33kg、白砂糖 18kg、糊精 16.4kg、味精 10kg、麻辣粉末香精 8kg、酵母粉 6kg、五香粉 6kg、酱油粉 2kg、I＋G 0.5kg、抗结剂 0.5kg、抗氧化剂 0.01kg。

### 2. 工艺流程

原料→预处理→混合→过筛→包装→成品

### 3. 操作要点

**（1）预处理**　将食盐、白砂糖、味精等颗粒状物料粉碎过 40 目筛；香辛料粉碎，过 40 目筛。

**（2）混合、过筛**　准确称量各原料，并在混合机中混合均匀，搅拌速度控制在 35～40r/min 之间。混合完成后，粉料过 20 目筛。

# 十六、几种速溶汤

### 1. 配方

**（1）酸辣汤速溶汤粉**　玉米淀粉 27kg、面粉 23kg、食盐 16kg、味精 8.8kg、白砂糖 8.8kg、陈醋粉 4.5kg、酱油粉 4kg、白胡椒粉 2.5kg、辣椒粉 2kg、柠檬酸 2kg、胡萝卜粒 0.8kg、葱粉 0.6kg、I＋G 0.4kg、洋葱粉 0.3kg、抗结剂 0.3kg。

**（2）香菇鸡肉速溶汤粉**　面粉 26kg、麦芽糊精 24kg、食盐 15.2kg、白砂糖 8.2kg、味精 7.5kg、香菇粉 5.2kg、洋葱粉 2kg、酱油粉 1.8kg、香菇粒 1.5kg、生姜粉 1.3kg、水解蛋白粉 0.8kg、洋葱粒 0.7kg、I＋G 0.5kg、香菜粉 0.5kg、鸡肉粉 0.5kg、鸡肉香精 0.5kg、大蒜粉 0.4kg、白胡椒粉 0.3kg、大葱粉 0.3kg。

**（3）罗宋汤速溶汤粉**　玉米淀粉 23kg、食盐 17kg、番茄粉 12kg、洋葱粉 10kg、味精 7kg、白砂糖 6kg、蔬菜粒 4kg、牛油 1.8kg、黄油 1.8kg、大蒜粉 0.6kg、醋粉 0.5kg、抗结剂 0.4kg、柠檬酸 0.4kg、黑胡椒粉 0.2kg、I＋G 0.2kg、小茴香粉 0.1kg、辣椒粉 0.1kg、牛肉香精 0.04kg。

**（4）火腿玉米羹速溶汤粉**　玉米淀粉 30kg、面粉 26.9kg、盐 15.5kg、火腿粒 13.5kg、味精 6kg、甜玉米粉 4kg、白砂糖 2.5kg、鸡肉粉 1.2kg、白胡椒粉 0.2kg、I＋G 0.1kg、玉米香精 0.1kg、姜黄粉 0.05kg。

### 2. 工艺流程

原料→预处理→混合→过筛→包装→成品

### 3. 操作要点

**（1）预处理**　将食盐、白砂糖、味精等颗粒状物料粉碎，过 60 目筛；香辛料粉碎过 60 目筛网。

**（2）混合、过筛** 准确称量各原料，并在混合机中混合均匀，搅拌速度控制在 35～40r/min 之间。混合完成后，粉料过 40 目筛。

**（3）包装** 按要求包装。

## 十七、炸鸡粉复合调味料

### 1. 配方

食盐 10kg、葡萄糖 10kg、水解蛋白粉 10kg、变性淀粉 35kg、味精 9.9kg、八角粉 6.5kg、肉桂粉 6.5kg、花椒粉 1.8kg、白芷粉 1.8kg、沙姜粉 1.5kg、姜黄粉 1.5kg、小茴香粉 1.1kg、肉豆蔻粉 1.1kg、丁香粉 1.1kg、苹果粉 1.1kg、陈皮粉 0.5kg、I＋G 0.1kg。

### 2. 工艺流程

原料→预处理→混合→过筛→包装→成品

### 3. 操作要点

**（1）预处理** 将食盐、白砂糖、味精等颗粒状物料粉碎，过 60 目筛；香辛料粉碎过 60 目筛网。

**（2）混合、过筛** 准确称量各原料，并在混合机中混合均匀，搅拌速度控制在 35～40r/min 之间。混合完成后，粉料过 40 目筛。

**（3）包装** 按要求包装。

## 十八、海盐风味复合调味粉

### 1. 配方

海盐 12kg、白糖 40kg、味精 8kg、鸡肉粉 7kg、酱油粉 5kg、酸水解植物蛋白调味粉 3kg。

### 2. 工艺流程

香辛料→粉碎→混合→过筛→包装→成品

### 3. 操作要点

**（1）粉碎** 将各种香辛料分别用粉碎机粉碎，过 60 目筛网。若原料含水量较高，必须先将原料干燥后再粉碎。

**（2）混合** 按配方准确称量，倒入混料机中搅拌，混合均匀。

**(3) 过筛、包装**　将混合粉过 40 目筛，采用铝箔袋包装，用封口机封口，谨防吸潮。

# 十九、牛肝菌复合调味粉

### 1. 配方

胡椒粉 2g、牛肝菌粉 78.3g、蔗糖 8.5g、鸡肉粉 5.5g、味精 5.5g、胡椒粉 2g、姜粉 0.1g、蒜粉 0.1g。

### 2. 工艺流程

牛肝菌粉→酶解→灭酶→过滤→冻干→粉碎→调配→包装→成品

### 3. 操作要点

**(1) 酶解、灭酶**　利用复合酶酶解牛肝菌，之后加热灭酶。
**(2) 过滤、冻干**　过滤去掉酶解液，将滤渣进行冷冻干燥。
**(3) 粉碎、调配**　将原料粉碎，按配方准确称量，倒入混料机中搅拌，混合均匀。
**(4) 包装**　按要求包装。

# 二十、新风味姜粉

### 1. 原料

姜、各种调味料适量。

### 2. 工艺流程

姜→预处理→榨汁→浓缩→干燥→姜辣味素
　　　　　　　↓　　　　　　　　　↓
　　　蒸馏→姜油————→混合←各种调味料
　　　　　　　　　　　　　↓
　　　　　　　　　　　包装→成品

### 3. 操作要点

**(1) 预处理**　将原料姜清水洗净，切小块。
**(2) 榨汁**　将处理好的姜粉碎取汁。
**(3) 浓缩、干燥**　将姜汁加热去除水分，制得姜辣味素。
**(4) 蒸馏**　姜汁加热得到姜油。
**(5) 混合、包装**　将姜辣味素、姜油和各种调味料混合，按要求进行包装。

# 第三节　颗粒状复合调味料生产实例

## 一、鸡精调味料

### 1. 配方

食盐 35kg、麦芽糊精 6.5kg、白糖 6kg、纯鸡肉粉 3kg、酵母抽提物 2.1kg、全脂奶粉 2kg、I＋G 1.2kg、酱油粉 1kg、水解植物蛋白（HVP）粉 1kg、白胡椒粉 0.5kg、生姜粉 0.3kg、小茴香粉 0.3kg、柠檬酸 0.3kg、维生素 $B_1$ 0.2kg、鸡油香精 0.2kg、琥珀酸钠 0.15kg、洋葱香精 0.1kg、牛磺酸 0.1kg。

### 2. 工艺流程

原料→粉碎→过筛→称量→混合→造粒→干燥→包装→成品

### 3. 操作要点

**（1）粉碎、过筛**　将食盐、白砂糖、香辛料等用粉碎机分别粉碎，过 60 目筛网。

**（2）称量**　按配方要求准确称量各原料。

**（3）混合**　将称量好的物料投入到混合机中，拌和 15min，至物料混合均匀，再投入鸡油香精拌和 30min。

**（4）造粒**　采用摇摆造粒或旋转造粒的方式，选择 15 目的造粒筛网造粒。

**（5）干燥**　送入烘房烘干，采用地面送风设备，使烘房内的水蒸气迅速排出，干燥温度控制在 70℃，时间为 4h。

**（6）包装**　干燥后的物料立刻进行密封包装，以免吸潮。将物料及时用包装机分装，包装以用内衬铝箔的塑料袋或密封条件良好的镀锌桶较好。

## 二、牛肉粉调味料

### 1. 配方

食盐 28kg、味精 20kg、白砂糖 13kg、淀粉 7.4kg、牛骨提取物 7kg、牛肉提取物 6kg、麦芽糊精 5kg、水解植物蛋白粉 4kg、酵母抽提物 1.2kg、洋葱粉 1kg、I＋G 0.8kg、干贝素 0.3kg、牛油 3kg、粉状牛肉香精 2kg、大蒜粉 0.4kg、五香粉 0.3kg、抗结剂 0.3kg、胡椒粉 0.2kg、液状牛肉香精 0.1kg。

### 2. 工艺流程

**(1) 提取物的生产**

① 牛肉提取物　牛肉→清洗→切碎→酶解→过滤→离心分离→浓缩→干燥→粉状牛肉提取物

② 牛骨提取物　牛骨→清洗→切碎→酶解→过滤→离心分离→浓缩→干燥→粉状牛骨提取物

**(2) 牛肉粉的生产**　原料→粉碎→过筛→称量→混合→造粒→干燥→过筛→包装

### 3. 操作要点

**(1) 提取物的生产**　选择新鲜牛肉/牛骨为原料，用水清洗附着的血液和污物，然后将原料破碎。采用蛋白酶将肉蛋白分解为肽和氨基酸，使之溶解于水中，之后用筛网过滤去除未溶解的残渣，再用离心分离机除去脂肪。加热去除水分得到浓缩的膏状牛肉/牛骨提取物，最后经喷雾干燥制得粉状牛肉/牛骨提取物。

**(2) 牛肉粉的生产**

① 粉碎、过筛　将食盐、味精、白砂糖、I+G、香辛料等用粉碎机分别粉碎，过 60 目筛网。

② 称量、混合　按配方要求准确称量，将称量好的物料投入到混合机中，混合均匀。

③ 造粒　采用摇摆造粒或旋转造粒的方式，选择 15 目的造粒筛网造粒。

④ 干燥　干燥方式的不同，则相应的控制要求不同。如果选用真空干燥箱，则温度一般控制在 50~70℃，真空度控制在 0.05~0.07MPa，时间根据物料的湿度不同而决定。如果选用沸腾干燥机则控制进口温度为 75~90℃，出口温度 50~70℃为宜，时间视物料的湿度而定。

⑤ 过筛、包装　将混合好的物料过 20 目筛网。将过筛后的物料及时用粉料包装机分装。

## 三、排骨粉调味料

### 1. 配方

**(1) 浓汤排骨味**　食盐 33kg、味精 30kg、白砂糖 10.6kg、玉米淀粉 8.3kg、麦芽糊精 6kg、排骨粉 4.5kg、猪骨白汤 4kg、I+G 1.2kg、水解蛋白粉 1kg、酵母抽提物 1kg、洋葱粉 0.3kg、大蒜粉 0.3kg、白胡椒油 0.2kg、柠檬酸 0.2kg、琥珀酸钠 0.2kg、液体排骨香精 0.2kg。

**（2）红烧排骨味**　食盐 40kg、味精 20kg、玉米淀粉 11kg、麦芽糊精 10kg、白砂糖 8kg、排骨抽提物 4kg、酱油粉 2kg、I＋G 1.4kg、浓香猪油 1kg、五香粉 0.4kg、白胡椒粉 0.2kg、生姜粉 0.2kg、洋葱粉 0.2kg、琥珀酸钠 0.2kg、大蒜粉 0.1kg、液体红烧肉香精 0.1kg、液体排骨香精 0.1kg。

### 2. 工艺流程

原料→粉碎→称量→混合→造粒→干燥→加香→过筛→包装→成品

### 3. 操作要点

**（1）粉碎**　将食盐、味精、白砂糖、I＋G、香辛料等分别粉碎过 60 目筛网。

**（2）称量**　按配方要求准确称量。

**（3）混合**　将称量好的物料投入到混合机中，混合均匀。

**（4）造粒**　采用摇摆造粒或旋转造粒的方式，选择 15 目的造粒筛网造粒。

**（5）干燥**　根据需要采用适合的干燥方式，一般温度控制在 100℃ 以内，时间控制在 30min 以内。

**（6）加香**　待干燥完成后，物料冷却下来，喷入液体香精。

**（7）过筛**　将混合好的物料过 20 目筛。

**（8）包装**　将过筛后的物料及时用包装机分装。

## 四、贝精调味料

### 1. 配方

食盐 30kg、味精 25kg、玉米淀粉 19kg、白砂糖 6kg、麦芽糊精 5kg、扇贝提取物 4kg、海带抽提物 2kg、水解植物蛋白粉 2kg、牡蛎提取物 1kg、粉状扇贝香精 1kg、酱油粉 1kg、洋葱粉 0.9kg、酵母抽提物 0.5kg、I＋G 0.5kg、干贝素 0.45kg、胡椒粉 0.4kg、生姜粉 0.4kg、鱼露粉 0.3kg、大蒜粉 0.2kg、液状海鲜香精 0.1kg

### 2. 工艺流程

**（1）提取物的生产**

① 牡蛎提取物　牡蛎→洗净→蒸煮→煮汁→过滤→贮存→浓缩→均质→杀菌→膏状鲜贝抽提物→喷雾干燥→粉状鲜贝抽提物

② 扇贝提取物　鲜扇贝边→去杂→清洗（→冷冻备用→解冻）→加热→磨碎→懒解→过滤→脱臭→浓缩→灭菌→液状扇贝鲜味料→喷雾干燥→粉状扇贝鲜味料

**(2) 贝精调味料的生产**

$$牡蛎提取物/扇贝提取物$$
$$\downarrow$$
$$原料\rightarrow粉碎\rightarrow过筛\rightarrow称量\rightarrow混合\rightarrow造粒\rightarrow干燥\rightarrow加香\rightarrow包装\rightarrow成品$$

### 3. 操作要点

**(1) 提取物的生产**

① 牡蛎提取物　原料选用鲜活牡蛎，蒸煮（100℃以上，5～10min），分离牡蛎肉，进行干制或冷冻。汤汁用0.15mm滤网过滤后，入加热保温罐中，加热至60℃。将汤汁抽入浓缩罐中，真空浓缩。为使产品质量保持一致，将几批产品均投入杀菌锅中，开动搅拌，加热至80℃，保持50min。用80目滤网过滤后，加入适量防腐剂，包装即为膏状牡蛎提取物。将膏状牡蛎提取物喷雾干燥，即为粉状牡蛎提取物。

② 扇贝提取物　去除新鲜扇贝边中的碎壳及杂物，先以海水清洗扇贝边中夹带的泥沙等脏物。洗净后，再以自来水冲洗两遍，以免过多的海水使制取的扇贝鲜味料带有苦涩味。加工时将扇贝边由冷库中取出解冻，并进行加热处理，使蛋白变性，以利于酶解工艺的进行，温度以80℃以上合适，以扇贝边刚刚煮熟为宜。加热时间视处理量及加热效果而定，然后磨碎。将磨碎的混合扇贝边在40～45℃下保温酶解3h后，加入0.5%的蔗糖和1%的食用乙醇，继续保温水解21h后，将水解液煮沸，中止酶解。将水解液先以硅藻土为助滤剂进行过滤。过滤后的滤液中加入0.5%的粉末状活性炭，加热至80℃保温1h后过滤除去活性炭，得淡茶色澄清透明滤液。将滤液于0.08真空度下真空浓缩，将浓缩液灭菌后包装即为液状扇贝鲜味料，再对其喷雾干燥即得粉状扇贝鲜味料。

**(2) 贝精调味料的生产**

① 粉碎、过筛　将食盐、味精、白砂糖、I+G、香辛料等分别粉碎，过60目筛网。

② 称量　按配方要求准确称量。

③ 混合　将称量好的物料投入到混合机中，混合均匀。

④ 造粒　采用摇摆造粒或旋转造粒的方式，选择15目的造粒筛网造粒。

⑤ 干燥　根据需要采用适合的干燥方式，一般温度控制在100℃以内，时间控制在30min以内。

⑥ 加香　待干燥完成后，物料冷却下来，喷入液体香精。

⑦ 包装　将过筛后的物料及时用包装机分装。

# 五、鲣鱼精调味料

### 1. 配方

食盐42kg、味精20kg、玉米淀粉13.5kg、白砂糖8kg、麦芽糊精6kg、鲣鱼干 3.2kg、鲣鱼浓缩液 2kg、酱油粉 1.5kg、I+G 1kg、鲣鱼香精 0.8kg、鱼露粉 0.7kg、洋葱粉 0.5kg、烟熏风味液 0.4kg、胡椒粉 0.2kg、干贝素 0.2kg、大蒜粉 0.1kg。

### 2. 工艺流程

原料→粉碎→称量→混合→造粒→干燥→加香→过筛→包装→成品

### 3. 操作要点

**(1) 粉碎** 将食盐、味精、白砂糖、I+G 粉碎过 60 目筛网，鲣鱼干、香辛料等分别粉碎过 60 目或 80 目筛网。

**(2) 称量** 按配方要求准确称量。

**(3) 混合** 将称量好的物料投入到混合机中，混合均匀。

**(4) 造粒** 采用摇摆造粒或旋转造粒的方式，选择 15 目的造粒筛网造粒。

**(5) 干燥** 根据需要采用适合的干燥方式，一般温度控制在 100℃ 以内，时间控制在 30min 以内。

**(6) 加香** 待干燥完成后，物料冷却下来，喷入液体香精。

**(7) 过筛** 将混合好的物料过 16 目筛。

**(8) 包装** 将过筛后的物料及时用包装机分装。

## 六、菇精调味料

### 1. 配方

食盐 35kg、味精 35kg、白砂糖 8kg、粉状发酵香菇鲜味料 5kg、玉米淀粉 4kg、葡萄糖 4kg、香菇精粉 3kg、糊精 3kg、I+G 1.2kg、干贝素 0.5kg、生姜粉 0.3kg、白胡椒粉 0.3kg、柠檬酸 0.3kg、葱油香精 0.2kg、液体香菇香精 0.2kg。

### 2. 工艺流程

**(1) 粉状发酵香菇鲜味料的生产**

香菇→粉碎→发酵→增香→过滤→澄清→浓缩→喷雾干燥→粉状发酵香菇鲜味料

**(2) 香菇精粉的生产**

干香菇→清洗→预煮→切块→打浆→浸提→离心分离→浓缩→喷雾干燥→香菇精粉

**(3) 菇精调味料的生产**

原料→粉碎→过筛→称量→混合→造粒→干燥→包装→成品

### 3. 操作要点

**(1) 粉状发酵香菇鲜味料的生产**

① 粉碎　将无病虫害的香菇在粉碎机中粉碎，过60目筛网，备用。

② 发酵　将香菇粉末和酵母液加入杀菌后的米曲汁2000mL，在25～30℃下培养24h。然后在香菇粉末发酵液中加入1000mL米曲汁，混合均匀，并培养10天左右，同时补糖、补酸。

③ 增香　为了增加发酵液的香气和风味，在发酵快要结束时，在发酵液中加入少量糯米和面粉，以增加产品的香味。

④ 过滤、澄清　发酵结束后，通过板框过滤，取其滤汁静置沉淀，取出上清液。

⑤ 浓缩　将上清液高温加热，去除水分的同时进行杀菌，浓缩后即得液状发酵香菇鲜味料。

⑥ 喷雾干燥　将液状发酵香菇鲜味料进行喷雾干燥，即成粉状发酵香菇鲜味料。

**(2) 香菇精粉的生产**

① 清洗、预煮　干香菇洗净，放入10倍的水中加热煮沸，使组织疏松。

② 切块、打浆　将预煮后的香菇切成小块，同过滤后的预煮水一起打成浆状。

③ 浸提　香菇浆在83℃下保温浸提35min。

④ 离心分离　用离心机离心浆液，上清液为第一次提取液。每100g残渣加入3% NaCl和0.1% $Na_2CO_3$的水溶液1L。在80℃保温浸提20min，用离心机进行离心分离10min，所得上清液为第二次提取液。将两次提取液合并。

⑤ 浓缩　将提取液进行真空浓缩，制成香菇精汁。

⑥ 喷雾干燥　将香菇精汁进行喷雾干燥，即得香菇精粉。

**(3) 菇精调味料的生产**

① 粉碎、过筛　将食盐、味精、白砂糖、香辛料等用粉碎机分别粉碎，过60目筛网。

② 称量　按配方要求准确称量各原料。

③ 混合　将称量好的物料投入到混合机中，拌和15min，至物料混合均匀，再投入葱油香精拌和30min。

④ 造粒　采用摇摆造粒或旋转造粒的方式，选择15目的造粒筛网造粒。

⑤ 干燥　送入烘房烘干，采用地面送风设备，使烘房内的水蒸气迅速排出，干燥温度控制在70℃，时间为4h。

⑥ 包装　干燥后的物料立刻进行密封包装，以免吸潮。包装以用内衬铝箔的塑料袋或密封条件良好的镀锌桶较好。

# 第四节　块状复合调味料的生产实例

## 一、鸡肉味块状复合调味料

### 1. 配方

食盐 45kg、白砂糖 14kg、鸡肉浓缩汁 10kg、酵母精粉 6kg、氢化植物油 6kg、水解植物蛋白粉 5.2kg、味精 5kg、鸡油 3kg、洋葱粉 2kg、乳糖粉 1kg、明胶粉 1kg、胡椒粉 0.7kg、胡萝卜粉 0.5kg、大蒜粉 0.2kg、五香粉 0.1kg、咖喱粉 0.1kg、I+G 0.1kg、粉末鸡肉香精 0.1kg。

### 2. 工艺流程

其他原料→预处理
↓
鸡肉汁→蒸煮→过滤→浓缩→加热→调配→成型→低温干燥→包装→成品

### 3. 操作要点

**(1) 蒸煮、过滤、浓缩**　鸡肉汁投入锅中加热，过滤去掉肉渣，加热去除部分水分，得到鸡肉浓缩汁。

**(2) 预处理**　香辛料、食盐、白砂糖等用粉碎机分别粉碎，过 60 目筛网；明胶用适量水浸泡，加热溶化。

**(3) 调配**　先加入水解植物蛋白粉、酵母精粉，加热混合，然后边搅拌边加入溶化的明胶，再加入白砂糖、粉末蔬菜，混合均匀后停止加热，最后加入熔化的油脂、香辛料、食盐、粉末香精等，混合均匀。

**(4) 成型**　调配好的物料送至成型器中成型，为立方体或锭状。

**(5) 包装**　经低温干燥后，便可用包装机进行包装。4g/块，可冲制 180mL 汤。

## 二、牛肉味块状复合调味料

### 1. 配方

食盐 50kg、牛肉浓缩汁 10kg、水解植物蛋白粉 10kg、白砂糖 10kg、味精 8kg、牛油 5kg、氢化植物油 4kg、明胶粉 1kg、胡萝卜粉 0.8kg、大蒜粉 0.5kg、I+G 0.5kg、胡椒粉 0.1kg、粉末牛肉香精 0.1kg、百里香粉 0.04kg、洋苏叶粉 0.04kg。

**2. 工艺流程**

$$其他原料→预处理$$
$$\downarrow$$
牛肉汁→蒸煮→过滤→浓缩→调配→成型→包装→成品

**3. 操作要点**

(1) **蒸煮、过滤、浓缩**　牛肉汁投入锅中加热，过滤去掉肉渣，加热去除部分水分，得到牛肉浓缩汁。

(2) **预处理**　香辛料、食盐、白砂糖等用粉碎机分别粉碎，过 60 目筛网；明胶用适量水浸泡，加热溶化。

(3) **调配**　先加入水解植物蛋白粉、酵母精粉，加热混合，然后边搅拌边加入溶化的明胶，再加入白砂糖、粉末蔬菜，混合均匀后停止加热，最后加入熔化的油脂、香辛料、食盐、粉末香精等，混合均匀。

(4) **成型**　调配好的物料送至成型器中成型，为立方体或锭状。

(5) **包装**　经低温干燥后，便可用包装机进行包装。4g/块，可冲制180mL 汤。

# 三、咖喱味块状复合调味料

**1. 配方**

食盐 16kg、咖喱粉 15kg、精炼植物油 15kg、小麦粉 13kg、白砂糖 9.2kg、味精 7kg、椰子粉 5kg、脱脂乳粉 3.7kg、番茄粉 3.2kg、食用葡萄糖 2kg、蜂蜜 1.5kg、姜黄粉 1.1kg，麦芽糊精 1.1kg、明胶粉 1kg、酵母抽提物 0.9kg、I＋G 0.5kg。

**2. 工艺流程**

$$油脂　预处理←其他原料$$
$$\downarrow　\downarrow$$
咖喱粉→粉碎→过筛→炒制→调配→灭菌→成型→包装→成品

**3. 操作要点**

(1) **预处理**　将食盐、味精、白砂糖、I＋G 分别粉碎，过 40 目筛网；将明胶在使用前用 5 倍的水浸泡，待溶化后加热至 70℃备用。

(2) **粉碎**　将咖喱粉粉碎，过 40 目筛网。

（3）**炒制**　将咖喱粉投入加热到 120℃的油脂中，炒制出香味，油脂的颜色变为金黄色。注意不要煳锅。

（4）**调配**　将炒制的物料和其他原料均匀投入到溶化的明胶液中。

（5）**灭菌**　在 95℃条件下，保持 30min 灭菌。

（6）**成型**　将灭菌后的物料送至成型器中成型。

（7）**包装**　将成型干燥后的物料按要求及时用包装机包装。

## 四、洋葱味块状复合调味料

### 1. 配方

食盐 20kg、洋葱泥 20kg、小麦粉 10kg、玉米淀粉 8kg、味精 8kg、白砂糖 6kg、棕榈油 6kg、大蒜泥 4.7kg、鸡肉粉 4kg、色拉油 4kg、土豆淀粉 4kg、淀粉 1.5kg、水解植物蛋白粉 1.5kg、酵母抽提物 1kg、姜黄粉 0.5kg、黄原胶 0.4kg、I＋G 0.4kg。

### 2. 工艺流程

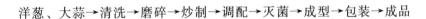

油脂　预处理←其他原料

洋葱、大蒜→清洗→磨碎→炒制→调配→灭菌→成型→包装→成品

### 3. 操作要点

（1）**预处理**　将食盐、味精、白砂糖、I＋G 分别粉碎，过 40 目筛网；将黄原胶在使用前用 5 倍的酒精浸泡，再加入 5 倍的水，待溶化后加热至 70℃备用。

（2）**清洗、磨碎**　将洋葱、大蒜清洗后，磨碎成泥状。

（3）**炒制**　将洋葱泥、大蒜泥投入加热至 120℃的油脂中，炒制出香味，油脂的颜色变为金黄色。注意不要煳锅。

（4）**调配**　将炒制的物料和其他原料均匀投入到溶化的黄原胶溶液中。

（5）**灭菌**　在 95℃条件下，保持 30min 灭菌。

（6）**成型**　将灭菌后的物料送至成型器中成型。

（7）**包装**　将成型干燥后的物料按要求及时用包装机包装。

## 五、骨汤味块状复合调味料

### 1. 配方

（1）**鸡骨汤味**　食盐 32kg、白砂糖 20kg、味精 15kg、鸡骨汤 11kg、玉米淀粉 10kg、鸡油 4kg、水解植物蛋白粉 3kg、酱油粉 1.2kg、羧甲基纤维素钠 1kg、

I+G 1kg、大蒜粉 0.5kg、白胡椒粉 0.5kg、大葱粉 0.5kg、姜粉 0.4kg、鸡肉香精 0.3kg、姜黄粉 0.1kg。

**（2）猪骨汤味**　食盐 35kg、味精 15kg、白砂糖 13kg、麦芽糊精 10kg、猪骨汤 10kg、精炼植物油 6kg、水解植物蛋白粉 2.2kg、酱油粉 2kg、变性淀粉 2kg、酵母抽提物 2kg、明胶粉 1kg、洋葱粉 1kg、胡椒粉 0.4kg、五香粉 0.3kg、大蒜粉 0.2kg、I+G 0.2kg、猪肉香精 0.2kg。

**（3）牛骨汤味**　食盐 33kg、味精 16kg、牛骨汤 12kg、白砂糖 12kg、小麦粉 10kg、牛油 4kg、水解植物蛋白粉 3kg、变性淀粉 2kg、酵母物 2kg、羧甲基纤维素钠 1kg、黑胡椒粉 0.5kg、洋葱粉 0.5kg、大蒜粉 0.5kg、肉桂粉 0.3kg、牛肉香精 0.2kg。

## 2. 工艺流程

油脂　预处理←其他原料

香辛料→粉碎→过筛→炒制→调配→灭菌→成型→包装→成品

## 3. 操作要点

**（1）预处理**　将食盐、味精、白砂糖、I+G 分别粉碎，过 40 目筛网；将明胶粉等增稠剂加入 5 倍的水，待溶化后加热至 70℃备用。

**（2）粉碎、过筛**　将香辛料粉碎，过 40 目筛网。

**（3）炒制**　将香辛料投入加热至 120℃的油脂中，炒制出香味，油脂的颜色变为金黄色。注意不要煳锅。

**（4）调配**　将炒制的物料和其他原料均匀投入到溶化的胶体溶液中。

**（5）灭菌**　在 95℃条件下，保持 30min 灭菌。

**（6）成型**　将灭菌后的物料送至成型器中成型。

**（7）包装**　将成型干燥后的物料按要求及时用包装机包装。

# 第七章
# 液态复合调味料的生产

## 第一节 液态复合调味料的种类及特点

### 一、概述

在科技不断进步和发展的情况下，人们的物质生活方面出现了较大的变化，人们已经不再满足以往的单一口感以及缺乏层次感的调味料，不断地追求更加多样化的菜肴风味。

众所周知，所谓调味，即是通过原料和调味料的恰当配合，经一系列加工，以去除原料的不良滋味，发挥并突出其原有鲜美滋味的过程。而复合调味料从体态上主要分为粉状复合调味料和液体复合调味料。

液态复合调味料是以两种或两种以上的调味品为主要原料，添加或不添加其他辅料，采用物理、化学或生物技术加工而成的呈液态的复合调味料，是以鲜、香、酸、辣、咸、甜等各味及各种香辛料之间合理调配形成的复合调味料。

液态复合调味料克服了固态复合调味料风味保存性差、容易吸潮、因物料密度不一致导致产品不均匀等缺点，具有口感自然、味美天然、黏度小和流动性好的优点，能完整地保存并呈现多种风味，完全符合调味品天然化、多样化、方便化、高档化、专门化、复合化、营养化的市场发展新趋势，突出了"健康、自然、绿色、个性化"的饮食潮流，受到普通家庭及食品加工业的欢迎。

### 二、种类及特点

液态复合调味料一般包括汁状和油状复合调味料。汁状复合调味料是指以磨碎的动物肉、动物骨头或其浓缩抽提物及其他辅料等为原料，添加或不添加香辛料、食用香料等加工而成，具有浓郁鲜香味的汁状复合调味料。汁状复合调味料包括鸡汁、牛肉汁、鲜味汁、鲍鱼汁、醪糟等复合调味料。油状复合调味料包括花椒油、各种复合香辛料调味油等。

液态调味料是以浸提液为主体，以酱油、食醋、料酒等基础调味料为辅料，以适当的配比组合经一定的加工工艺制作而成的复合调味料，它口感醇厚，味美天然，调味功能和品种多样化，专用性强，使用方便，简化烹调，缩短劳动时间，从而受到众多居民和企业的欢迎。液体复合调味料易于灭菌、卫生安全，在烹调中也不会影响菜肴的感官和口感，不仅弥补了粉状复合调味料的不足，而且融合了多种基础调味料的风味和营养，更能赋予菜肴亮丽的色泽，所以液体复合调味料将成为复合调味品的发展方向，具有广阔的市场前景。液态复合调味品有以下几个特点。

**1. 使用方便**

现代人的生活节奏越来越快，方便性食品有一定的消费市场。针对性强、使用方便的多功能调味料是市场发展一个方向。比如说鸡汁，是针对烹饪鸡味菜肴而研制的，在烹饪过程中只需要按照个人的口味调节用量，便可得到色、香、味俱全的美味菜肴，使用起来非常方便。

**2. 风味多样**

调味品的风味多样性发展趋势十分明显，鸡肉味、牛肉味、猪肉味、鲜辣味、酱香复合味以及果蔬风味等多种风味的复合调味食品不断出现在市场上，消费者可以根据自己的爱好选择。近年来，人们生活水平有了很大提高，对食品的口味有了更高的要求，经常会尝试新的口味，复合调味料风味的多样化迎合了消费者的这一需求。

**3. 营养健康**

营养与健康是现代食品发展的一个方向，也是越来越多的现代人对食品的要求。调味品当然也不例外，理应受到更多的重视。现代的复合调味品在生产制作的过程中，会添加富含氨基酸、维生素等多种人体必需成分的天然原料或其浓缩提取物，能够满足人体的营养需求。添加了美拉德热反应香精、天然抽提物、酶解产物等天然原料的调味品，给人们带来回归自然界、营养、安全的感觉，必定成为今后调味品市场的主导。

## 第二节　液态复合调味料生产实例

### 一、酱汁类

调味酱汁可分单一味和复合味。复合调味酱汁是指在科学的调味理论指导下，即符合味强化、味掩蔽、味干涉、味派生、味反应等原理，将各种基础调味料按照一定比例进行调配制作，从而得到满足不同调味需要的酱汁。复合调味酱汁中的呈味成分多、口感复杂，各种呈味成分的性能特点及其之间的配合比例，决定了复合调味品的调味效果。按照复合配方配合在一起的原料，呈现出来的是一种独特的风味。

烹调中常见的复合味有酸甜味、麻辣味、鲜香味、怪味等。这些复合味的产生主要是在烹调过程中，厨师在菜肴原料下锅后，选择适当的时机和火候，按照菜肴口味的需要依次加入，有时为了烹调方便或是烹调成批量同一品种的菜肴时，达到快捷、省时的目的。部分调味汁是厨师在烹调菜肴前已经预先调配好的，如芥末汁、糖醋汁等。

### 1. 红烧肉酱汁

**(1) 原料配方**（以五花肉重的质量分数计）　大豆油 34%，老抽 13%，糖色 30%，料酒 10.8%，米醋 3%，八角 0.2%，桂皮 0.2%，良姜 0.2%，草果 0.2%，香叶 0.2%，大葱 2%，生姜 2%，盐适量。料水比 2:15（调料质量与调料中加入水的质量之比）。

**(2) 工艺流程**

猪五花肉→清洗→切块→与葱、姜、桂皮、八角、良姜、草果、香叶一起油炸→加水、老抽、糖色、料酒、米醋、盐进行上色和调味→大火烧开→小火焖熇→破碎→均质→红烧肉风味酱汁

**(3) 操作要点**

① 选用近软肋处精品五花肉（五花三层，肥瘦相当，瘦肉细嫩）。

② 将肉切成黄豆大小的小块，备用；在锅中放入大豆油，待油热以后，将肉放进去炸 30s 左右，加入八角、桂皮、良姜、草果、香叶、生姜片、葱段，炸出香味即可加入热水、老抽、糖色、料酒、米醋、盐进行上色和调味。

③ 待大火烧开，改用小火，即电磁炉的保温档，焖熇 2h 左右，待汤汁浓稠即可。

④ 汤汁经料理机破碎 8min，然后用胶体磨均质处理 3 次，以改善产品口感，均质后即得红烧肉风味酱汁。

### 2. 烤鸡排沙司

**(1) 原料配方**

① 浸泡酱汁　酱油 465mL，蛋白水解液 75mL，白糖 495g，味精 30g，鸡精 50g，白醋 120mL，味淋 120mL，焦糖 12g，加水 450mL。

② 涂抹酱　酱油 110mL，白糖 250g，味精 15g，变性淀粉 50g，黄原胶 1g，味淋 100mL，焦糖 2g，蜂蜜 100g，加水 400mL。

**（2）工艺流程**

称料→投料混合→加热→保温灭菌→灌装→包装→装箱→成品

**（3）操作要点**

① 称料　根据设备情况，按配方要求同比例放大，准确称量各原料。

② 投料混合　涂抹酱的黄原胶需要先与部分白糖粉（黄原胶的 30 倍量）混合均匀，在快速搅拌的同时使之溶于水中。变性淀粉用部分水溶解成水淀粉再投入其他原料中。

③ 加热、保温灭菌　加热至 95℃，保温 30min 灭菌。

④ 灌装　本品需要热灌装，在不低于 85℃ 的温度下灌装，之后用冷水冷却，再通过热风干燥吹干袋表面的水。

### 3. 日式炒面酱汁

**（1）原料配方**　乌斯塔沙司 130g，番茄酱 40g，白醋 55g，酱油 35g，味精 10g，白糖 57g，味淋 100g，鸡精 5.2g，柠檬酸 1.2g，焦糖 3g，变性淀粉 11g，陈皮粉 2.5g，丁香酚 0.2g，辣椒粉 0.4g，黑胡椒粉 0.8g，鼠尾草粉 0.3g，加水 50g。

**（2）工艺流程**

称料→投料混合→加热→保温料液罐→料液→玻璃瓶灌装→贴标→装箱→成品

**（3）操作要点**

① 称料　根据设备情况，按配方要求同比例放大，准确称量各原料。

② 投料混合　边搅拌边投料，变性淀粉用部分水溶解成水淀粉，再投入其他原料中。

### 4. 日式盖饭汁

**（1）原料配方**　酱油 42mL，白糖 35g，盐 7g，味精 5g，柠檬酸 0.1g，味淋 3mL，鸡精 1.1g，酒精（95％）3mL，黄原胶 0.03g，I＋G 0.25g，加水 20mL。

**（2）工艺流程**

称料→投料混合→加热→保温→灌装→贴标→装箱→成品

**（3）操作要点**

① 称料　根据设备情况，按配方要求同比例放大，准确称量各原料。

② 投料混合　边搅拌边投料，黄原胶用部分白糖（不低于 30 倍量）拌匀，溶解水中，再投入其他原料中。

③ 加热、保温　灭菌加热至 95℃，保温 30min 灭菌。

④ 灌装　本品需要热灌装，在不低于 85℃ 的温度下灌塑料瓶（玻璃瓶亦可），之后用冷水冷却，再通过热风干燥吹干瓶表面的水。

### 5. 日式鳗鱼烤汁

**(1) 原料配方**　酱油 250mL，饴糖浆 390g，白砂糖 80g，发酵调味液 100mL，鸡精 0.7g，I＋G 0.5g，马铃薯淀粉 6g，黄原胶 1g，食盐 26g，生姜粉 2g，加水至 1L。

**(2) 工艺流程**

原料→称量→混合→加热→保温→灭菌→灌装→装箱→成品

**(3) 操作要点**

① 称量　根据设备情况，按配方要求同比例放大，准确称量各原料。

② 混合　将物料投入加热锅中，需要预先把黄原胶与白砂糖粉充分混合，慢慢投入淀粉水中，同时保持高速搅拌，使黄原胶充分溶化于水中。

③ 加热、保温、灭菌　加热至 95℃，保温 20min 灭菌。

④ 灌装　保持温度大于 85℃灌装。

### 6. 饺子醋

**(1) 原料配方**　酿造醋 500mL，酱油 440mL，鸡精 50g，辣油 50mL。

**(2) 工艺流程**

原料→称量→混合→加热→保温→灭菌→灌装→装箱→成品

**(3) 操作要点**

① 称量　根据设备情况，按配方要求同比例放大，准确称量各原料。

② 混合　将物料投入加热罐中。

③ 加热、保温、灭菌　加热至 95℃，保温 20min 灭菌。

④ 灌装　保持温度大于 85℃灌装。

### 7. 凉香拌面汁

**(1) 原料配方**　日式赤酱 110g，食盐 22g，味精 12g，I＋G 1g，白砂糖 78g，瓜尔胶 1.4g，猪肉精膏 40g，酵母粉 6.8g，红辣椒粉 1g，黑胡椒粉 0.8g，蒜泥 10g，麻油 40g，辣椒油 5g，豆瓣辣酱 9g，甜面酱 6g，虾酱 9g，发酵调味液 65g，果葡糖浆 108g，清酒 50mL，饴糖 116g，乳酸（50％）5mL，白醋（15％）54mL，苹果醋 58mL，加水 90mL。

**(2) 工艺流程**

原料→称量→混合→加热→保温→灭菌→降温→灌装→装箱→成品

**(3) 操作要点**

① 称量　根据设备情况，按配方要求同比例放大，准确称量各原料。

② 混合　将物料投入加热锅中，边搅拌边投料，使物料充分混合均匀；需要预先把瓜尔胶与白砂糖充分混合，慢慢投入淀粉水中，同时保持高速搅拌，使瓜尔

胶充分溶化于水中。

③ 加热、保温、灭菌　加热至 98℃，保温 30min 灭菌。

④ 降温　乳酸、白醋、苹果醋在加热灭菌降温至 70℃以下后加入。

⑤ 灌装　本品可以采用常温灌装。

# 二、汤料类

## 1. 中式汤面调料

### (1) 产品配方

① 配方一　生抽酱油 450g，老抽酱油 30g，味精 55g，砂糖 40g，I＋G 1g，食盐 60g，豆瓣辣酱 13g，生姜泥 8g，蒜泥 8g，鱼露 20g，植物蛋白水解液 50g，焦糖色 10g，黑胡椒粉 1g，猪肉膏 40，加水 200g。

② 配方二　酱油 25mL，蛋白水解液 20mL，食盐 100g，砂糖 20g，鸡粉 2.5g，猪肉粉 1g，I＋G 0.3g，大葱泥 10g，生姜泥 5g，白胡椒 0.2g，丁香 0.1g，八角 0.1g，麻油 2g，豆瓣酱 1g，丙氨酸 5g，加水至 1L。

### (2) 工艺流程

原料→称量→混合→加热→保温→灭菌→罐装→装箱→成品

### (3) 操作要点

① 用榨汁机将生姜和大蒜打成泥状备用。

② 加热灭菌条件为温度 95℃，持续 20min。

③ 配方二中的麻油在保温后添加。

④ 保温后热灌装（85℃以上）。

## 2. 日式岩崎汤面汁

### (1) 原料配方

① 料液　蛋白水解液 120mL，食盐 196g，味精 48g，白糖 20g，变性淀粉 4g，I＋G 2g，干贝素 0.8g，柠檬酸 0.2g，卷心菜粉 16g，焦糖 0.8g，鸡肉膏 25g，洋葱膏 11g，白菜汁 4g，加水 660mL。

② 油脂　色拉油 57%，麻油 23%，烤洋葱油 10%，鸡骨架油 10%。

### (2) 工艺流程

称料→投料→混合→灭菌→料液罐→冷却→料液→带包装机→料包→装箱→成品

油脂称重→混合→加热→冷却→油脂罐→带包装机→油包 ⏌

### (3) 操作要点

① 将变性淀粉用少量水溶解，投入其他液体原料之中。

② 加热灭菌条件温度 95℃，持续 30min。

③ 盐含量大致在 22%，属于高盐产品，因此可冷却后包装。

④ 小袋包装的料液与油脂可以分别包，也可以让料液与油脂连袋包（非混合）。

⑤ 料液与油脂分别包时，要把油脂包和料液包配合在一起装盒再装箱；或者按要求分别数袋装盒和装箱。

### 3. 日式鸡骨汤面汁

**(1) 原料配方** 酱油 290mL，盐 98g，味精 115g，I＋G 1g，白糖 50g，鸡肉膏 28g，焦糖 1.1g，蛋白水解液 100mL，白菜膏 2g，加水 460mL。

**(2) 工艺流程**

称料→投料→混合→加热→灭菌→料液罐→冷却（常温）→料液→袋包装机→料包装箱→成品

**(3) 操作要点**

① 本品盐含量大致在 15％，属于含盐较高产品，可冷却到常温后包装。

② 加热灭菌条件温度 95℃，持续 30min。

### 4. 日式汤面调料

**(1) 产品配方**

① 味噌拉面汤　浅色味噌 240g，纳豆泥 160g，味精 40g，食盐 100g，I＋G 1g，鲣鱼精膏 20g，白糖 12g，生姜泥 8g，蒜泥 8g，植物蛋白水解液 20g，鱼露 15g，猪肉膏 10g，海带精膏 16g，大葱碎末 80g，加水 270g。

② 味噌方便面汤　味噌米酱 600g，酱油 184g，风味猪油 53g，鸡肉浓缩汤 26g，味精 18g，鸡精 13g，食盐 13g，麻油 11g，白糖 8g，洋葱粉 8g，蒜粉 5g，I＋G 1g，干贝素 0.5g，辣椒粉 0.5g，加水至 1L。

③ 味噌湿面汤　八丁红味噌 500g，酱油 200mL，鸡风味油脂 30g，海带粉 8g，鸡粉 10g，食盐 80g，麻油 11g，白糖 8g，苹果酸 0.4g，I＋G 0.8g，干贝素 0.5g，白胡椒粉 10g，风味蒜粉 10g，生姜粉 20g，洋葱粉 10g，加水至 1L。

④ 酱油味Ⅰ　酱油 320mL，食盐 100g，味精 43g，蛋白水解液粉末 10g，乳酸 0.5g，猪肉粉 1g，I＋G 0.3g，鸡粉 50g，海带粉末 5g，鸡风味油脂 5g，洋葱粉 10g，生姜粉 6g，猪油 20g，焦糖 5g，加水至 1L。

⑤ 酱油味Ⅱ　酱油 450mL，盐 16g，味精 100g，I＋G 2g，瓜尔胶 6g，鸡肉膏 186g，猪肉膏 20g，黑胡椒粉 2.2g，焦糖 3.2g，马铃薯淀粉 10g，加水 250mL。

⑥ 日式面条调味汁　酱油 100kg，白糖 40kg，味淋 35kg，山梨糖浆 20kg，鲣鱼汁 35kg，味精 60kg，水 700kg，I＋G 0.2kg。

⑦ 日式面条调味汁（2 倍浓缩型）　酱油 340kg，味淋 180kg，白砂糖 55kg，液体海带精 45kg，液体鲣鱼精 35kg，鲣鱼精粉 20kg，猪骨素 25kg，I＋G 0.5kg，

香菇精粉 2kg，红褐焦糖色 2kg，水 260kg。

⑧ 日式海味面条调味汁　鲣鱼汁 920kg，酱油 50kg，味淋 10kg，海带精 4kg，白砂糖 5kg，琥珀酸粉 3kg，香菇粉 2kg，鸡精 2kg，I+G 1.2kg，味精 0.5kg。

**（2）工艺流程**

原料→称量→混合→加热→保温→灭菌→罐装→装箱→成品

**（3）操作要点**

① 生姜和大蒜用榨汁机打成泥状备用。

② 大葱用绞肉机等切成碎末状。

③ 加热灭菌条件温度 95℃，持续 30min。

④ 保温后可常温灌装。

## 5. 西餐汤调料

**（1）原料配方**

① 配方一　蛋白水解液（浅色）15mL，酱油 4mL，食盐 11g，乳糖 7g，砂糖 5.5g，洋葱泥 7.5g，西芹末 0.04g，丁香 0.04g，鼠尾草 0.04g，月桂叶末 0.06g，黑胡椒粉 0.2g，鸡香风味油 1g，加水至 1L。

② 配方二　牛肉提取膏 28g，鸡精 4g，I+G 0.8g，食盐 2g，鸡肉膏 1g，月桂叶末 0.2g，丁香碎 0.5g，白胡椒碎 0.5g，洋葱末 30g，胡萝卜末 20g，西芹末 8g，蛋清 30g，加水至 1L。

③ 配方三　牛肉提取膏 5g，牛骨汤 20g，蛋白水解液粉 5g，洋葱切片 300g，胡萝卜碎块 200g，西芹 30g，麝香草 0.01g，月桂叶 0.015g，丁香 0.01g，黑胡椒 0.015g，食盐 8g，葡萄糖 6g，酵母膏 1.2g，加水至 1L。

**（2）工艺流程**

洋葱＋胡萝卜碎块＋西芹＋香辛料

              ↓

水→溶解→煮开→过滤→补水→超高温瞬时灭菌→灌装→装箱→成品

    ↑

膏状原料

**（3）操作要点**

① 在 1L 水中添加牛肉提取膏、牛骨汤和酵母膏，充分溶解。

② 放入香辛料、洋葱、胡萝卜碎块和西芹，开后保温 2h。

③ 用滤布过滤（40 目），在滤液中添加其余调味料，补足蒸发掉的水。

④ 灭菌后在洁净室内包装。

⑤ 本产品为低盐产品，须经过超高温瞬时灭菌（140℃左右、10s 左右）。

⑥ 冷藏保存和流通。

## 三、火锅类

### 1. 呷哺呷哺蘸汁 I

**(1) 原料配方**

① 配方一　淡口酱油 220mL，芝麻风味酸汁 90mL，白糖 15g，果葡糖浆 60g，鲣鱼精 18g，鸡精 50g，紫苏精汁 35g，柠檬榨汁 18mL，柚子榨汁 10mL，加水至 1L。

② 配方二　浓口酱油 220mL，苹果醋 90mL，橙汁（浓缩）16g，果葡糖浆 60g，鲣鱼精膏 8g，海带汁 16g，鸡精 15g，生姜汁 18mL，加水至 1L。

③ 配方三　酱油 200mL，蛋黄酱 150g，番茄沙司 170g，苹果汁 100g，鸡精 80g，葡萄酒 70g，麻油 50g，芝麻碎 30g，红烧猪肉汁 30g，干贝素 1g，蒜汁 30g，姜汁 30g，I＋G 0.5g，加水至 1L。

**(2) 工艺流程**

原料→称量→混合→加热→保温→超高温瞬时灭菌→灌装→装箱→成品

**(3) 操作要点**

① 本品为低盐产品，须通过超高温瞬时灭菌（130℃、20s）处理。

② 加热保温条件温度 98℃，持续 10min。

③ 本品需要热灌装，灌装温度 85℃以上。

### 2. 呷哺呷哺蘸汁 II

**(1) 产品配方**　沙拉酱 258g，酱油 200mL，番茄酱 170g，苹果汁 100g，清酒 80mL，葡萄酒 70g，麻油 50g，芝麻碎 30g，猪肉汁 30g，味精 9g，蒜粉 3g，生姜粉 3g，I＋G 0.5g。

**(2) 工艺流程**

原料→称量→混合→加热→保温→灭菌→灌装→装箱→成品

**(3) 操作要点**

① 加热灭菌条件温度 95℃，持续 30min。

② 麻油在加热灭菌后添加，并搅拌均匀。

③ 本品含盐量较低，须进行热灌装（85℃以上）。

### 3. 涮锅蘸汁

**(1) 产品配方**

① 韩式风味涮锅蘸汁　酱油 200kg，HVP 液 250kg，白砂糖 100kg，白醋 50kg，芝麻油 8kg，味精 10kg，I＋G 0.3kg，牛肉粉 13kg，辣椒酱 10kg，辣油 10kg，水 300kg。

② 日式酱油风味涮锅蘸汁　酱油 220kg，苹果醋 90kg，葡萄果汁 16kg，高果糖浆 60kg，白砂糖 15kg，味淋 80kg，鲣鱼汁 16kg，鸡精 30kg，味精 20kg，I＋G 25kg，姜汁 3kg，水 440kg。

**（2）工艺流程**

原料→称量→混合→加热→保温→灭菌→灌装→装箱→成品

**（3）操作要点**

① 加热灭菌条件温度 95℃，持续 30min。

② 芝麻油、醋类原料在加热灭菌后后添加，并搅拌均匀。

③ 本品含盐量较低，须进行热灌装（85℃以上）。

# 四、日式滋佑汁

### 1. 日式锅仔用滋佑汁

**（1）产品配方**　酱油 180mL，蛋白水解液 120mL，发酵调味液 20mL，盐 90g，白糖 55g，I＋G 2g，鸡骨架浓汤膏 100g，猪骨浓汤膏 50g，焦糖 3.8g，海带汁 10g，扇贝汁 10g，鲣鱼精膏 20g，干贝素 1g，水 400mL。

**（2）工艺流程**

原料→称量→混合→加热→保温→灭菌→灌装→装箱→成品

鲣鱼精膏

**（3）操作要点**

① 加热灭菌条件温度 95℃，持续 30min。

② 鲣鱼精膏在灭菌后添加。

③ 本品为热灌装（85℃以上）。

### 2. 日式荞麦面滋佑汁（非浓缩）

**（1）产品配方**　酱油 90mL，果葡糖浆 63g，味精 4g，食盐 13g，I＋G 0.3g，焦糖 1.6g，海带汁 3g，青花鱼汁 13g，鲣鱼精膏 3g，鲣鱼香精 2g，熏味油 0.1g，加水 830mL。

**（2）工艺流程**

原料→称量→混合→加热→保温→冷却→高温瞬时灭菌→灌装→装箱→成品

（鲣鱼精膏、鲣鱼香精、熏味油）

**（3）操作要点**

① 加热保温条件温度 95℃，持续 30min。

② 鲣鱼精膏、鲣鱼香精、熏味油在冷却至 40℃以下添加。

③ 本品因糖度和盐含量低，需通过高温瞬时灭菌（140℃、10s）处理。

④ 本品为热灌装（85℃以上）。

### 3. 日式乌冬面滋佑汁

**(1) 产品配方** 酱油 324mL，蛋白水解液 220mL，果葡糖浆 140mL，发酵调味 30mL，食盐 92g，白糖 48g，瓜尔胶 1g，味精 84g，I+G 4g，干贝素 2g，酵母膏 3.6g，焦糖 6g，鲣鱼粉 17g，海带粉 1.2g，青花鱼粉 1.2g，香菇精膏 9g，加水至成品。

**(2) 工艺流程**

原料→称量→混合→加热→灭菌→降温→储罐→瓶灌装机→装箱→成品

**(3) 操作要点**

① 瓜尔胶与白糖粉混合均匀后投入液体原料溶解。

② 加热灭菌条件温度 95℃，持续 30min。

③ 本品含糖和盐较高，可为热灌装（85℃以上）；也可常温包装。

## 五、生鲜蔬菜调味汁

### 1. 原料配方

**(1) 淡味调味汁** 橄榄油 30kg，葡萄醋 9kg，蛋黄 5kg，白砂糖 5kg，食盐 1.5kg，味精 0.8kg，黄原胶 2kg，水 40kg。

**(2) 中式调味汁** 食醋 70mL，香油 90mL，酱油 80mL，食盐 5g，味精 3g，葱末 8g，辣椒粉 0.6g，芝麻 5g，芥末粉 0.3g，白砂糖 10g，糊精 5g，蒜末 1g。

**(3) 西班牙风味调味汁** 葡萄醋 50g，橄榄油 100g，食盐 8g，胡椒粉 0.5g，柠檬汁 50g，酸橙汁 50g，白砂糖 25g，咖喱粉 3g，薄荷叶末 9.5g。

**(4) 日式调味汁** 色拉油 38kg，食醋 14kg，蛋黄 6kg，白砂糖 5kg，味精 1kg，食盐 5kg，芥末粉 1kg，味淋 5kg，预糊化淀粉 3.5kg，糊精 3kg，水 25kg。

**(5) 匈牙利风味调味汁** 食醋 50kg，色拉油 110kg，食盐 3kg，白砂糖 0.5kg，胡椒粉 0.5kg，辣椒红色素 1.5kg，洋葱碎末 40kg，味精 0.3kg。

**(6) 印度风味调味汁** 白醋 50kg，色拉油 110kg，食盐 3kg，白砂糖 2kg，丁香粉 0.1kg，胡椒粉 0.5kg，咖喱粉 15kg，洋葱末 40kg，味精 0.5kg。

### 2. 工艺流程

原料→称量→混合→加热→保温→灭菌→降温→灌装→包装→成品

### 3. 操作要点

**(1) 称量** 根据设备情况，按配方要求同比例放大，准确称量各原料。

**（2）混合** 将除醋外的物料投入加热锅中，边搅拌边投料，使物料充分混合均匀。需要预先把黄原胶与白砂糖粉充分混合，同时保持高速搅拌，使黄原胶充分溶化于水中。

**（3）加热、保温、灭菌** 加热至98℃，保温10min灭菌。

**（4）降温** 醋类原料在加热灭菌降温至70℃以下后加入。

**（5）灌装** 本品可以采用常温灌装。

# 六、其他调味汁

## 1. 粤式鱼豉油

**（1）产品配方** 老抽酱油700kg，生抽酱油700kg，香油23kg，味精250kg，白砂糖100kg，干葱头150kg，芫荽梗100kg，冬菇蒂250kg，姜片30kg，白胡椒粒5kg，白汤2500kg。

**（2）工艺流程**

原料预处理→称量→蒸煮→过滤→调配灭菌→包装→成品

**（3）操作要点**

① 原料预处理 干葱头切成1cm×1cm的大小，芫荽梗切成2cm的段，冬菇蒂长为1cm，姜片厚为0.3～0.5cm，白胡椒粒要求干燥新鲜、颗粒饱满无霉变，并保证原料的干净。于水中浸润。

② 称量 根据设备情况，按配方要求同比例放大，准确称量各原料。

③ 蒸煮 将干葱头、芫荽梗、冬菇蒂、白胡椒粒加入酱油中，煮至沸腾，并保持20min。

④ 过滤 将煮完的液体过120目滤网，去渣留液备用。

⑤ 调配 将其他原料投入到滤液中，混合均匀。

⑥ 灭菌 将料液加热至98℃，保温10min灭菌。

⑦ 包装 本品可以采用常温灌装。

## 2. 五香汁

**（1）原料配方** 鲜葱1.5%，茴香0.1%，砂糖2.0%，鲜姜1.5%，桂皮0.1%，食盐4.0%，花椒0.1%，鸡骨架35.0%，料酒1.5%，八角0.2%，水47.0%。

**（2）工艺流程**

原料预处理→称量→蒸煮→过滤→调配灭菌→包装→成品

**（3）操作要点**

① 鸡骨架汤中的白沫及油都要撇去。五香汁可反复使用，在每次酱完食品后要把汁内浮油撇净。

② 要酱制鸡、鸭、猪肉或牛肉等，须先将其放入开水中煮透，捞出撇去血沫，煮或油炸至七八成熟后，再放入卤制肉烧开，撇去浮沫，小火煮烂，捞出晾凉。酱制鸡、鸭还应抹上香油，以免皮干燥。

### 3. 怪味汁

**(1) 配方** 酱油 20％，味精 1％，姜粉 2％，芝麻酱 8％，香油 12％，花椒粉 0.5％，米醋 8％，辣椒油 10％，蒜泥 8％，白砂糖 10％，葱末 6％，水 14.5％。

**(2) 工艺流程**

原料预处理→称量→蒸煮→过滤→调配灭菌→包装→成品

**(3) 操作要点**

① 将水和芝麻酱、酱油在蒸汽夹层锅中边加热边搅拌分散。

② 加入白砂糖、香辛料搅拌均匀，加热至沸，之后冷却至 90～95℃，加入米醋、味精、香油、辣椒油，混合均匀。

③ 混合均匀后在 80～85℃保温 15～20min，之后趁热包装即为成品。

### 4. 果味汁

**(1) 产品配方**

① 西柠汁（香柠汁） 浓缩柠汁 500kg，白醋 600kg，白砂糖 600kg，食盐 50kg，水 600kg，牛油 150kg，吉士粉 25kg，柠檬 400kg，柠檬黄色素 0.2kg。本品适用于柠汁煎软鸭、柠汁鱼块等。

② 复合橙汁 浓缩橙汁 200kg，鲜橙 1000kg，白醋 600kg，白砂糖 600kg，青柠 100kg，水 600kg，柠檬黄色素 0.2kg，君度酒 100kg。本品适用于脆奶橙花骨、橙汁鱼柳等。

**(2) 工艺流程**

原料预处理→称量→调配灭菌→降温→包装→成品

**(3) 操作要点**

① 原料预处理 将柠檬或青柠榨汁，过 120 目滤网除渣留液备用。

② 称量 根据设备情况，按配方要求同比例放大，准确称量各原料。

③ 调配 将除酒和醋之外的原料投入到滤液中，混合均匀。

④ 灭菌 将料液加热至 98℃，保温 20min 灭菌。

⑤ 降温 降温至 70℃，加入醋和酒。

⑥ 包装 本品采用常温灌装。

### 5. 鸡汁

**(1) 原料配方**

① 配方一 水 420kg，食盐 134kg，味精 80kg，I＋G 10kg，白砂糖 50kg，胡

萝卜素（1%）0.8kg，变性淀粉18kg，黄原胶1.5kg，酒精15kg，鸡骨油15kg，鸡肉提取物175kg，鸡肉香精2kg。

② 配方二　水360kg，食盐120kg，浓缩鸡汁100kg，味精60kg，I＋G 5kg，白砂糖40kg，姜黄色素0.2kg，变性淀粉20kg，黄原胶1kg，鸡骨油15kg，鸡肉香精5kg，香辛料5kg。

**(2) 工艺流程**

原料→称量→调配→灭菌→加香→包装→成品

**(3) 操作要点**

① 称量　根据设备情况，按配方要求同比例放大，准确称量各原料。

② 调配　将除香精外的物料投入加热锅中，边搅拌边投料，使物料充分混合均匀。需要预先把黄原胶及色素与白砂糖粉充分混合，同时保持高速搅拌，使黄原胶及色素充分溶化于水中。需要预先在容器内用少量水把淀粉化开，做成淀粉水。

③ 灭菌　加热至98℃，保温40min灭菌。

④ 加香　香精在加热灭菌降温至85℃以下后加入。

⑤ 灌装　本品在温度高于75℃以上灌装。

### 6. 蚝油

**(1) 产品配方**

① 配方一　浓缩蚝汁100kg，水600kg，食盐100kg，白砂糖220kg，变性淀粉50kg，焦糖色素5kg，乳酸3kg，柠檬酸3kg，酵母抽提物10kg，I＋G 3kg，黄原胶1kg，甘氨酸5kg。

② 配方二　浓缩蚝汁150kg，水450kg，酱油100kg，食盐80kg，白砂糖180kg，变性淀粉40kg，柠檬酸3kg，酵母抽提物2kg，I＋G 3kg，丙氨酸5kg，蚝油香精5kg。

**(2) 工艺流程**

原料→称量→调配→灭菌→加香→包装→成品

**(3) 操作要点**

① 称量　根据设备情况，按配方要求同比例放大，准确称量各原料。

② 调配　将除香精外的物料投入加热锅中，边搅拌边投料，使物料充分混合均匀。需要预先把黄原胶与白砂糖粉充分混合，同时保持高速搅拌，使黄原胶充分溶化于水中。需要预先在容器内用少量水把淀粉化开，做成淀粉水。

③ 灭菌　加热至98℃，保温40min灭菌。

④ 加香　香精在加热灭菌降温至85℃以下后加入。

⑤ 灌装　本品在温度高于75℃以上灌装。

### 7. 糟卤

**(1) 原料配方**　香糟（白糟）500g，绍酒2000g，桂花酱50g，精盐150g，白糖250g，味精15g。

**(2) 工艺流程**

```
                     绍酒
                      ↓
香糟→压碎→调制→过滤→成品
                      ↑
桂花酱、精盐、白糖、味精等
```

**(3) 操作要点**

① 选料　调制糟卤离不开香糟，香糟的好坏直接影响香糟卤的质量。选用香糟时，要以色泽暗黄，呈泥团状，湿润而不黏糊，具有扑鼻的糟香味为首选。

② 压碎　将香糟敲碎或切成薄片，以便使香糟中的呈香物质析出来。

③ 调制　先倒入绍酒，再加入桂花酱、精盐、白糖、味精，调成稀糊。

④ 过滤　将调制好的稀糊装入一纱布袋中悬吊起来，过滤出来的清汁即为糟卤。

**(4) 注意事项**

① 制作香糟卤时，要注意清洁卫生，卤汁中应避免混入生水或其他杂质，否则糟卤易变质。

② 糟卤调好后，不能加热煮，以防变质发酸，难以长期保存。

### 8. 烧烤汁

**(1) 原料配方**　食盐20kg，酱油20kg，料酒10kg，味精1kg，饴糖20kg，增稠剂0.2kg，焦糖色1kg，八角0.25kg，桂皮0.5kg，花椒0.15kg，豆蔻0.05kg，山奈0.5kg，小茴香0.15kg，丁香0.1kg，姜1.5kg，葱2kg，蒜0.5kg，水适量。

**(2) 工艺流程**

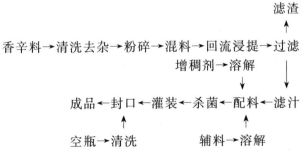

**(3) 操作要点**

① 香辛料提取　选择完整原料，无污染，无霉变，去除杂质，分别进行粉碎，

按配方中的配比混合后，放入浸提罐中，加入 60％的热水 100kg 浸泡 4h；然后煮 30min，过滤，定容滤汁至 100L。滤渣进行 2 次煮提，滤汁用于下批新的原料的浸泡。

② 配料　增稠剂提前用水浸泡溶解，其余原料用 10kg 左右的水溶开，过滤，加入到配料缸中，混合搅拌均匀。

③ 杀菌　将料液煮沸杀菌，保温 5min. 也可采用超高温 130℃灭菌 2～3s。

④ 灌装　保持料液在 70℃以上进行灌装。

**（4）注意事项**　成品的稠度和颜色可根据具体要求，将配方中的增稠剂和焦糖色增减，也可在配方中加入些蛋白水解液或增鲜剂。

# 参 考 文 献

[1]  陈婷婷，刘青娥. 柑橘果醋酿造工艺研究新进展 [J]. 安徽农业科学，2015，43（10）：
     269-270.

[2]  郭磊，何雪娇，刘家奇. 云南美味牛肝菌复合调味料配方的优化研究 [J]. 中国调味品，
     2017，42（6）：18-21.

[3]  姜伟伟，张志宇. 五种汤汁包的研发与应用 [J]. 肉类工业，2015（12）：5-7.

[4]  江新业，宋钢. 复合调味料生产技术与配方 [M]. 北京：化学工业出版社，2015.

[5]  江新业. 浅论复合调味料的发展 [J]. 中国酿造，2015（1）：13-17.

[6]  李幼筠，周逦. 善用麻辣的川味复合调味料 [J]. 中国酿造，2012（11）：149-152.

[7]  刘复军，尚英. 调味品生产技术 [M]. 武汉：武汉理工大学出版社，2017.

[8]  田晓菊. 调味品加工实用技术 [M]. 银川：宁夏人民出版社. 2010.

[9]  易九龙，梁亮，董修涛. 日式风味酱油酿造工艺的开发及关键技术研究 [J]. 农产品加工，
     2014，（08）：26-27.

[10]  魏晓盼. 复合调味料质量安全风险与控制 [J]. 现代食品. 2020（7）：19-21.

[11]  王俊丁. 复合调味料生产过程控制及质量管理 [J]. 现代食品，2019（6）：24-28.

[12]  王维亮. 生鲜蔬菜调味汁的制法 [J]. 农产品加工，2012（9）：13.

[13]  张媛媛，巩俊明，韩顺凯，等. 海盐风味复合调味料的研究 [J]. 中国调味品，2020，45
     （6）：130-133.

[14]  张秀媛. 调味品生产工艺与配方 [M]. 北京：化学工业出版社，2015.

[15]  朱海涛，吴敬涛，范涛等. 最新调味品及其应用 [M]. 济南：山东科学技术出版
     社，2011.

[16]  赵桦萍. 复合调味品的设计、生产及发展趋势 [J]. 中国调味品，2017（11）：163-165.